# Python
# 実践
# AIモデル構築

# 100本ノック

下山輝昌・中村智・高木洋介 著

## ●本書サポートページ

秀和システムのウェブサイト
https://www.shuwasystem.co.jp/

本書ウェブページ
　本書のサンプルは、以下からダウンロード可能です。
　Jupyter ノートブック形式（.ipynb）のソースコード、使用するデータファ
イルが格納されています。
https://www.shuwasystem.co.jp/book/9784798064406.html

動作環境
※執筆時の動作環境です。
Python：Python 3.7 (Google Colaboratory)
Web ブラウザ：Google Chrome

# はじめに

　AIブームもひと段落し、普及期へと向かっています。また、デジタルトランスフォーメーション（DX）も聞きなれた言葉となり、ますます、機械学習やディープラーニング、データ分析などの重要性は上がってきているように感じています。また、様々なオープンソースライブラリが公開され、動作環境も比較的簡単に用意できることから、意欲とPCさえあれば誰でも気軽に使える世の中になってきています。敷居が下がり多くの人が取り組み始めた一方で、入門書等から得られた知識をビジネスの現場でどのように活かし、対応していけばよいか、という現場ならではのノウハウはなかなか伝わらないという現実もありました。

　その想いから生まれたのが、1作目の『Python実践データ分析100本ノック』でした。この本は、実際のビジネス現場を想定した100の例題を解きながら、現場の視点を身に付け、技術を現場に即した形で応用する力が付くように設計された問題集です。次に生まれた『Python実践機械学習システム100本ノック』は、継続的かつ小規模な仕組化がデータ分析や機械学習プロジェクトに必要である、というテーマに向き合ったものでした。どちらも実践的な部分にフォーカスして、データを扱い、モデルを作り、評価を行うという一連の流れを意識して取り扱っています。
　それらのブームと同時に、100本ノックシリーズとして、実践的な力を身に付けるというコンセプトは維持しつつも、データ加工と可視化に特化させた『Python実践データ加工/可視化 100本ノック』を刊行しました。これは、基礎編のような位置づけではありますが、様々なデータを扱う実践的なノックを通じて、どのようなデータにも対応できるサイエンティストになるための技術の引き出しを増やすためのノックです。

　本書では、『Python 実践データ加工/可視化 100本ノック』と同様に、実践的な力を身に付けるというコンセプトは維持しつつも、AIモデル構築に特化した内容を取り扱います。AIモデル構築ではありますが、画像や言語などは取り扱わず、価格の予測や、癌の診断等、どちらかというとテーブルデータでのモデル構築を行っていきます。モデル構築に特化させているので、データ加工や可視化は最小限にとどめ、比較的綺麗なオープンデータを用いています。その代わり、様々な特徴的なデータに対して複数のアルゴリズムを実践し、どのようなデータの時に、どのようなアルゴリズムを選択するべきなのか、という実践力が身につくようなノックを用意しています。数学的な説明は極力控え、直感的にモデルの違いを理解できるようにしています。本書のノックを通じて、モデル構築における技術の引き出しを増やしていきましょう。

# 本書の効果的な使い方

　本書の構成は、教師なし学習、教師あり学習、機械学習発展編の3部構成となります。

　第1部では、教師なし学習のクラスタリング、次元削減を扱います。第1、2章ではクラスタリングを学びます。

　1章でクラスタリングの基本を押さえつつ、2章では特徴的なデータに対してアルゴリズムの違いにフォーカスして説明しています。3章では、複数のアルゴリズムで次元削減を押さえていきます。

　第2部では、教師あり学習の回帰、分類を取り扱います。4、5、6章では回帰モデルを扱い、7、8章では分類モデルを扱います。

　4章で基本的な回帰モデル構築の流れを押さえつつ、5、6章ではアルゴリズムの違いを見ていきます。回帰モデルと共通する部分も多いので、7章で複数のアルゴリズムを一気に扱い、アルゴリズムの違いを押さえていき、8章で評価手法を学んでいきます。

　第3部では、昨今の大きなトレンドである「説明可能なAI」、「AutoML」を取り扱います。

　9章では、説明可能なAIとして注目されているSHAPを活用し、予測に対する解釈性について取り扱います。10章では、AutoML、自動でのモデル構築に触れていきます。この2つは重要なトレンドなので押さえておきましょう。

　全体的には、アルゴリズムの違いや評価などにフォーカスして説明しています。第1部と第2部はどちらから始めても問題ない構成にしているので、関心を持つ順番で実施いただくと、より学習効率が高まるかと思います。本書を機に初めて機械学習に触れる方は、モデル構築の基本的な流れについても解説している第2部を先に実施した方がイメージが湧きやすいかもしれません。どちらから始める場合でも、どのようなデータの時に、どのようなアルゴリズムを選択していけばよいのかを意識して、技術の引き出しを増やしていきましょう。

　コードが難解な部分もありますが、一つずつ紐解いていけば理解できるかと思います。また、難しいと感じたら答えからコピーしても良いので、実行してみましょう。コードの中身にとらわれすぎず、アルゴリズムの違いを理解することを意識していくと良いと思います。

　各章それぞれのノックは、一緒に働く先輩データサイエンティストからのアドバイスだと捉えると良いかもしれません。まずは何も考えず、素直にアドバイスに従ってみるのも良いでしょう。また、「自分ならこうする」などと、少し異なった視点での分析や施策の立案を行ってみるのも良いでしょう。先輩データサイエンティストは、経験豊富かもしれませんが、案外、初級者のほうが、現場に対して新鮮な視点でものを見ることができることも多いのです。本書の中には、あえて現場感を出すために、冗長なコードも少し掲載しています。自分なりの視点で改善案を考えてみるのも、本書ならではの醍醐味の一つです。最も重要なことは、分析の方法は一つではないということです。本書を片手に、エンジニア仲間と一緒に議論してみてください。

## 動作環境

　Python： 　　Python 3.7 (Google Colaboratory)
　Webブラウザ：Google Chrome

　本書では、Google Colaboratoryを使用してモデルの構築を進めていきます。
　使用する前に、Colaboratoryサイト上の『よくある質問』を読むことをお勧めします。

　ColaboratoryにおけるPythonのバージョンとインストールされている各ライブラリのバージョンは、本書執筆時点(2021年7月)において、以下の通りです。

```
Python 3.7.11
pandas 1.1.5
matplotlib 3.2.2
seaborn 0.11.1
numpy 1.19.5
sklearn 0.22.2.post1
scipy 1.4.1
xgboost 0.90
mlxtend 0.14.0
umap 0.5.1
shap 0.39.0
pycaret 2.3.3
```

## サンプルソース

本書のサンプルは、以下からダウンロード可能です。

Jupyter ノートブック形式(.ipynb)のソースコード、使用するデータファイル が格納されています。

https://www.shuwasystem.co.jp/book/9784798064406.html

## サンプルソースのアップロード

ダウンロードしたサンプルソースを解凍し、Google Drive にアップロードします。

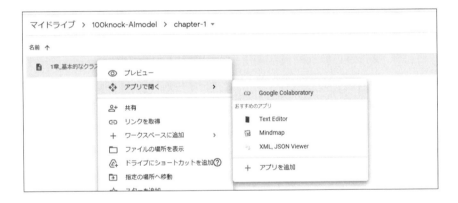

### ソースファイルをColaboratoryで開く

図のようにフォルダを移動し、各章の src フォルダ直下にある.ipynb ファイル を選択して 右クリック > アプリで開く > Google Colaboratory を選択してください。

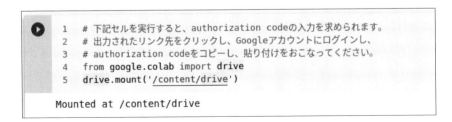

## ソースコードの実行

　ソースコードはShift ＋ Enterを押すか、セルの左上にある実行ボタンを押すことで実行できます。

　最初だけGoogle DriveのデータをColaboratory上にマウントするにあたって、Googleからユーザー認証が求められます。以下の手順に沿って、認証を行ってください。

```
1   # 下記セルを実行すると、authorization codeの入力を求められます。
2   # 出力されたリンク先をクリックし、Googleアカウントにログインし、
3   # authorization codeをコピーし、貼り付けをおこなってください。
4   from google.colab import drive
5   drive.mount('/content/drive')

Go to this URL in a browser: https://accounts.google.com/o/oauth2/auth?client

Enter your authorization code:
```

　URLをクリックします。
　すると、別タブで次の画面が開きます。
　　※認証手続き画面は、ユーザの皆さまが設定している言語で表示されます。

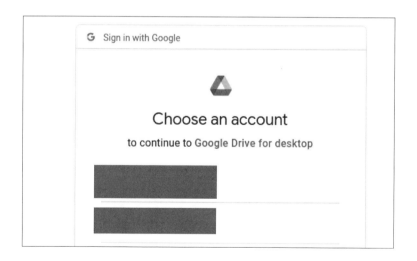

　自分のアカウントを選択します。

すると、次の画面が表示されます。

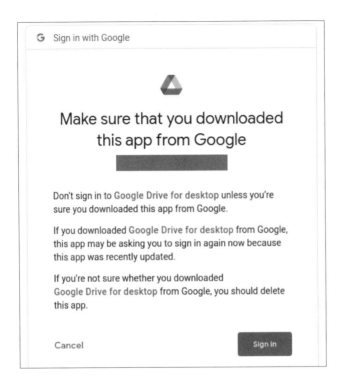

ログイン または Sign In をクリックします。
　　※言語が異なる場合があります。
すると、次の画面が表示されます。

認証キーをコピーします

```
1    # 下記セルを実行すると、authorization codeの入力を求められます。
2    # 出力されたリンク先をクリックし、Googleアカウントにログインし、
3    # authorization codeをコピーし、貼り付けをおこなってください。
4    from google.colab import drive
5    drive.mount('/content/drive')

Go to this URL in a browser: https://accounts.google.com/o/oauth2/auth?cl

Enter your authorization code:
IJphZ2UBkGEV-tHosPPS6zsdJek
```

最初の画面に戻り、枠を選択します。
Ctrl＋Vを押下して、先程コピーした値を貼り付けます。
Enterを押下します。
すると、認証が完了し、以降のセルを実行可能となります。

## 第1部 教師なし学習

## 第2部 教師あり学習

# 第3部 機械学習発展編

# 第1部
## 教師なし学習

　機械学習は、主に**教師あり学習**、**教師なし学習**に分けられます。人間が与えた正解データをもとにモデルを構築する教師あり学習に対して、正解を与えずにデータの傾向のみからモデルを構築するのが教師なし学習です。

　第1部では、教師なし学習を取り扱っていきます。教師なし学習は、正解データがなくてもデータのみからデータの傾向を導き出すことができるため、特にデータ分析と同時に使用することが多い技術です。例えば、購買履歴データをもとに、顧客のグルーピングを行ったり、複数の売上情報を二次元情報に圧縮した上でマッピングしたりする際に使用できます。前者のようにデータの傾向から**グルーピング**を行う技術を**クラスタリング**と呼びます。また、後者のように複数の変数に対して、なるべく情報を落とさずに圧縮する技術を**次元削減(次元圧縮)**と言います。

　第1章、2章ではクラスタリングを、3章では次元削減を取り扱います。どちらもアルゴリズムが複数存在しますが、重要なのはどういった場合(データ)の時に、どのアルゴリズムを選択するかです。全体を通して、アルゴリズムの違いに焦点を当てて、説明しているので、実践しながら違いを把握していくと良いでしょう。

　また、教師なし学習は、正解データがないため、人間による解釈が必要であったり、評価が難しいことが多い技術です。本書では、そういった評価や解釈の部分にも触れています。全てを取り扱っているわけではありませんし、非常にデータに依存する部分なので、今回のケースが必ずしもそのまま現場で使えるかはわかりませんが、考え方は押さえることができると思います。

### 第1部で取り扱うPythonライブラリ

データ加工：pandas
可視化：matplotlib, seaborn
機械学習：scikit-learn、scipy、hdbscan、umap-learn

# 第1章
# 基本的なクラスタリングを行う 10本ノック

　本章では、教師なし学習の中でも、データをグルーピングするクラスタリングを取り扱います。例えば、小売業において、購買行動が近い顧客グループごとにDMを送りたい場合などがあるかと思います。その際にExcelなどで人がデータを確認しながら分類をすることはとても大変ですが、クラスタリングを利用して、顧客を機械的にグルーピングすることができます。

　最初に、代表的なアルゴリズムである非階層型クラスタリングのk-meansを取り扱いながら、データの取得、加工、可視化、評価までの一連の流れを実践し、クラスタリングの基礎を学びます。その後、k-meansの進化系であるk-means++や、階層型クラスタリングを行い、アルゴリズムの違いを把握していきます。また、合わせて各アルゴリズムにおける解釈や評価方法も取り扱います。特に、アルゴリズムの違いに関して意識して臨んでいきましょう。

| | |
|---|---|
| ノック1： | k-meansで非階層型クラスタリングを実施してみよう |
| ノック2： | クラスタリングの結果を評価してみよう |
| ノック3： | k-means++で非階層型クラスタリングを実施してみよう |
| ノック4： | エルボー法で最適なクラスタ数を探索してみよう |
| ノック5： | シルエット分析で最適なクラスタ数を探索してみよう |
| ノック6： | 階層型クラスタリングを実施してみよう |
| ノック7： | 樹形図(デンドログラム)を解釈してみよう |
| ノック8： | 最短距離法で階層型クラスタリングを実施してみよう |
| ノック9： | 最長距離法で階層型クラスタリングを実施してみよう |
| ノック10： | 群平均法で階層型クラスタリングを実施してみよう |

## 取り扱うアルゴリズム

ここでは、教師なし学習のクラスタリングを扱います。クラスタリングは、データの傾向から機械的にグルーピングする手法です。今回は、クラスタリングの中でも、距離をベースにグルーピングを行う、非階層型クラスタリングのk-means、k-means++と、階層型クラスタリングを取り扱います。階層型クラスタリングは、パラメータを変化させることでいくつかの種類のクラスタリング手法を取り扱います。これらは基本中の基本のクラスタリングとなりますので、覚えておきましょう。

■表：今回取り扱うクラスタリングの種類

| | データ列数の目安 | 長所 | 短所 |
|---|---|---|---|
| 非階層型クラスタリング | 数百個 | 次元が多い場合も機能する | 事前にクラスタ数を指定する必要がある<br>※不要なアルゴリズムもある |
| 階層型クラスタリング | 数十個 | 事前にクラスタ数を与える必要なし<br>分類過程を視覚的に確認できる | 計算量が多いため、次元が多いと機能しない。機能しても解釈が難しい。 |

## 前提条件

本章のノックでは、scikit-learn、scipyを用いてクラスタリングを実装していきます。データについては、機械学習のサンプルデータとして有名なアイリスデータセットを扱っていきます。また、**ノック4、5**では、scikit-learnのmake_blobsを用いて塊データを作成して扱います。

■表：データ一覧

| No. | 名称 | 概要 |
|---|---|---|
| 1 | アイリスデータ | 3種類のアイリス（アヤメ科）の花弁、花ガクの「幅」「長さ」の計4種類の説明変数で構成 |
| 2 | 塊データ | make_blobsで数、密度など指定して作成 |

## ノック1：
## k-meansで非階層型クラスタリングを実施してみよう

　まずは、クラスタリングの中でも、最も基本的なアルゴリズムであるk-means法(k平均法)でクラスタリングを実施していきましょう。k-means法は、各データ間での距離をもとにグループ分けをしていく方法です。最初に適当なクラスタに分けた後、クラスタの平均を用いてうまくデータが分かれるように調整していきます。任意のk個のクラスタを作成するアルゴリズムであることから、k-means法と呼ばれています。

■図1-1：k-meansのアルゴリズム

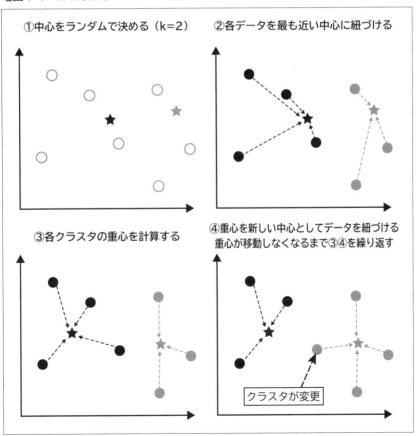

　早速、クラスタリングといきたいところですが、まずはデータの準備から始めていきます。今回は最初ということもあるので、データ準備を行ったあと、データの可視化もしていきましょう。

　今回は、冒頭でも述べたようにアイリスデータセットを用いていきます。それでは早速、データの読み込みから始めます。あわせて、データ加工用、可視化用のライブラリもインポートしておきます。

```
import pandas as pd
from sklearn.datasets import load_iris
import matplotlib.pyplot as plt
%matplotlib inline

iris = load_iris()
```

■図1-2：アイリスデータの読み込み

```
[1]  import pandas as pd
     from sklearn.datasets import load_iris
     import matplotlib.pyplot as plt
     %matplotlib inline

     iris = load_iris()
```

　これで、データの読み込みができました。まずは、データの形状の把握をやっていきましょう。形状は shape で確認できます。

```
iris.data.shape
```

■図1-3：アイリスデータの形状

```
[3]  iris.data.shape
     (150, 4)
```

　変数は4個で、150個のサンプル件数であることがわかります。
　また、target_names に花の種類が格納されています。

```
print(iris.target_names)
```

**■図1-4：アイリスデータの花の種類**

```
[4]  print(iris.target_names)

    ['setosa' 'versicolor' 'virginica']
```

3種類の名前が確認できます。

targetに正解データ（ここでは花の種類）も保持していますが、今回は教師なし学習であるクラスタリングを実施するので正解データは答え合わせにのみ利用し、学習時には使用しません。

では、次に、データを扱いやすくするためデータフレームに格納しましょう。

```
df_iris = pd.DataFrame(iris.data, columns = iris.feature_names)
```

**■図1-5：データフレームに格納**

```
[6]  df_iris = pd.DataFrame(iris.data, columns = iris.feature_names)
```

iris.dataで4変数のデータを取得できます。それを、pd.DataFrameを用いてデータフレームに格納しています。また、columnsに、iris.feature_namesを代入することで、カラム名に変数を指定しています。

これで、データの準備は完了です。

読み込んだデータの全体像をざっくり確認するために describe で平均値、最小、最大値を確認してみましょう。

```
df_iris.describe()
```

## ■図1-6：データの全体像

```
[7]  df_iris.describe()
```

|  | sepal length (cm) | sepal width (cm) | petal length (cm) | petal width (cm) |
|---|---|---|---|---|
| count | 150.000000 | 150.000000 | 150.000000 | 150.000000 |
| mean | 5.843333 | 3.057333 | 3.758000 | 1.199333 |
| std | 0.828066 | 0.435866 | 1.765298 | 0.762238 |
| min | 4.300000 | 2.000000 | 1.000000 | 0.100000 |
| 25% | 5.100000 | 2.800000 | 1.600000 | 0.300000 |
| 50% | 5.800000 | 3.000000 | 4.350000 | 1.300000 |
| 75% | 6.400000 | 3.300000 | 5.100000 | 1.800000 |
| max | 7.900000 | 4.400000 | 6.900000 | 2.500000 |

　平均値等が確認できます。全体的に、widthよりもlengthの方が大きく、petalよりもsepalの方が大きいことがわかります。
　数字だけだと分かりにくいので、可視化してみましょう。
　ペアプロットで各変数のペアごとに散布図を表示させてみます。

```
import seaborn as sns
df_temp = df_iris.copy()
sns.pairplot(df_temp)
```

**■図1-7：変数の散布図**

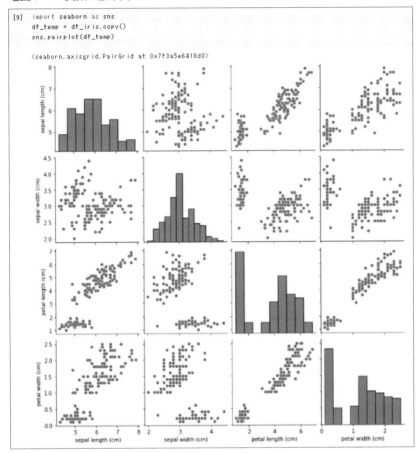

　説明変数のペアごとの分布を確認できました。一目で、petalのlengthとwidthの関係性が右肩上がりになっていることが確認できます。つまり、lengthが長いと、widthの長くなる傾向にあるということです。

　ここまでで、データの準備は終了です。データ分析や機械学習は前処理が8割と言われるように、データを準備して理解することは非常に重要ですので覚えておきましょう。それではいよいよクラスタリングを実施していきましょう。ここで一つ疑問が生じます。いったいクラスタ数(グループ数)はいくつに設定するべきなのか、です。今回は、3種類に分類できるということをあらかじめ知っているのでわかりやすいのですが、最適なクラスタ数が分からないことが大半です。

クラスタ数の決定は、後述のノックでも扱うように評価を実施して決定する場合もありますが、実際の運用を想定して決めることもあります。今回は3で設定します。2行目のk-meansの実行時に、以下のパラメータを設定できます。代表的なパラメータは、n_clustersがクラスタ数、random_stateが乱数シード、initがクラスタセンター(セントロイド)の初期化の方法です。random_stateを固定しないと毎回結果が変わってしまうので、固定するのが良いでしょう。また、initに関しては、ここでは基本的なk-meansの結果を得るためにrandomに設定しています。

```
from sklearn.cluster import KMeans
model = KMeans(n_clusters=3, random_state=0, init="random")
cls_data = df_iris.copy()
model.fit(cls_data)
```

**■図1-8：k-meansの実行**

```
[10] from sklearn.cluster import KMeans
     model = KMeans(n_clusters=3, random_state=0, init="random")
     cls_data = df_iris.copy()
     model.fit(cls_data)

     KMeans(algorithm='auto', copy_x=True, init='random', max_iter=300, n_clusters=3,
            n_init=10, n_jobs=None, precompute_distances='auto', random_state=0,
            tol=0.0001, verbose=0)
```

model.fitにデータを渡すだけでクラスタリングのモデル構築は完了です。非常に簡単ですね。では、クラスタの予測結果を取得します。

```
cluster = model.predict(cls_data)
print(cluster)
```

**■図1-9：クラスタの予測結果取得**

```
[11] cluster = model.predict(cls_data)
     print(cluster)

     [2 2 2 2 2 2 2 2 2 2 2 2 2 2 2 2 2 2 2 2 2 2 2 2 2 2 2 2 2 2 2 2 2 2 2 2 2
      2 2 2 2 2 2 2 2 2 2 2 2 0 1 0 0 0 0 0 0 0 0 0 0 0 0 0 0 0 0 0 0 0 0 0 0 0
      0 0 1 0 0 0 0 0 0 0 0 0 0 0 0 0 0 0 0 0 1 0 1 1 1 1 0 1 1 1
      1 1 0 1 1 1 1 0 1 0 1 0 1 1 0 0 1 1 1 1 0 1 1 1 0 1 1 1 0 1 1 1 0 1
      1 0]
```

　構築したモデルに対して、predictで予測結果を取得できます。その結果、各データに対して0、1、2のようにクラスタリングのクラスタ番号が出力されます。
　次に、結果を可視化してみましょう。

```
cls_data["cluster"] = cluster
sns.pairplot(cls_data, hue="cluster")
```

■図1-10：クラスタの予測結果取得

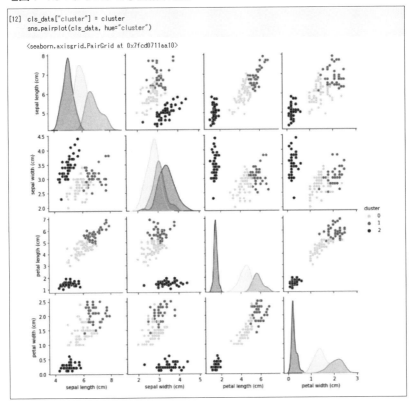

　近いデータごとで、指定した3つにクラスタにまとめられていますね。距離をベースにグループが作成されていることが直感的に理解できます。では、次にモデルを解釈しましょう。Fitをするとクラスタセンターが決まるので、作成されたモデルからクラスタの中心を取得してみましょう。

```
cluster_center = pd.DataFrame(model.cluster_centers_)
cluster_center.columns = cls_data.columns[:4]
display(cluster_center)
```

**■図1-11：クラスタセンター**

```
[13] cluster_center = pd.DataFrame(model.cluster_centers_)
     cluster_center.columns = cls_data.columns[:4]
     display(cluster_center)
```

|   | sepal length (cm) | sepal width (cm) | petal length (cm) | petal width (cm) |
|---|---|---|---|---|
| 0 | 5.901613 | 2.748387 | 4.393548 | 1.433871 |
| 1 | 6.850000 | 3.073684 | 5.742105 | 2.071053 |
| 2 | 5.006000 | 3.428000 | 1.462000 | 0.246000 |

cluster_centers_でそれぞれのクラスタの中心を取得できます。

では、クラスタセンターを可視化してみましょう。sepal length、sepal widthの2変数に対して、データとクラスタセンターを可視化しましょう。

```
plt.scatter(cls_data["sepal length (cm)"], cls_data["sepal width (cm)"],c=
cls_data["cluster"])
plt.xlabel("sepal length (cm)")
plt.ylabel("sepal width (cm)")
plt.scatter(cluster_center["sepal length (cm)"], cluster_center["sepal wid
th (cm)"], marker="*", color="red")
```

**■図1-12：クラスタセンターの可視化**

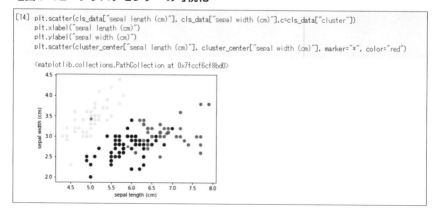

　各クラスタを構成しているクラスタセンターの位置が確認できました（★印）。続いてクラスタリングの結果を解釈します。付与されたクラスタ番号で集計して説明変数の平均を取得しましょう。すべて正しくクラスタ化できていた場合、正解データと一致するはずですね。

```
display(cls_data.groupby("cluster").mean().round(2))
```

■図1-13：クラスタ番号で集計した説明変数の平均値

```
[15] display(cls_data.groupby("cluster").mean().round(2))
```

| cluster | sepal length (cm) | sepal width (cm) | petal length (cm) | petal width (cm) |
|---|---|---|---|---|
| 0 | 5.90 | 2.75 | 4.39 | 1.43 |
| 1 | 6.85 | 3.07 | 5.74 | 2.07 |
| 2 | 5.01 | 3.43 | 1.46 | 0.25 |

　正解データとあわせて、答え合わせをしてみましょう。
　解釈しやすいように花の名前を設定して、花の名前で集計して平均を取得しましょう。

```
cls_data["target"] = iris.target
cls_data.loc[cls_data["target"] == 0, "target"] = "setosa"
cls_data.loc[cls_data["target"] == 1, "target"] = "versicolor"
cls_data.loc[cls_data["target"] == 2, "target"] = "virginica"
display(cls_data.groupby("target").mean().round(2))
```

**■図1-14：正解データ**

```
[16] cls_data["target"] = iris.target
     cls_data.loc[cls_data["target"] == 0, "target"] = "setosa"
     cls_data.loc[cls_data["target"] == 1, "target"] = "versicolor"
     cls_data.loc[cls_data["target"] == 2, "target"] = "virginica"
     display(cls_data.groupby("target").mean().round(2))
```

| target | sepal length (cm) | sepal width (cm) | petal length (cm) | petal width (cm) | cluster |
|---|---|---|---|---|---|
| setosa | 5.01 | 3.43 | 1.46 | 0.25 | 2.00 |
| versicolor | 5.94 | 2.77 | 4.26 | 1.33 | 0.04 |
| virginica | 6.59 | 2.97 | 5.55 | 2.03 | 0.72 |

　cluster列にはクラスタ番号の0,1,2が入っています。正解データとクラスタ番号での集計の平均を比較したとき、4つの説明変数が一致しているsetosaはクラスタ番号2ですべて正しくクラスタ化されていますね。一方でversicolorはクラスタ番号が0、virginicaは1となっており、番号自体は反対ですが、それぞれクラスタ化できています。

　1本目のノックから少し長くなりましたが、データの準備、可視化、クラスタリング、結果の解釈と一通りの流れが理解できたのではないでしょうか。

　今回は具体的なデータを確認して解釈を進めましたが、次回はscikit-learnで用意されているメソッドで算出できる評価指標を確認してみましょう。

# ノック2：クラスタリングの結果を評価してみよう

　クラスタリングの結果を、正解データと比較して評価するために「**調整ランド指数**（Adjusted Rand Index：ARI）」と「**正解率**（Accuracy）」という代表的な2つの指標があります。いずれも定量的な指標で、最良の場合に「1」を返し、関係ないクラスタリングの場合に「0」を返します。scikit-learnには計算用の関数が実装されているので利用しましょう。

```
from sklearn.metrics import accuracy_score
from sklearn.metrics import adjusted_rand_score
ari = "ARI: {:.2f}".format(adjusted_rand_score(iris.target, cls_data["cluster"]))
```

```
accuracy = "Accuracy: {:.2f}".format(accuracy_score(iris.target, cls_data[
"cluster"]))
```

```
print(ari)
```

```
print(accuracy)
```

**■図1-15：ARIとAccuracy**

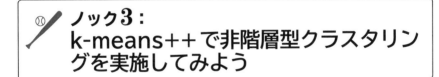

```
[18]  from sklearn.metrics import accuracy_score
      from sklearn.metrics import adjusted_rand_score
      ari = "ARI: [:.2f]".format(adjusted_rand_score(iris.target, cls_data["cluster"]))
      accuracy = "Accuracy: [:.2f]".format(accuracy_score(iris.target, cls_data["cluster"]))
      print(ari)
      print(accuracy)

      ARI: 0.73
      Accuracy: 0.01
```

　Accuracyが低いですね。この指標はクラスタリング結果であるクラスタラベルと正解データとの完全一致を表す数値です。**ノック1**の最後に話したように、ラベルとクラスタリングでの予測結果であるクラスタ番号が一致していないことが原因であると考えられます。これに対して、ARIは同じクラスタに属するべきデータ同士が正しく同じクラスタに属しているかの指標で、1が満点なので今回は良い結果になったことが分かりました。

## ノック3：k-means++で非階層型クラスタリングを実施してみよう

　次にk-meansのパラメータを調整してクラスタリングを実施することで結果が変わることを確認していきましょう。ここではinitパラメータを「random」から「k-means++」にしてクラスタセンターの初期位置を変更してみましょう。先ほどまでの設定ではクラスタセンターはランダムに設置されていましたが、もし複数のクラスタセンターが近い位置からスタートすると効率的にクラスタリングできません。そこでk-means++では初期のクラスタセンターを互いに離れた位置に配置します。それにより従来のk-means法よりも効果的で一貫性のある結果が得られるようになります。それでは実装していきましょう。パラメータの変

更のみなので結果の可視化まで一気に実施します。

```
model = KMeans(n_clusters=3, random_state=0, init="k-means++")
cls_data = df_iris.copy()
model.fit(cls_data)
cluster = model.predict(cls_data)
cls_data["cluster"] = cluster
sns.pairplot(cls_data, hue="cluster")
```

### ■図1-16：クラスタリング結果を取得(k-means++)

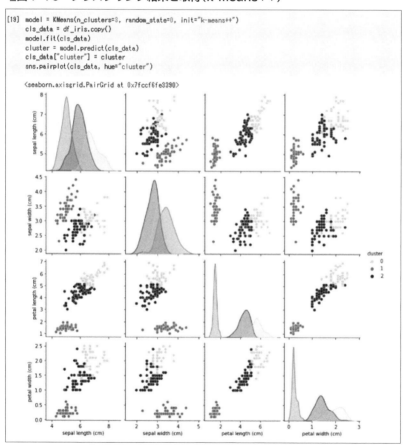

前回と同様にARIを確認してみましょう。

```
ari = "ARI: {:.2f}".format(adjusted_rand_score(iris.target, cls_data["clus
ter"]))
print(ari)
```

**■図1-17：ARIの確認**

```
[20] ari = "ARI: {:.2f}".format(adjusted_rand_score(iris.target, cls_data["cluster"]))
     print(ari)

     ARI: 0.73
```

　結果、ARIは同じなので精度は変わらなかったことがわかりました。このように パラメータを調整しながら定量的な評価を繰り返すことが精度向上の手順にな ります。今回実装したk-means++はランダムよりも収束が早いという特徴もあ るため、よっぽどの事がない限りはk-means++を利用するのがよいでしょう。 initパラメータを指定しなければデフォルトでk-means++になります。続いて、 クラスタ数の変更も実施してみましょう。それでは、まずはクラスタ数を2にし てみましょう。ARIも同時に表示します。

```
model = KMeans(n_clusters=2, random_state=0)
cls_data = df_iris.copy()
cls_data["cluster"] = model.fit_predict(cls_data)
sns.pairplot(cls_data, hue="cluster")
print("ARI: {:.2f}".format(adjusted_rand_score(iris.target, cls_data["clus
ter"])))
```

## ■図1-18：クラスタ数を2に指定場合の結果

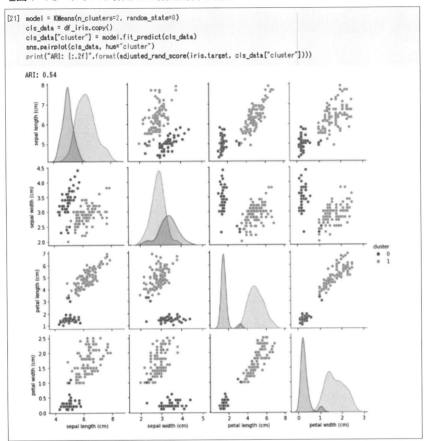

```
[21] model = KMeans(n_clusters=2, random_state=0)
     cls_data = df_iris.copy()
     cls_data["cluster"] = model.fit_predict(cls_data)
     sns.pairplot(cls_data, hue="cluster")
     print("ARI: {:.2f}".format(adjusted_rand_score(iris.target, cls_data["cluster"])))

     ARI: 0.54
```

　クラスタリングの結果が変わって2つのクラスタにまとめられたことが確認できましたね。ARIは下がったので今回実施した2よりも前回の3の方が精度は高いことがわかります。ここまでで基本的なクラスタリングの実装と評価までの手順を学びましたが、実際には、クラスタリングを評価する際は正解データがないことが多いです。仮に正解データがあれば、クラス分類器のような教師あり学習の方が優れているからです。そこで次回は正解データがない場合に、適切なクラスタ数を探索する方法を学びましょう。

## ノック4： エルボー法で最適なクラスタ数を探索してみよう

　ここまでで実装したk-means法の問題点の一つとしてクラスタ数を指定しなければならないことがあります。このままでは分析者の決め打ちになってしまうため、現場で説明を求められたときに明確な回答ができません。そこでここでは**エルボー法**という手法で最適なクラスタ数を探索していきます。クラスタリングの性能を数値化するには、クラスタ内の残差平方和(SSE：Sum of Squared errors of prediction)のような指標を用いて、k-meansクラスタリングの性能を比較する必要があります。

　エルボー法は、クラスタ数を変えながら上記のSSEを計算し、結果を図示することで適切なクラスタ数を推定する手法です。

　それでは実装していきましょう。今回は、結果が分かりやすく見えるようにサンプルデータを作成して使用します。まずは、サンプルデータの作成と可視化を行います。

```
from sklearn.datasets import make_blobs
from sklearn import cluster, preprocessing
X,y=make_blobs(n_samples=150,          # サンプル点の総数
               n_features=2,           # 説明変数（次元数）の指定  default:2
               centers=3,              # クラスタの個数
               cluster_std=0.5,        # クラスタ内の標準偏差
               shuffle=True,           # サンプルをシャッフル
               random_state=0)         # 乱数生成器の状態を指定
sc=preprocessing.StandardScaler()
X_norm=sc.fit_transform(X)
x=X_norm[:,0]
y=X_norm[:,1]
plt.figure(figsize=(10,3))
plt.scatter(x,y)
plt.show
```

**■図1-19：サンプルデータの可視化**

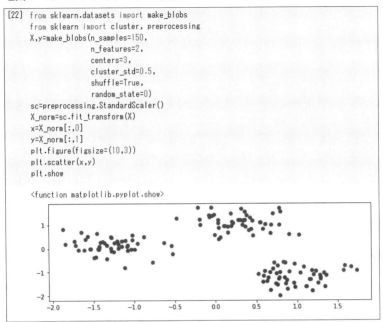

```
[22] from sklearn.datasets import make_blobs
     from sklearn import cluster, preprocessing
     X,y=make_blobs(n_samples=150,
                    n_features=2,
                    centers=3,
                    cluster_std=0.5,
                    shuffle=True,
                    random_state=0)
     sc=preprocessing.StandardScaler()
     X_norm=sc.fit_transform(X)
     x=X_norm[:,0]
     y=X_norm[:,1]
     plt.figure(figsize=(10,3))
     plt.scatter(x,y)
     plt.show

     <function matplotlib.pyplot.show>
```

　大きく3つの塊に分かれたデータできました。3行目でサンプルデータを作成して、5行目でデータを標準化しています。機械学習では値のスケールが違う可能性がある場合、標準化してスケールを合わせる必要があります。それでは、クラスタリングを実施しましょう。

```
distortions = []

for i  in range(1,11):

    km = KMeans(n_clusters=i,
                n_init=10,
                max_iter=300,
                random_state=0)

    km.fit(X)

    distortions.append(km.inertia_)
```

### ■図1-20：SSEの取得

```
[24]  distortions = []
      for i in range(1,11):
          km = KMeans(n_clusters=i,
                      n_init=10,
                      max_iter=300,
                      random_state=0)
          km.fit(X_norm)
          distortions.append(km.inertia_)
```

k-meansにて1～10クラスタまでループで計算しながらdistortionsリストに結果のinertia_属性を格納しています。k-meansではinertia_属性を通じてSSEにアクセスできます。クラスタ内SSEのことをcluster inertia とも呼びます。クラスタ内SSE値が小さいほど「歪みのない（クラスタリングがうまくいっている）良いモデル」と言えます。取得までできたので、可視化してみましょう。

```
plt.plot(range(1,11),distortions,marker="o")
plt.xticks(range(1,11))
plt.xlabel("Number of clusters")
plt.ylabel("Distortion")
plt.show()
```

### ■図1-21：エルボー図

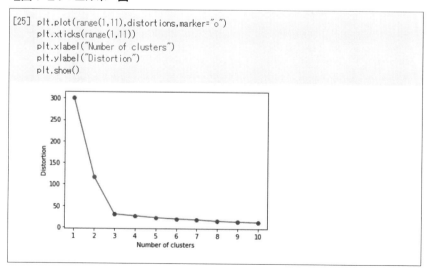

37

　これがエルボー図になります。「ヒジが折れ曲がっているようにみえる」ことから、この名前が付けられています。クラスタ数3までは数字が減少し、4以降はほぼ横ばいです。エルボー法では、今回のデータにおいてのクラスタ数3のように、急激に変化している点を最適なクラスタ数として選びます。今回は、「3が最適なクラスタ数」と判断できます。それでは実際にクラスタ数に3を指定してクラスタリングを実施してみましょう。

```python
km = KMeans(n_clusters=3,
            n_init=10,
            max_iter=300,
            random_state=0)
z_km=km.fit(X_norm)
plt.figure(figsize=(10,3))
plt.scatter(x,y, c=z_km.labels_)
plt.scatter(z_km.cluster_centers_[:,0],z_km.cluster_centers_[:,1],s=250, marker="*",c="red")
plt.show
```

**▉図1-22：最適なクラスタ数でのクラスタリング**

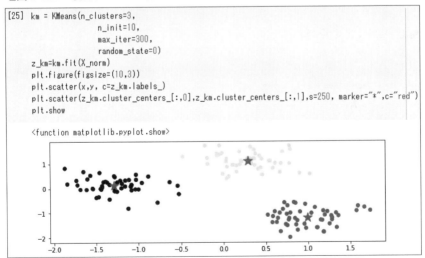

　綺麗に3つに分かれたグループができました。この通り、エルボー法を用いる

ことで数値として根拠を持ったクラスタ数の探索が可能になります。ただし、かなり明確に分かれたデータでない限り、エルボー図はなだらかな曲線を描くため、万能というわけではありません。次は別の手法でクラスタ数を探索していきます。

## ノック5： シルエット分析で最適なクラスタ数を 探索してみよう

　前回実装したエルボー法も決して万能ではないため、ここではシルエット分析という手法で最適なクラスタ数を探索していきます。**シルエット分析**とは、以下の定義で適切なクラスタ数を推定する手法です。

・クラスタ内は密になっているほど良い
・各クラスタは遠くに離れているほど良い

　また、シルエット分析はk-means以外のクラスタリングアルゴリズムにも適応できます。それでは前回のクラスタリング結果からシルエット係数を計算してみましょう。sklearnのライブラリがあるので利用しましょう。

```
import numpy as np
from matplotlib import cm
from sklearn.metrics import silhouette_samples
cluster_labels=np.unique(z_km.labels_)
n_clusters=cluster_labels.shape[0]
silhouette_vals=silhouette_samples(X, z_km.labels_)
```

■図1-23：シルエット係数の計算

```
[29]  import numpy as np
      from matplotlib import cm
      from sklearn.metrics import silhouette_samples
      cluster_labels=np.unique(z_km.labels_)
      n_clusters=cluster_labels.shape[0]
      silhouette_vals=silhouette_samples(X, z_km.labels_)
```

　silhouette_samplesにデータとラベルを指定することで取得できます。

それでは準備ができたのでシルエット図を作成します。

```
y_ax_lower,y_ax_upper=0,0
yticks=[]

for i,c in enumerate(cluster_labels):
    c_silhouette_vals=silhouette_vals[z_km.labels_==c]
    print(len(c_silhouette_vals))
    c_silhouette_vals.sort()
    y_ax_upper +=len(c_silhouette_vals)
    color=cm.jet(float(i)/n_clusters)
    plt.barh(range(y_ax_lower,y_ax_upper),
            c_silhouette_vals,
            height=1.0,
            edgecolor="none",
            color=color
            )
    yticks.append((y_ax_lower+y_ax_upper)/2.)
    y_ax_lower += len(c_silhouette_vals)

silhouette_avg=np.mean(silhouette_vals)
plt.axvline(silhouette_avg,color="red",linestyle="--")
plt.ylabel("Cluster")
plt.xlabel("Silhouette Coefficient")
plt.yticks(yticks,cluster_labels + 1)
```

**■図1-24：シルエット図**

```
[30]  y_ax_lower,y_ax_upper=0,0
      yticks=[]

      for i,c in enumerate(cluster_labels):
        c_silhouette_vals=silhouette_vals[z_km.labels_==c]
        print(len(c_silhouette_vals))
        c_silhouette_vals.sort()
        y_ax_upper +=len(c_silhouette_vals)
        color=cm.jet(float(i)/n_clusters)
        plt.barh(range(y_ax_lower,y_ax_upper),
                 c_silhouette_vals,
                 height=1.0,
                 edgecolor="none",
                 color=color
                 )
        yticks.append((y_ax_lower+y_ax_upper)/2.)
        y_ax_lower += len(c_silhouette_vals)

      silhouette_avg=np.mean(silhouette_vals)
      plt.axvline(silhouette_avg,color="red",linestyle="--")
      plt.ylabel("Cluster")
      plt.xlabel("Silhouette Coefficient")
      plt.yticks(yticks,cluster_labels + 1)

      50
      50
      50
      ([<matplotlib.axis.YTick at 0x7f63e7bb7190>,
        <matplotlib.axis.YTick at 0x7f63e828ac10>,
        <matplotlib.axis.YTick at 0x7f63eb2a2450>],
       [Text(0, 0, '1'), Text(0, 0, '2'), Text(0, 0, '3')])
```

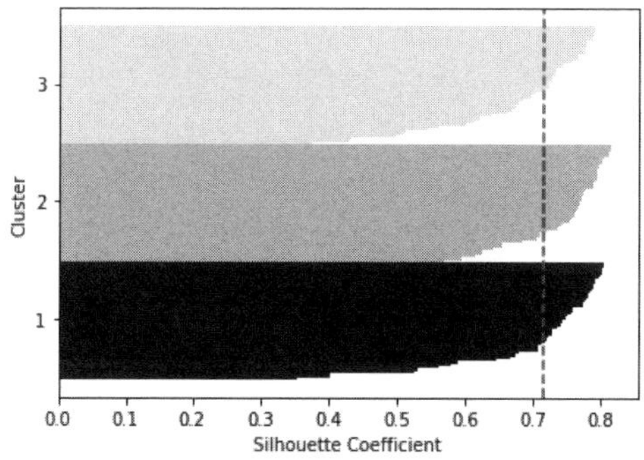

コードは少し複雑かもしれませんが、シルエット図はすべてのサンプルについて横向き棒グラフ(plt.barh)を作成しているだけです。適切にクラスタリングで

きていれば各クラスタのシルエットの厚さは均等に近くなります。クラスタの「シルエット係数：Silhouette Coefficient」が1に近いほど、そのクラスタは他のクラスタから遠く離れていることを表しています。（係数は -1 〜 1の間）また、0に近いほど隣接するクラスタと接近している、または隣接するクラスタと重なっていることを表しています。（上手くクラスタの分離ができていない状態）

係数がマイナスだとクラスタ化されたサンプルは誤ったクラスタに所属している可能性があり、シルエットの厚さはクラスタのサイズ（所属するサンプル数）を表します。

上記のことから、今回は3つのクラスタ数でうまくクラスタリングができていることがわかります。（サンプルデータをそう作成しているので当然なのですが）

続いて、クラスタ数を2にした場合のシルエット図を確認してみましょう。

```python
km = KMeans(n_clusters=2,
            n_init=10,
            max_iter=300,
            random_state=0)
z_km=km.fit(X_norm)

plt.figure(figsize=(10,3))
plt.scatter(x,y, c=z_km.labels_)
plt.scatter(z_km.cluster_centers_[:,0],z_km.cluster_centers_[:,1],s=250, marker="*",c="red")
plt.show
```

**■図1-25：クラスタ数2でのクラスタリング結果**

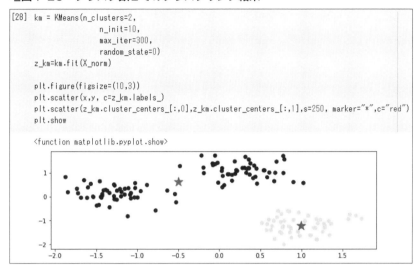

2クラスタに分けた結果、クラスタの中心点がおかしな位置になっています。シルエット図も作成してみましょう。コードは先ほどと同じです。

**■図1-26：クラスタ数2のシルエット図**

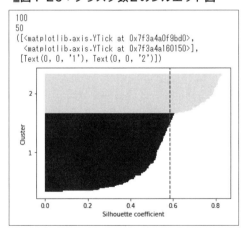

今回のクラスタリングの結果をシルエット図で確認すると、クラスタ1のシルエットが厚く、シルエット係数平均値(赤破線)もほぼすべてのサンプルが下回っている

ことから、クラスタリングがうまくいっていないことがわかります。このように、クラスタリングにおいて、最適なクラスタ数を決定することができます。ただし、エルボー法、シルエット法のどちらにおいても、綺麗に最適なクラスタ数が決められる場合ばかりではないので、その場合、運用面も考慮して決定していくのが良いでしょう。実際に、50個のクラスタ数が最適だったとしても、運用上50個もグループがあったら管理できない場合には、クラスタ数を減らす検討をするべきです。あくまでも、現場で使える形にすることを意識していきましょう。

## ノック6：
## 階層型クラスタリングを実施してみよう

　ここでは階層型クラスタリングを実装しながら前章までで学んだ非階層型クラスタリングとの違いを確かめていきましょう。

　階層型クラスタリングは最も距離が近くて似ている(類似度が高い)組み合わせからまとめていく手法で、結果として出力される樹形図から、分類の過程でできるクラスタがどのように結合されていくかをひとつずつ確認できるので、クラスタ数を後から決めることができます。距離(metric)について様々な定義が存在し、クラスタ間における距離の定義(method)も複数存在します。結果を樹形図に出力することで視覚的に解釈がしやすいというメリットがある一方で、非階層型クラスタリングよりも計算量が多くなる傾向があるため、結果が出るまでに時間がかかるという一面もあります。

■図1-27：樹形図(デンドログラム)

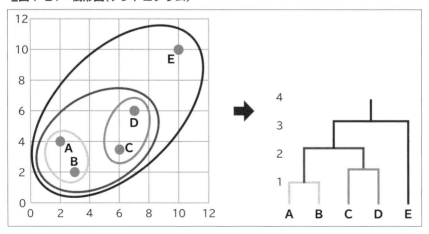

　それでは階層型クラスタリングを実装しながら理解していきましょう。データ
セットは、**ノック1**で使用したscikit-learnのアヤメの品種を利用します。ここ
では解釈しやすくするため、件数を1/10に絞って、4つある説明変数のうち2
つだけ使います。

```
from sklearn.datasets import load_iris
import matplotlib.pyplot as plt
X = load_iris().data[::10, 2:4]
fig = plt.figure(figsize=(6, 6))
ax = fig.add_subplot(1, 1, 1, title="iris")
plt.scatter(X[:, 0], X[:, 1])
for i, element in enumerate(X):
    plt.text(element[0]+0.02, element[1]+0.02, i)
plt.show()
```

■図1-28：サンプルデータの可視化

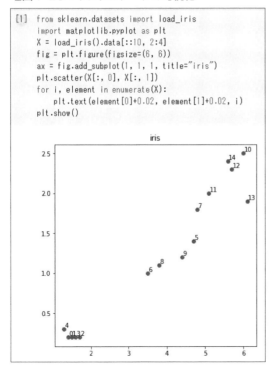

散布図に振られている番号が結果に出てくる樹形図の番号に対応します。

続いて、scipyを用いて階層型クラスタリングを行います。

```
import pandas as pd
from scipy.cluster.hierarchy import linkage
Z = linkage(X, method="ward", metric="euclidean")
pd.DataFrame(Z)
```

**■図1-29：階層型クラスタリング**

```
[2]  import pandas as pd
     from scipy.cluster.hierarchy import linkage
     Z = linkage(X, method="ward", metric="euclidean")
     pd.DataFrame(Z)
```

|    | 0    | 1    | 2        | 3    |
|----|------|------|----------|------|
| 0  | 2.0  | 3.0  | 0.100000 | 2.0  |
| 1  | 0.0  | 1.0  | 0.100000 | 2.0  |
| 2  | 12.0 | 14.0 | 0.141421 | 2.0  |
| 3  | 4.0  | 16.0 | 0.208167 | 3.0  |
| 4  | 6.0  | 8.0  | 0.316228 | 2.0  |
| 5  | 5.0  | 9.0  | 0.360555 | 2.0  |
| 6  | 7.0  | 11.0 | 0.360555 | 2.0  |
| 7  | 15.0 | 18.0 | 0.390726 | 5.0  |
| 8  | 10.0 | 17.0 | 0.439697 | 3.0  |
| 9  | 13.0 | 23.0 | 0.735980 | 4.0  |
| 10 | 20.0 | 21.0 | 1.019804 | 4.0  |
| 11 | 19.0 | 25.0 | 2.008316 | 6.0  |
| 12 | 24.0 | 26.0 | 3.723126 | 10.0 |
| 13 | 22.0 | 27.0 | 9.802211 | 15.0 |

　sklearnでも同様の処理が可能ですが、樹形図を描画することができないので、ここではscipyを使用しています。3行目で指定しているパラメータについて説明します。

　「metric」は元のデータの点と点の距離の定義です。ここでは良く使用されるユークリッド距離(euclidean)を指定しています。「method」は距離関数です。こ

こではウォード法（ward）を指定しています。

ウォード法は、あるクラスタ同士が結合すると仮定した時、結合後のすべてのクラスタにおいて、クラスタの重心とクラスタ内の各点の距離の2乗和の合計が最小となるように、クラスタを結合させていく手法です。計算量が多くなりますが、分類感度が高いため基本的にはウォード法が用いられます。ここで出力されたZの中身ですが、1、2列目が結合されたクラスタの番号、3列目がそのクラスタ間の距離、4列目が結合後に新しくできたクラスタの中に入っている元のデータの数になります。

ここまで少し述べてきたように、距離と距離関数にはいくつか種類があります。距離に関しては、ユークリッド距離の他にも、マンハッタン距離やコサイン類似度が挙げられます。一般的にはユークリッド距離が使われますが、すべての変数が0、1しか値を取らない時にはマンハッタン距離を、テキストデータを扱う場合等、ベクトルの大きさや重みでなく、単語の類似度を重視したい時にはベクトル同士の成す角度の近さを表現するコサイン類似度が使用されることが多いです。

■図1-30：metric（データの点と点の距離定義）の種類

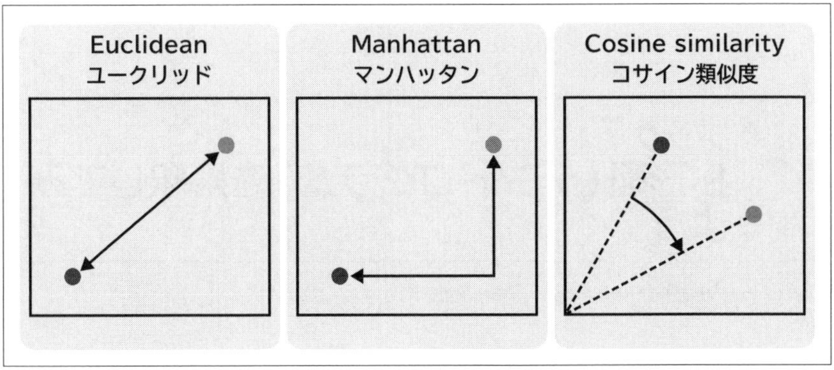

また、距離関数に関しては、今回用いたウォード法以外にも最短距離法等があります。**ノック8、9、10**でどのように違いが出るかを見ていきます。

それでは、次ノックでは、今回の結果を可視化して、解釈をしていきましょう。

**■図1-31：method（距離関数）の種類**

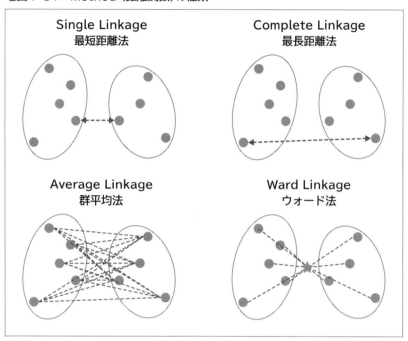

## ノック7：
## 樹形図（デンドログラム）を解釈してみよう

それでは階層型クラスタリングの結果で樹形図を出力してみましょう。

```
from scipy.cluster.hierarchy import dendrogram
import matplotlib.pyplot as plt
fig2, ax2 = plt.subplots(figsize=(20,5))
ax2 = dendrogram(Z)
fig2.show()
```

■図1-32：樹形図（デンドログラム）

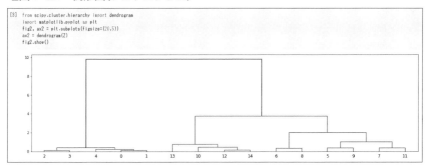

　0,1,2,3,4 が1つのクラスタにまとまっていたり、12と14、6と8がまとまっていることがわかります。次にfcluster 関数で何番のデータがどのクラスタに所属するのかリストを作りましょう。ここではパラメータcriterion に「maxclust」を指定して、クラスタ数を指定してみましょう。

```
from scipy.cluster.hierarchy import fcluster
clusters = fcluster(Z, t=3, criterion="maxclust")
for i, c in enumerate(clusters):
    print(i, c)
```

■図1-33：クラスタ数を指定

```
[4]  from scipy.cluster.hierarchy import fcluster
     clusters = fcluster(Z, t=3, criterion="maxclust")
     for i, c in enumerate(clusters):
         print(i, c)

     0 1
     1 1
     2 1
     3 1
     4 1
     5 3
     6 3
     7 3
     8 3
     9 3
     10 2
     11 3
     12 2
     13 2
     14 2
```

　樹形図のとおり、0,1,2,3,4 と 5,6,7,8,9,11 と 10,12,13,14 の3グループになりました。また、「distance」を指定して、距離で閾値を指定もできます。
　樹形樹に横線を引いてその位置で分けるようなイメージです。樹形図の縦軸に表示されている数値が各点の距離になります。距離＝3くらいで分ければ先ほどと同じ3グループに分かれますが、今回は距離＝1.6を閾値にして実行してみましょう。

```
clusters1 = fcluster(Z, 1.6, criterion="distance")
for i, c in enumerate(clusters1):
    print(i, c)
```

■図1-34：距離を指定

```
[5] clusters1 = fcluster(Z, 1.6, criterion="distance")
    for i, c in enumerate(clusters1):
        print(i, c)

    0 1
    1 1
    2 1
    3 1
    4 1
    5 4
    6 3
    7 4
    8 3
    9 4
    10 2
    11 4
    12 2
    13 2
    14 2
```

　クラスタ1、2は先ほどと同じ結果ですが、6,8 と 5,7,9,11 が別のクラスタになりました。樹形図の縦軸の1.6から横線を引いてグループになるため、4グループに分かれたことが確認できましたね。

## ノック8：
## 最短距離法で階層型クラスタリングを
## 実施してみよう

　ここでは距離関数を最短距離法に変更することで結果がどう変わるか確認しましょう。最短距離法は単リンク法(single linkage)とも呼ばれ、各クラスタにおいて、一番近い点同士の距離をクラスタの距離とする手法です。

　今回は比較しやすくするため、サンプルデータ件数を1/10に絞って、4つある説明変数はすべて使います。

```
from sklearn.datasets import load_iris
import matplotlib.pyplot as plt
X = load_iris().data[::10]
fig = plt.figure(figsize=(6, 3))
ax = fig.add_subplot(1, 1, 1, title="iris")
plt.scatter(X[:, 0], X[:, 1])
for i, element in enumerate(X):
    plt.text(element[0]+0.02, element[1]+0.02, i)
plt.show()
```

■図1-35：サンプルデータの可視化

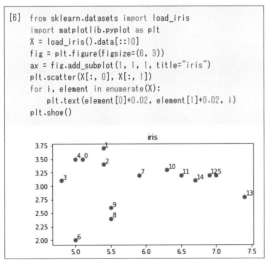

　それでは、先ほど実施したウォード法と最短距離法のデンドログラムを比較してみましょう。実行方法の違いはmethodパラメータのみで1行目の最短距離法側には「single」を指定しましょう。

```
Z = linkage(X, method="single", metric="euclidean")
fig2, ax2 = plt.subplots(figsize=(6,3))
ax2 = dendrogram(Z)
fig2.suptitle("single")
fig2.show()

Z = linkage(X, method="ward", metric="euclidean")
fig2, ax2 = plt.subplots(figsize=(6,3))
ax2 = dendrogram(Z)
fig2.suptitle("ward")
fig2.show()
```

**■図1-36：最短距離法とウォード法の比較**

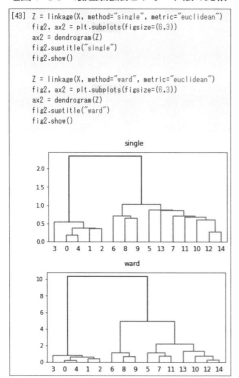

　ほぼ結果は変わりませんが、ウォード法は5,7,11が比較的近くなっているようです。最短距離法は計算量が少ないことがメリットですが、鎖効果(ある1つのクラスタに対象が1つずつ順番に吸収されながらクラスタが形成される現象)により、クラスタが帯状になってしまい、分類感度が低いことを覚えておきましょう。

## ノック9：
## 最長距離法で階層型クラスタリングを実施してみよう

　ここでは距離関数を最長距離法に変更することで結果がどう変わるか確認しましょう。最長距離法は完全リンク法(complete linkage)とも呼ばれ、各クラスタにおいて、一番遠い点同士の距離をクラスタの距離とする手法です。
　それでは実行しましょう。今回は1行目のmethodパラメータに「complete」を指定しましょう。

```
Z = linkage(X, method="complete", metric="euclidean")
fig2, ax2 = plt.subplots(figsize=(6,3))
ax2 = dendrogram(Z)
fig2.suptitle("complete")
fig2.show()

Z = linkage(X, method="ward", metric="euclidean")
fig2, ax2 = plt.subplots(figsize=(6,3))
ax2 = dendrogram(Z)
fig2.suptitle("ward")
fig2.show()
```

**■図1-37：最短長距離法とウォード法の比較**

```
[44] Z = linkage(X, method="complete", metric="euclidean")
     fig2, ax2 = plt.subplots(figsize=(6,3))
     ax2 = dendrogram(Z)
     fig2.suptitle("complete")
     fig2.show()

     Z = linkage(X, method="ward", metric="euclidean")
     fig2, ax2 = plt.subplots(figsize=(6,3))
     ax2 = dendrogram(Z)
     fig2.suptitle("ward")
     fig2.show()
```

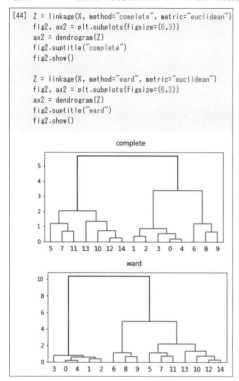

こちらは6,8,9のグループが入れ替わっていますね。最長距離法は計算量も少なく、分類感度も比較的高いですが、クラスタ同士が離れてしまう拡散現象が生じることを覚えておきましょう。

**ノック10：
群平均法で階層型クラスタリングを実施
してみよう**

ここでは距離関数を群平均法に変更することで結果がどう変わるか確認しましょう。群平均法はクラスタ同士のすべての点同士の距離の平均をクラスタの距離とする手法です。

　それでは実行しましょう。今回は1行目のmethodパラメータに「average」を指定しましょう。

```
Z = linkage(X, method="average", metric="euclidean")
fig2, ax2 = plt.subplots(figsize=(6,3))
ax2 = dendrogram(Z)
fig2.suptitle("average")
fig2.show()

Z = linkage(X, method="ward", metric="euclidean")
fig2, ax2 = plt.subplots(figsize=(6,3))
ax2 = dendrogram(Z)
fig2.suptitle("ward")
fig2.show()
```

**■図1-38：群平均法とウォード法の比較**

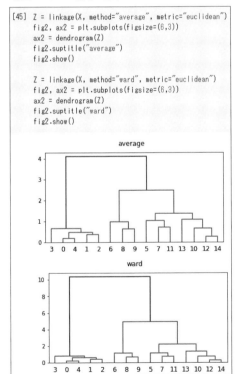

　こちらは距離の違いはありますが、ほぼ同じ結果になりました。群平均法は鎖効果や拡散現象を起こさないため、ウォード法と同じく用いられることが多いことを覚えておきましょう。

　本章の内容は以上になります。お疲れ様でした。

　ここまでの内容を通じて、教師なし学習のクラスタリングの基本的な実装の流れをおさえました。データ取得部分を他のオープンデータに差し替えて試すことや、パラメータを調整しながら評価を繰り返して試行錯誤することでさらに理解が深まるかと思います。階層型、非階層型クラスタリングのどちらを利用するかは解決したい問題、データセットによっても異なります。それぞれの手法の長所と短所を理解して、必要なときに利用できるようにしておきましょう。次章では1章で扱っていない他のクラスタリングを実装していき、さらに技術の引き出しを増やしましょう。

# 第2章
# 様々なクラスタリングを行う
# 10本ノック

　本章では、形状の異なる複数のデータセットに対して、複数の代表的なアルゴリズムでクラスタリングを行い、どのようにグルーピングされるのかを可視化していくことで、アルゴリズムの特徴を理解していきましょう。第1章で扱ったk-meansは、様々な場面で利用されることが多いアルゴリズムです。しかしながら、データの形状によっては、k-meansでうまく分類できない場合が多いのも事実です。非線形のデータセットや、リアルタイム性が必要とされる場面でクラスタリングを実装する必要に迫られた場合でも、複数のクラスタリングの特徴をおさえておくことで、適切なアルゴリムの選択、評価が可能になります。

ノック11：SpectralClusteringでクラスタリングを実施してみよう
ノック12：MeanShiftを使ったクラスタリングを実施してみよう
ノック13：x-meansで非階層型クラスタリングを実施してみよう
ノック14：GMMでクラスタリングを実施してみよう
ノック15：VBGMMでクラスタリングを実施してみよう
ノック16：VBGMMで最適なクラスタ数を探索してみよう
ノック17：MiniBatchKMeansでクラスタリングを実施してみよう
ノック18：DBSCANでクラスタリングを実施してみよう
ノック19：DBSCANでノイズを確認してみよう
ノック20：HDBSCANでクラスタリングを実施してみよう

## 取り扱うアルゴリズム

本章では以下のアルゴリズムを扱います。前章で扱った距離をもとにしたクラスタリングに加えて、密度をもとにクラスタリングを行うDBSCANのようなアルゴリズムも取り扱います。ノックを通して、それぞれのアルゴリズムの特徴を理解していきましょう。

■表：アルゴリズム一覧

| 名称 | 分類 | 推奨サンプル数 | 事前クラスタ数 | 特徴 |
|------|------|----------------|----------------|------|
| KMeans | 非階層 | 10K未満 | 要 | もっとも基本的な手法 |
| MiniBatch KMeans | 非階層 | 10K以上 | 要 | KMeansを一定のサイズごとに実行<br>サンプル数が多い場合はこちらを使う |
| Spectral Clustering | 非階層 | 10K未満 | 要 | データ密度でクラスタを作成するため非線形でも機能する |
| GMM | 非階層 | 10K未満 | 要 | 傾いた楕円形でクラスタを作成できる |
| MeanShift | 非階層 | 10K未満 | 任意 | クラスタ数の指定が不要 |
| VBGMM | 非階層 | 10K未満 | 任意 | クラスタ数の指定が不要 |
| DBSCAN | 非階層 | - | 不要 | データ密度でクラスタを作成する<br>外れ値を判定できる |
| HDBSCAN | 階層 | - | 不要 | DBSCANを階層型に拡張 |

### 前提条件

本章のノックでは、scikit-learnを用いてクラスタリングを実装していきます。データについては、非線形なサンプルデータとして有名なムーンデータセットをノック11で扱っていきます。また、ノック12 ～ 17でワインの品種データセット、ノック18 ～ 20ではscikit-learnのmake_blobsを用いて塊データを作成して扱います。

**■表：データ一覧(scikit-learnのサンプルデータセット)**

| No. | 名称 | 概要 |
|---|---|---|
| 1 | ムーンデータ | 非線形なデータ群で構成 |
| 2 | ワインデータ | ワインの品種の説明変数で構成 |
| 3 | 塊データ | 数、密度など指定して作成 |

# ノック11：
# SpectralClusteringでクラスタリングを実施してみよう

　最初に、SpectralClusteringを実装していきましょう。SpectralClusteringはk-meansと異なり、データ密度でクラスタを作成するため、同心円状になっていないデータも、うまくクラスタリングが可能です。前章までで学んだk-meansでクラスタリングできないケースを確認しながら、SpectralClusteringではクラスタリングできることを確かめていきましょう。ここでは、scikit-learnのサンプルデータセットであるムーンデータと呼ばれる半月状のデータセットでクラスタリングを実施しましょう。それでは早速、データの読み込みから始めましょう。あわせて、データ加工用、可視化用のライブラリもインポートしておきます。

```python
import numpy as np
import pandas as pd
import matplotlib.pyplot as plt
from sklearn import cluster, preprocessing
from sklearn import datasets

X,z = datasets.make_moons(n_samples=200, noise=0.05, random_state=0)
sc=preprocessing.StandardScaler()
X_norm=sc.fit_transform(X)
display(X_norm)
```

### ▌図2-1：ムーンデータの読み込み

```
[1]  import numpy as np
     import pandas as pd
     import matplotlib.pyplot as plt
     from sklearn import cluster, preprocessing
     from sklearn import datasets

     X,z = datasets.make_moons(n_samples=200, noise=0.05, random_state=0)
     sc=preprocessing.StandardScaler()
     X_norm=sc.fit_transform(X)
     display(X_norm)

           [-0.30102709, -0.82248081],
           [ 0.82358091, -1.33862344],
           [ 1.26715249, -0.87431703],
           [ 0.75941869, -1.32943852],
           [-1.72738436, -0.07308707],
           [ 1.74628216,  0.50827077],
           [ 0.44961808,  0.27944676],
           [-0.45289238, -0.53534151],
           [-0.58382363,  0.44246714],
           [-0.0582972 ,  1.40528009],
```

これで、データの読み込みは完了です。読み込んだデータを可視化してみましょう。

```
x=X_norm[:,0]
y=X_norm[:,1]
plt.figure(figsize=(10,3))
plt.scatter(x,y, c=z)
plt.show
```

### ▌図2-2：ムーンデータの可視化

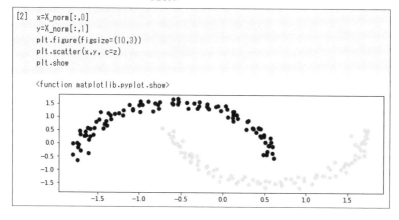

```
[2]  x=X_norm[:,0]
     y=X_norm[:,1]
     plt.figure(figsize=(10,3))
     plt.scatter(x,y, c=z)
     plt.show

     <function matplotlib.pyplot.show>
```

上下でデータが分かれており、この通りにクラスタリングできるとよさそうですね。それではまずk-meansを実施してみましょう。

```
km=cluster.KMeans(n_clusters=2)
z_km=km.fit(X_norm)

plt.figure(figsize=(10,3))
plt.scatter(x,y, c=z_km.labels_)
plt.scatter(z_km.cluster_centers_[:,0],z_km.cluster_centers_[:,1],s=250, marker="*",c="red")
plt.show
```

■図2-3：k-meansでクラスタリング

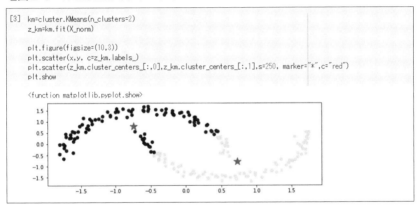

上下ふたつに分かれて欲しいのでクラスタ数は2に設定しています。k-meansでは中心点からの距離でクラスターが決まるため、同心円状に広がっていないムーンデータではうまく分析できていないことがわかります。それではSpectralClusteringを実施してみましょう。

```
spc=cluster.SpectralClustering(n_clusters=2, affinity="nearest_neighbors")
z_spc=spc.fit(X_norm)

plt.figure(figsize=(10,3))
plt.scatter(x,y, c=z_spc.labels_)
plt.show
```

**■図2-4：SpectralClusteringでクラスタリング**

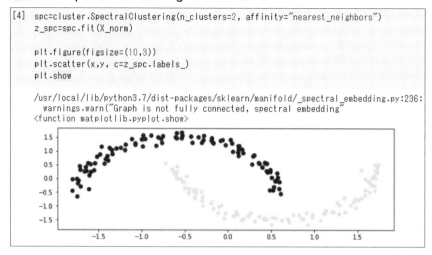

SpectralClusteringでクラスタリングすると上下でクラスタリングできていることがわかります。1行目の新しいパラメータについて説明します。

Affinity(親和性)は、クラスタリングを実施する際に作成するグラフ行列の作成方法を指定しています。**グラフ行列**とは、データがそれぞれどのように繋がっているかを示す行列で、どのように繋がっているか定義するのがaffinityになります。ここでは「nearest_neighbors」を指定して、最近傍のグラフを作成しています。SpectralClusteringはk-meansと異なり、データ密度でクラスタを作成するため、同心円状になっていないデータも、うまくクラスタリングできました。

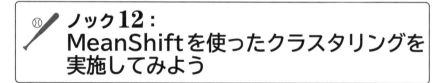

# ノック12：
# MeanShiftを使ったクラスタリングを実施してみよう

次に、MeanShiftを使ったクラスタリングを実装していきましょう。

MeanShiftはクラスタ数が分からない場合に、データをクラスタに分類する手法です。複数のガウス分布(正規分布)を仮定して、各データがどのガウス分布に所属するのかを決定し、クラスタ分析します。

　ここでもk-meansとMeanShiftの結果を比較しながらそれぞれの特徴を確かめていきましょう。ここでは、オープンデータであるワインの分類データセットでクラスタリングを実施しましょう。それではデータの読み込みから始めましょう。

```
df_wine_all=pd.read_csv("https://archive.ics.uci.edu/ml/machine-learning-databases/wine/wine.data", header=None)
df_wine=df_wine_all[[0,10,13]]
df_wine.columns = [u"class", u"color", u"proline"]
pd.DataFrame(df_wine)
```

**■図2-5：ワインデータの読み込み**

```
[2] df_wine_all=pd.read_csv("https://archive.ics.uci.edu/ml/machine-learning-databases/wine/wine.data", header=None)
    df_wine=df_wine_all[[0,10,13]]
    df_wine.columns = [u"class", u"color", u"proline"]
    pd.DataFrame(df_wine)
```

|  | class | color | proline |
|---|---|---|---|
| 0 | 1 | 5.64 | 1065 |
| 1 | 1 | 4.38 | 1050 |
| 2 | 1 | 5.68 | 1185 |
| 3 | 1 | 7.80 | 1480 |
| 4 | 1 | 4.32 | 735 |
| ... | ... | ... | ... |
| 173 | 3 | 7.70 | 740 |
| 174 | 3 | 7.30 | 750 |
| 175 | 3 | 10.20 | 835 |
| 176 | 3 | 9.30 | 840 |
| 177 | 3 | 9.20 | 560 |

178 rows × 3 columns

　ここではワインの品種(0列、1〜3)と色(10列目)とプロリン量(13列目)を使用します。続いて標準化して可視化してみましょう。

```
X=df_wine[["color","proline"]]
sc=preprocessing.StandardScaler()
X_norm=sc.fit_transform(X)
x=X_norm[:,0]
y=X_norm[:,1]
z=df_wine["class"]
```

```
plt.figure(figsize=(10,3))
plt.scatter(x,y, c=z)
plt.show
```

**■図2-6：ワインデータの可視化**

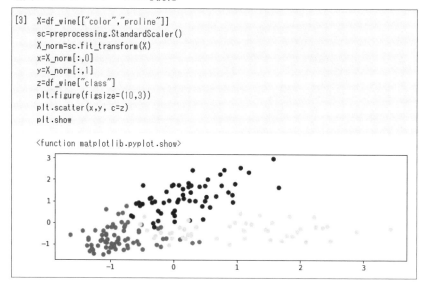

```
[3]  X=df_wine[["color","proline"]]
     sc=preprocessing.StandardScaler()
     X_norm=sc.fit_transform(X)
     x=X_norm[:,0]
     y=X_norm[:,1]
     z=df_wine["class"]
     plt.figure(figsize=(10,3))
     plt.scatter(x,y, c=z)
     plt.show

     <function matplotlib.pyplot.show>
```

それではまずk-meansを実施してみましょう。

```
km=cluster.KMeans(n_clusters=3)
z_km=km.fit(X_norm)
plt.figure(figsize=(10,3))
plt.scatter(x,y, c=z_km.labels_)
plt.scatter(z_km.cluster_centers_[:,0],z_km.cluster_centers_[:,1],s=250, marker="*",c="red")
plt.show
```

## ■図2-7：k-meansでクラスタリング

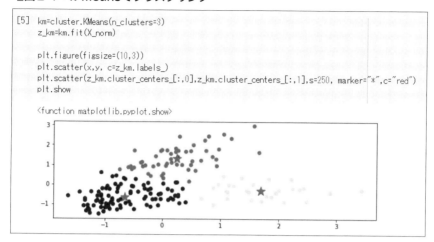

```
[5]  km=cluster.KMeans(n_clusters=3)
     z_km=km.fit(X_norm)

     plt.figure(figsize=(10,3))
     plt.scatter(x,y, c=z_km.labels_)
     plt.scatter(z_km.cluster_centers_[:,0],z_km.cluster_centers_[:,1],s=250, marker="*",c="red")
     plt.show

     <function matplotlib.pyplot.show>
```

品種ごとに3つ分かれて欲しいのでクラスタ数は3に設定します。

k-meansではここまで学んだとおり、中心点から同心円状に広がって分類されています。それではMeanShiftでクラスタリングを実施してみましょう。

```
ms = cluster.MeanShift(seeds=X_norm)
ms.fit(X_norm)
labels = ms.labels_
cluster_centers = ms.cluster_centers_
print(cluster_centers)

plt.figure(figsize=(10,3))
plt.scatter(x,y, c=labels)
plt.plot(cluster_centers[0,0], cluster_centers[0,1], marker="*",c="red", m
arkersize=14)
plt.plot(cluster_centers[1,0], cluster_centers[1,1], marker="*",c="red", m
arkersize=14)
plt.show
```

■図2-8：MeanShiftでクラスタリング

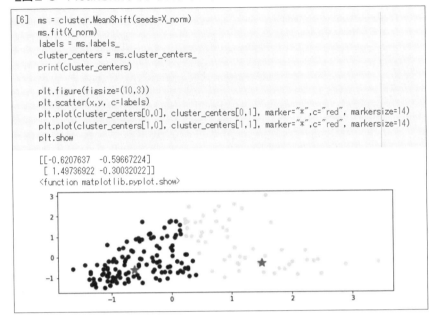

```
[6]  ms = cluster.MeanShift(seeds=X_norm)
     ms.fit(X_norm)
     labels = ms.labels_
     cluster_centers = ms.cluster_centers_
     print(cluster_centers)

     plt.figure(figsize=(10,3))
     plt.scatter(x,y, c=labels)
     plt.plot(cluster_centers[0,0], cluster_centers[0,1], marker="*",c="red", markersize=14)
     plt.plot(cluster_centers[1,0], cluster_centers[1,1], marker="*",c="red", markersize=14)
     plt.show

     [[-0.6207637  -0.59667224]
      [ 1.49736922 -0.30032022]]
     <function matplotlib.pyplot.show>
```

MeanShiftでは2つに分類されて実際とは異なる結果となりました。MeanShiftではクラスタ数を指定しなくてもクラスタリングが実施可能なのでパラメータはseeds（乱数シード）のみ設定しています。MeanShiftは、k-meansをベースとして、近いクラスターをまとめていきます。その際に規定の距離より近くなったクラスターはまとめて1つにしてしまいます。seedsは最初のクラスタを決めていて、各データを中心とするデータ数分のクラスタを用意しています。ここでは規定の距離が重要になるため、デフォルトで計算されますが、自分で設定することも可能です。

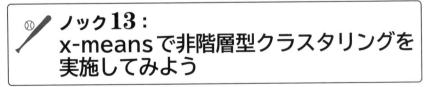

## ノック13：
## x-meansで非階層型クラスタリングを実施してみよう

今回も自動でクラスタ数を設定してクラスタリングをしてくれる手法であるx-meansを実装します。x-meansは、k-meansのアルゴリズムに加えて、あ

るクラスタが正規分布２つで表されるのと１つで表されるのとでは、どちらが適切かを判定して、２つが適切な場合はクラスタを２つに分けるというアルゴリズムになります。データは前回と同じワインデータを使うので早速実装しましょう。

```
!pip install pyclustering
from pyclustering.cluster.xmeans import xmeans
from pyclustering.cluster.center_initializer import kmeans_plusplus_initia
lizer
xm_c = kmeans_plusplus_initializer(X_norm, 2).initialize()
xm_i = xmeans(data=X_norm, initial_centers=xm_c, kmax=20, ccore=True)
xm_i.process()
```

**図2-9：x-meansでクラスタリング**

```
[9]  !pip install pyclustering
     from pyclustering.cluster.xmeans import xmeans
     from pyclustering.cluster.center_initializer import kmeans_plusplus_initializer
     xm_c = kmeans_plusplus_initializer(X_norm, 2).initialize()
     xm_i = xmeans(data=X_norm, initial_centers=xm_c, kmax=20, ccore=True)
     xm_i.process()

     Collecting pyclustering
       Downloading pyclustering-0.10.1.2.tar.gz (2.6 MB)
          |████████████████████████████████| 2.6 MB 5.5 MB/s
     Requirement already satisfied: scipy>=1.1.0 in /usr/local/lib/python3.7/dist-pac
     Requirement already satisfied: matplotlib>=3.0.0 in /usr/local/lib/python3.7/dis
     Requirement already satisfied: numpy>=1.15.2 in /usr/local/lib/python3.7/dist-pa
     Requirement already satisfied: Pillow>=5.2.0 in /usr/local/lib/python3.7/dist-pa
     Requirement already satisfied: cycler>=0.10 in /usr/local/lib/python3.7/dist-pac
     Requirement already satisfied: pyparsing!=2.0.4,!=2.1.2,!=2.1.6,>=2.0.1 in /usr/
     Requirement already satisfied: kiwisolver>=1.0.1 in /usr/local/lib/python3.7/dis
     Requirement already satisfied: python-dateutil>=2.1 in /usr/local/lib/python3.7/
     Requirement already satisfied: six in /usr/local/lib/python3.7/dist-packages (fr
     Building wheels for collected packages: pyclustering
       Building wheel for pyclustering (setup.py) ... done
       Created wheel for pyclustering: filename=pyclustering-0.10.1.2-py3-none-any.wh
       Stored in directory: /root/.cache/pip/wheels/ea/87/6b/1e0568b5ba9dc6518a25338b
     Successfully built pyclustering
     Installing collected packages: pyclustering
     Successfully installed pyclustering-0.10.1.2
     <pyclustering.cluster.xmeans.xmeans at 0x7f3be2fa9050>
```

１行目でx-meansライブラリをインストールしています。４行目で２を指定しているパラメータはクラスタ数の初期値ですが、適切なクラスタ数でクラスタリングを実施してくれます。５行目のkmaxパラメータは最大クラスタ数です。６行目でx-meansを実行しています。結果を可視化してみましょう。

```
z_xm = np.ones(X_norm.shape[0])
for k in range(len(xm_i._xmeans__clusters)):
```

```
    z_xm[xm_i._xmeans__clusters[k]] = k+1
plt.figure(figsize=(10,3))
plt.scatter(x,y, c=z_xm)
centers = np.array(xm_i._xmeans__centers)
plt.scatter(centers[:,0],centers[:,1],s=250, marker="*",c="red")
plt.show
```

■図2-10：クラスタリング結果の可視化

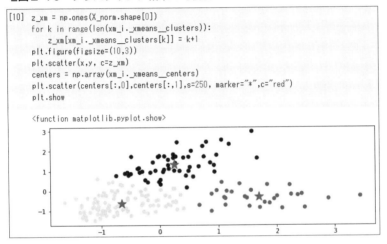

クラスタを指定せず見事に3クラスタになっているのが確認できました。

## ⚾ ノック14： GMMでクラスタリングを実施してみよう

　ここでは混合ガウスモデル(GMM:Gaussian Mixture Model)を使ったクラスタリングを実装していきましょう。GMMは各データがどのガウス分布に所属している確率がもっとも高いかを求めてラベリングします。前回と同じくワインの分類データを使うので早速クラスタリングを実施しましょう。

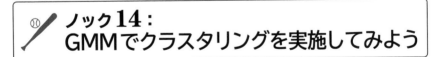

```
plt.scatter(z_km.cluster_centers_[:,0],z_km.cluster_centers_[:,1],s=250, m
arker="*",c="red")
plt.suptitle("k-means")
plt.show

from sklearn import mixture
gmm=mixture.GaussianMixture(n_components=3,covariance_type="full")
z_gmm=gmm.fit(X_norm)
z_gmm=z_gmm.predict(X_norm)

plt.figure(figsize=(10,3))
plt.scatter(x,y, c=z_gmm)
plt.suptitle("gmm")
plt.show
```

## ■図2-11：GMMでクラスタリング

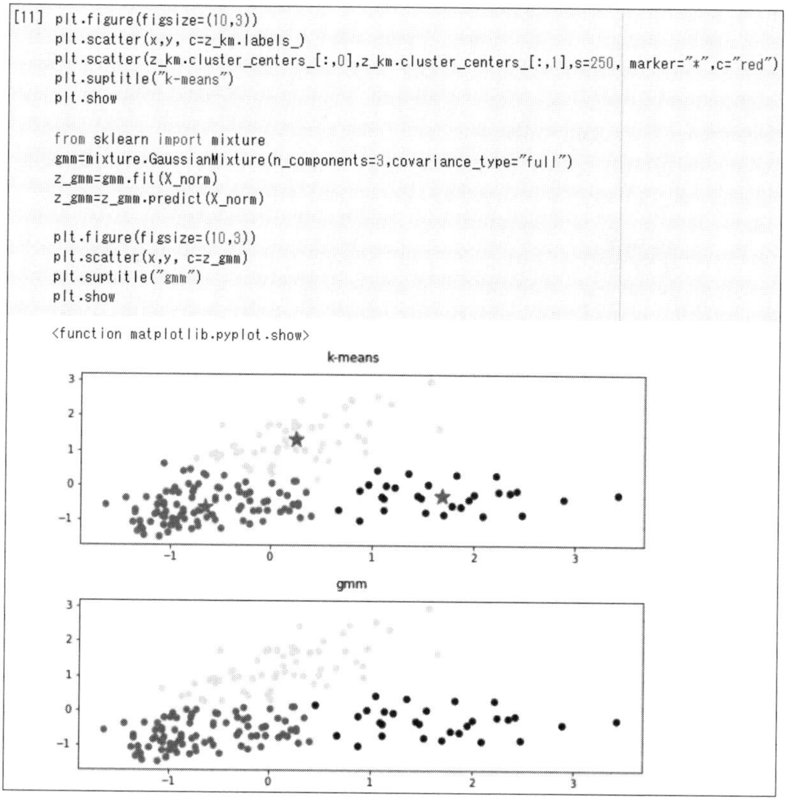

　結果を見るとおり、GMMとk-meansとはほぼ同じですが、異なる点が2つあります。k-meansの同心円状での分類に対して、GMMは傾いた楕円形の分類になります。またガウス分布を仮定するので、各データがどのクラスタに所属するのか確率を求めることができます。

## ⚾🏏 ノック15：
# VBGMMでクラスタリングを実施してみよう

　ここでは変分混合ガウスモデル(VBGMM：Variational Bayesian Gaussian Mixture)を使ったクラスタリングを実装していきましょう。
　VBGMMはクラスタ数が分からない場合に有用な手法です。複数のガウス分布を仮定して、各データがどのガウス分布に所属するのかを決定してクラスタ分析します。MeanShiftとは異なり、ベイズ推定に基づいて確率分布を計算しながらクラスタ数や分布の形状を求めます。前回と同じくワインの分類データを使うので早速クラスタリングを実施しましょう。

```
plt.figure(figsize=(10,3))
plt.scatter(x,y, c=z_km.labels_)
plt.scatter(z_km.cluster_centers_[:,0],z_km.cluster_centers_[:,1],s=250, marker="*",c="red")
plt.suptitle("k-means")
plt.show


from sklearn import mixture
vbgmm = mixture.BayesianGaussianMixture(n_components=10, random_state=0)
vbgmm=vbgmm.fit(X_norm)
labels=vbgmm.predict(X_norm)

plt.figure(figsize=(10,3))
plt.scatter(x,y, c=labels)
plt.suptitle("vbgmm")
plt.show
```

## ▊図2-12：VBGMMでクラスタリング

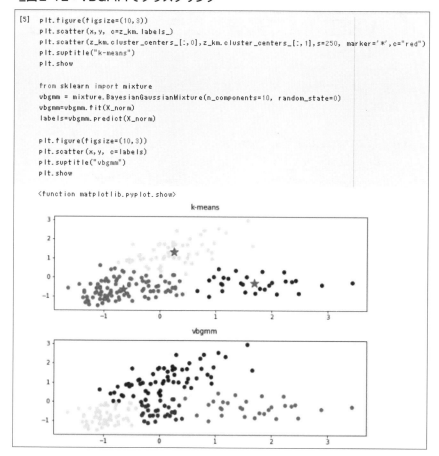

```
[5]  plt.figure(figsize=(10,3))
     plt.scatter(x,y, c=z_km.labels_)
     plt.scatter(z_km.cluster_centers_[:,0],z_km.cluster_centers_[:,1],s=250, marker='*',c="red")
     plt.suptitle("k-means")
     plt.show

     from sklearn import mixture
     vbgmm = mixture.BayesianGaussianMixture(n_components=10, random_state=0)
     vbgmm=vbgmm.fit(X_norm)
     labels=vbgmm.predict(X_norm)

     plt.figure(figsize=(10,3))
     plt.scatter(x,y, c=labels)
     plt.suptitle("vbgmm")
     plt.show

     <function matplotlib.pyplot.show>
```

8行目でVBGMMを実行しており、パラメータはn_components（クラスタ数の上限）を10に設定しています。続いて結果を解釈してみましょう。

## ノック16：
## VBGMMで最適なクラスタ数を探索してみよう

VBGMMは「weights_」を見るとクラスタごとの各データの分布がわかるので確認してみましょう。

```
x_tick =np.array([1,2,3,4,5,6,7,8,9,10])
plt.figure(figsize=(10,2))
plt.bar(x_tick, vbgmm.weights_, width=0.7, tick_label=x_tick)
plt.suptitle("vbgmm_weights")
plt.show
```

■図2-13：クラスタごと各データの分布

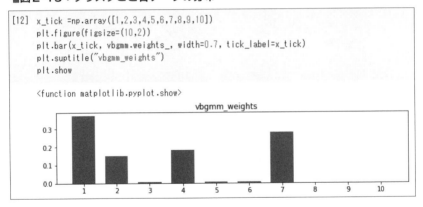

3行目で縦軸が「weights_」、横軸がクラスタ番号の棒グラフを作成しています。「n_components」を10で実施しましたが、1つも分類されていないクラスタもありますね。グラフで見ると、大きく3つに分類されているので、次は「n_components」を3にして実行してみましょう。

```
vbgmm = mixture.BayesianGaussianMixture(n_components=3, random_state=0)
vbgmm=vbgmm.fit(X_norm)
labels=vbgmm.predict(X_norm)
```

```
plt.figure(figsize=(10,3))
plt.scatter(x,y, c=labels)
plt.suptitle("vbgmm")
plt.show

x_tick =np.array([1,2,3])
plt.figure(figsize=(10,2))
plt.bar(x_tick, vbgmm.weights_, width=0.7, tick_label=x_tick)
plt.suptitle("vbgmm_weights")
plt.show
```

### 🔖図2-14：VBGMMでクラスタリング（クラスタ数3）

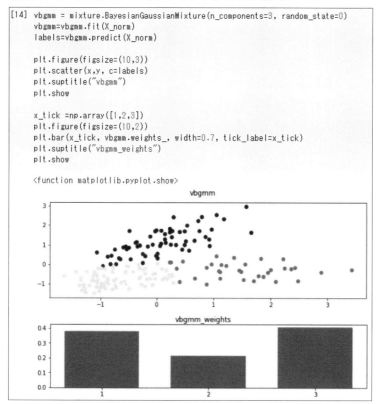

　この通り、VBGMMでは「weights_」を確認して、低い割合のクラスタがあるなら「n_components」を下げてまとめるという流れでクラスタ数を調整することが可能です。「weights_」を確認しながらバランスのよいクラスタ数を探しましょう。

## ノック17：MiniBatchKMeansでクラスタリングを実施してみよう

　ここではMiniBatchKMeansを使ったクラスタリングを実装していきましょう。**ミニバッチ**とは部分的にサンプリングされた入力データです。これらのミニバッチでクラスタリングを行うことで、計算時間は大幅に短縮しますが、k-meansの結果と比べると少し精度が落ちる事があります。それでは実施していきましょう。ここでも、ワインの分類データでクラスタリングを実施します。

```
plt.figure(figsize=(10,3))
plt.scatter(x,y, c=z_km.labels_)
plt.scatter(z_km.cluster_centers_[:,0],z_km.cluster_centers_[:,1],s=250, marker="*",c="red")
plt.suptitle("k-means")
plt.show
```

```
minikm=cluster.MiniBatchKMeans(n_clusters=3, batch_size=100)
z_minikm=minikm.fit(X_norm)
```

```
plt.figure(figsize=(10,3))
plt.scatter(x,y, c=z_minikm.labels_)
plt.scatter(z_minikm.cluster_centers_[:,0],z_minikm.cluster_centers_[:,1],s=250, marker="*",c="red")
plt.suptitle("mini-k-means")
plt.show
```

**■図2-15：MiniBatchKMeansでクラスタリング**

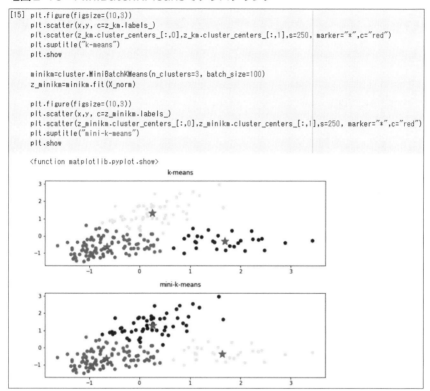

```
[15] plt.figure(figsize=(10,3))
     plt.scatter(x,y, c=z_km.labels_)
     plt.scatter(z_km.cluster_centers_[:,0],z_km.cluster_centers_[:,1],s=250, marker="*",c="red")
     plt.suptitle("k-means")
     plt.show

     minikm=cluster.MiniBatchKMeans(n_clusters=3, batch_size=100)
     z_minikm=minikm.fit(X_norm)

     plt.figure(figsize=(10,3))
     plt.scatter(x,y, c=z_minikm.labels_)
     plt.scatter(z_minikm.cluster_centers_[:,0],z_minikm.cluster_centers_[:,1],s=250, marker="*",c="red")
     plt.suptitle("mini-k-means")
     plt.show

     <function matplotlib.pyplot.show>
```

結果を見て分かる通り、MiniBatchKMeansとk-meansとはほぼ同じです。
7行目でMiniBatchKMeansを実行しており、パラメータは「batch_size」を
100に設定しています。MiniBatchKMeansは、k-meansを、全データでな
くbatch_size分のデータごとに更新する手法で、データ数が1万個よりも多い
場合には、MiniBatchKMeansを使用することが推奨されています。GMMモデ
ルなどの感度のよいクラスタリングは計算時間もそれなりにかかりますので、そ
の際にMiniBatchKMeansを利用することを検討しましょう。

## ノック18：
## DBSCANでクラスタリングを実施してみよう

　ここではDBSCANを使ったクラスタリングを実装していきましょう。

　DBSCAN（Density-Based Spatial Clustering of Applications with Noise）は密度準拠クラスタリングのアルゴリズムです。大まかな仕組みとして、密接している点を同じグループにまとめ、低密度領域にある点をノイズ（外れ値）と判定します。各点は自身の半径以内に点がいくつあるかでその領域をクラスタとして判断するため、クラスタ数をあらかじめ決めなくていいという長所があります。近傍の密度がある閾値を超えている限り、クラスタを成長させ続けます。半径以内に点がない点はノイズになります。それでは今回は2つのデータを作成しましょう。

```
X = datasets.make_blobs(n_samples=1000, random_state=10, centers=5, cluste
r_std=1.2)[0]
sc=preprocessing.StandardScaler()
X_norm=sc.fit_transform(X)
x=X_norm[:,0]
y=X_norm[:,1]
plt.figure(figsize=(10,3))
plt.scatter(x,y)
plt.suptitle("blob")
plt.show

X_moon = datasets.make_moons(n_samples=1000, noise=0.05, random_state=0)
[0]
sc=preprocessing.StandardScaler()
X_moon_norm=sc.fit_transform(X_moon)
x_moon=X_moon_norm[:,0]
y_moon=X_moon_norm[:,1]
plt.figure(figsize=(10,3))
plt.scatter(x_moon,y_moon)
plt.suptitle("moon")
plt.show
```

## ■図2-16：ムーンデータと塊データ

```
[2]  X = datasets.make_blobs(n_samples=1000, random_state=10, centers=5, cluster_std=1.2)[0]
     sc=preprocessing.StandardScaler()
     X_norm=sc.fit_transform(X)
     x=X_norm[:,0]
     y=X_norm[:,1]
     plt.figure(figsize=(10,3))
     plt.scatter(x,y)
     plt.suptitle("blob")
     plt.show

     X_moon = datasets.make_moons(n_samples=1000, noise=0.05, random_state=0)[0]
     sc=preprocessing.StandardScaler()
     X_moon_norm=sc.fit_transform(X_moon)
     x_moon=X_moon_norm[:,0]
     y_moon=X_moon_norm[:,1]
     plt.figure(figsize=(10,3))
     plt.scatter(x_moon,y_moon)
     plt.suptitle("moon")
     plt.show

     <function matplotlib.pyplot.show>
```

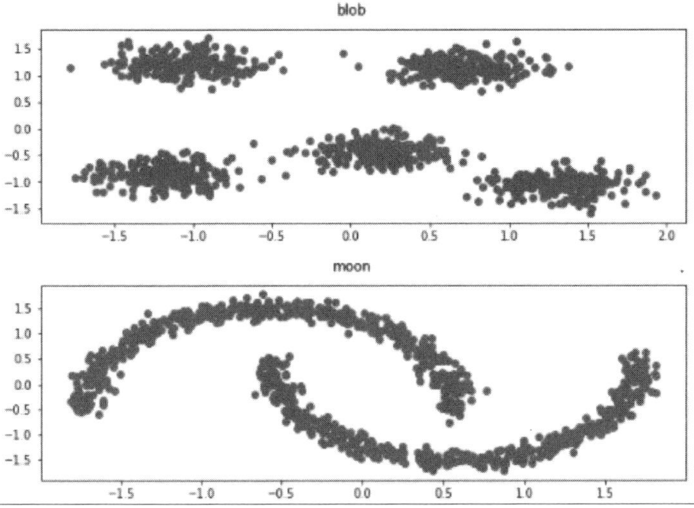

1行目で塊データ、11行目でムーンデータの2つのデータセットを作成しました。それではまずはムーンデータでクラスタリングを実施してみましょう。

```
km_moon=cluster.KMeans(n_clusters=2)
z_km_moon=km_moon.fit(X_moon_norm)
```

```
plt.figure(figsize=(10,3))

plt.scatter(x_moon,y_moon, c=z_km_moon.labels_)

plt.scatter(z_km_moon.cluster_centers_[:,0],z_km_moon.cluster_centers_
[:,1],s=250, marker="*",c="red")

plt.suptitle("k-means")

plt.show


dbscan = cluster.DBSCAN(eps=0.2, min_samples=5, metric="euclidean")

labels = dbscan.fit_predict(X_moon_norm)

plt.figure(figsize=(10,3))

plt.scatter(x_moon,y_moon, c=labels)

plt.suptitle("dbscan")

plt.show
```

### ■図2-17：DBSCANでクラスタリング（ムーンデータ）

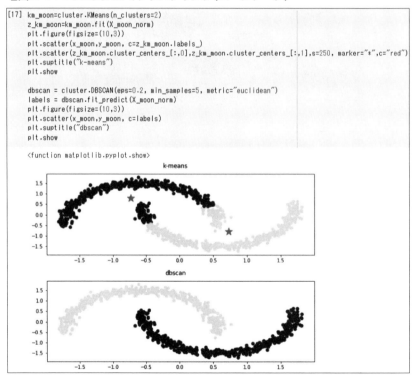

　k-meansではうまく分類できていないですがDBSCANだと綺麗に分類されています。DBSCANは9行目で実施しています。パラメータの説明は後ほどにして、続いて塊データもクラスタリングしてみましょう。

```
km=cluster.KMeans(n_clusters=5)
z_km=km.fit(X_norm)
plt.figure(figsize=(10,3))
plt.scatter(x,y, c=z_km.labels_)
plt.scatter(z_km.cluster_centers_[:,0],z_km.cluster_centers_[:,1],s=250, marker="*",c="red")
plt.suptitle("k-means")

dbscan = cluster.DBSCAN(eps=0.2, min_samples=5, metric="euclidean")
labels = dbscan.fit_predict(X_norm)
plt.figure(figsize=(10,3))
plt.scatter(x,y, c=labels)
plt.suptitle("dbscan")
plt.show
```

■図2-18：DBSCANでクラスタリング（塊データ）

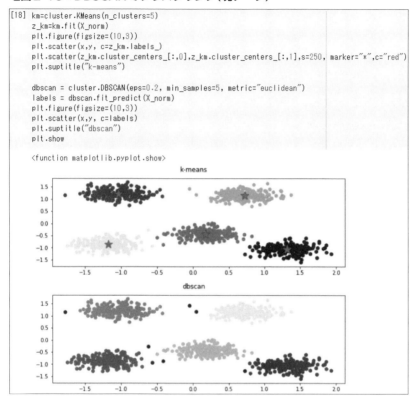

```
[18] km=cluster.KMeans(n_clusters=5)
     z_km=km.fit(X_norm)
     plt.figure(figsize=(10,3))
     plt.scatter(x,y, c=z_km.labels_)
     plt.scatter(z_km.cluster_centers_[:,0],z_km.cluster_centers_[:,1],s=250, marker="*",c="red")
     plt.suptitle("k-means")

     dbscan = cluster.DBSCAN(eps=0.2, min_samples=5, metric="euclidean")
     labels = dbscan.fit_predict(X_norm)
     plt.figure(figsize=(10,3))
     plt.scatter(x,y, c=labels)
     plt.suptitle("dbscan")
     plt.show
```

```
<function matplotlib.pyplot.show>
```

　結果を見て分かる通り、DBSCANは両方のデータセットでうまく分類されて
います。DBSCANは、データの密度を基準とするアルゴリズムで、全データ点
は「コア点」、「到達可能点」、「ノイズ点」に分類されます。この分類を決めるのが、
8行目で設定している パラメータで、「eps」パラメータで決められた半径内に
「min_points」パラメータの値以上の点が集まっていれば、それはコア点である
と判断します。コア点でないデータでも、近くにあるコア点からeps半径の中に
入っているものは到達可能点であると判断します。そのどちらにもなれなかった
点は「ノイズ点」（外れ値）として分類されます。
　DBSCANにおいて、「eps」と「min_points」パラメータが重要だということが
理解できたと思います。以上のことからDBSCANは球の形状を前提とせず、ノ
イズも分離できて、クラスタ数の指定も必要ないクラスタリングになります。—

方で全データ点を対象とした反復計算を実施しているため計算コストが高く、リアルタイム性が求められるような場合には不向きです。また、データが密集しているとパラメータ調整が難しくなる一面もあります。

## ノック19：DBSCANでノイズを確認してみよう

DBSCANでは、どのクラスタにも所属しないノイズ点(外れ値)を分離できるという特徴があります。塊データのクラスタリング結果から確認してみましょう。

```
pd.DataFrame(labels)[0].value_counts().sort_index()
```

■図2-19：クラスタごとのデータ件数

```
[5]  pd.DataFrame(labels)[0].value_counts().sort_index()

     -1     7
      0   199
      1   199
      2   199
      3   198
      4   198
     Name: 0, dtype: int64
```

各クラスタのデータ数をカウントして、クラスタ番号でソートしています。
1列目がクラスタ番号で -1 〜 4 が付与されています。2列目は所属クラスタのデータ数になります。ノイズはクラスタ番号が-1で付与されるので、7データがノイズだということがわかりました。続いて可視化してみましょう。

```
import seaborn as sns
df_dbscan = pd.DataFrame(X)
df_dbscan["cluster"] = labels
df_dbscan.columns = ["axis_0","axis_1","cluster"]
df_dbscan.head()
plt.figure(figsize=(10,3))
sns.scatterplot(x="axis_0", y="axis_1", hue="cluster",  data = df_dbscan)
```

**■図2-20：ノイズの確認**

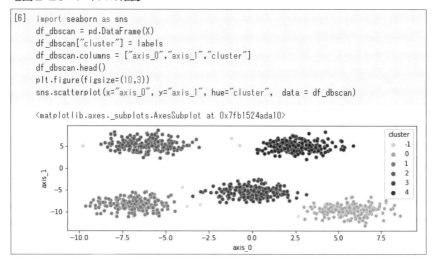

```
[6]   import seaborn as sns
      df_dbscan = pd.DataFrame(X)
      df_dbscan["cluster"] = labels
      df_dbscan.columns = ["axis_0","axis_1","cluster"]
      df_dbscan.head()
      plt.figure(figsize=(10,3))
      sns.scatterplot(x="axis_0", y="axis_1", hue="cluster",  data = df_dbscan)

      <matplotlib.axes._subplots.AxesSubplot at 0x7fb1524ada10>
```

　大きなクラスタから離れている点がクラスタラベル−1でノイズ点になっていますね。ノイズ点はクラスタリングの用途によっては除外しますが、逆に異常検知するために注目することもあります。利用シーンに沿って、適切に扱えるようにしましょう。

## ノック20：
## HDBSCANでクラスタリングを実施してみよう

　HDBSCANはDBSCANを階層型クラスタリングのアルゴリズムに変換したものなので、階層DBSCAN(Hierarchical DBSCAN)とも呼ばれています。まず密度でグループを作成して、そのグループを距離に基づいて順次まとめていきます。ここではHDBSCANとDBSCANの結果を比較しながら進めていきます。それでは、まずはライブラリのインストールとデータを作成しましょう。

```
!pip install hdbscan
centers = [[1, 0.5], [2, 2], [1, -1]]
stds = [0.1, 0.4, 0.2]
```

```
X = datasets.make_blobs(n_samples=1000, centers=centers, cluster_std=stds,
random_state=0)[0]
x=X[:,0]
y=X[:,1]
plt.figure(figsize=(10,7))
plt.scatter(x, y)
plt.suptitle("blob")
plt.show
```

■■図2-21：密度の異なる塊データ

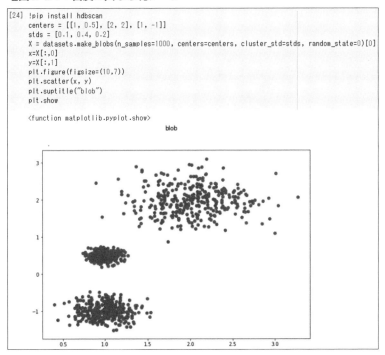

1行目でHDBSCANライブラリのインストールを実施しています。2行目以降でデータを作成しており、ここでは、クラスタリングを少し難しくするため、密度の異なる3つの塊データを作成しました。それではクラスタリングを実施しましょう。

```
print("\nDBSCAN")
dbscan = cluster.DBSCAN(eps=0.2, min_samples=10, metric="euclidean")
labels = dbscan.fit_predict(X)
df_dbscan = pd.DataFrame(X)
df_dbscan["cluster"] = labels
df_dbscan.columns = ["axis_0","axis_1","cluster"]
display(df_dbscan["cluster"].value_counts().sort_index())


import hdbscan
print("\nHDBSCAN")
hdbscan_ = hdbscan.HDBSCAN()
hdbscan_.fit(X)
df_hdbscan = pd.DataFrame(X)
df_hdbscan["cluster"] = hdbscan_.labels_
df_hdbscan.columns = ["axis_0","axis_1","cluster"]
display(df_hdbscan["cluster"].value_counts().sort_index())
```

### ■図2-22：HDBSCANでクラスタリング

```
[4]  print("\nDBSCAN")
     dbscan = cluster.DBSCAN(eps=0.2, min_samples=10, metric="euclidean")
     labels = dbscan.fit_predict(X)
     df_dbscan = pd.DataFrame(X)
     df_dbscan["cluster"] = labels
     df_dbscan.columns = ["axis_0","axis_1","cluster"]
     display(df_dbscan["cluster"].value_counts().sort_index())

     import hdbscan
     print("\nHDBSCAN")
     hdbscan_ = hdbscan.HDBSCAN()
     hdbscan_.fit(X)
     df_hdbscan = pd.DataFrame(X)
     df_hdbscan["cluster"] = hdbscan_.labels_
     df_hdbscan.columns = ["axis_0","axis_1","cluster"]
     display(df_hdbscan["cluster"].value_counts().sort_index())


     DBSCAN
     -1    28
      0   334
      1   332
      2   306
     Name: cluster, dtype: int64

     HDBSCAN
      0   333
      1   334
      2   333
     Name: cluster, dtype: int64
```

　DBSCANは外れ値が少しあるのに対して、HDBSCANは３つに分類されているようです。それでは可視化してみましょう。

```
plt.figure(figsize=(10,3))
plt.suptitle("dbscan")
sns.scatterplot(x="axis_0", y="axis_1", hue="cluster",  data = df_dbscan)

plt.figure(figsize=(10,3))
plt.suptitle("hdbscan")
sns.scatterplot(x="axis_0", y="axis_1", hue="cluster",  data = df_hdbscan)
```

■図2-23：クラスタリング結果の比較

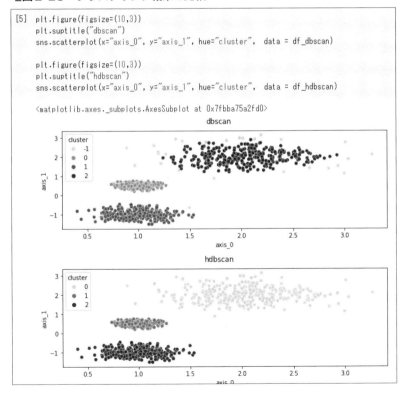

　HDBSCANは塊ごとの密度の違いに対応できるアルゴリズムなので綺麗に３つに分類されていますね。一方、DBSCANは密度の低い箇所はノイズになってい

ます。どちらがよいかは利用シーンによっても変わりますが、データが密集して
いて、塊ごとに密度が違うデータに対しての両者の特徴は使い分けのポイントと
して覚えておきましょう。

　本章は以上になります。お疲れ様でした。

　ここまで実装してきて、Pythonのライブラリを利用したクラスタリングの実
装自体はとても簡単なことが伝わっていると思います。また、k-meansのよう
に距離準拠でグルーピングをするものと、DBSCANのように密度準拠でグルー
ピングするものでは、対象とするデータが変わってくることが理解できたのでは
ないでしょうか。

　アルゴリズムの選定については、k-means、DBSCANをベースとして、「ク
ラスタ数は事前に決まっているか」、「サンプル数」、「線形、または非線形であるか」
を材料に、冒頭の「アルゴリズム一覧」が参考になるかと思いますので是非活用し
てください。この章で紹介した内容で、特にパラメータについては代表的なもの
のみ紹介した形になりましたので、興味をもっていただけたなら是非応用する技
術を調べてみてください。次章では機械学習で必ずぶつかる「次元の呪い」につい
ての解決策である次元削減について学んでいきます。

# 第3章
# 代表的な次元削減を行う
# 10本ノック

　本章では、高次元データを分析しやすいように要約して再構成する次元削減を取り扱います。次元削減の主な用途は3つあります。

## 1 データの可視化

　変数が多い高次元のデータにおいて、データの大まかな傾向や特徴を知りたいことがあります。そこで、全てのデータを「2つの変数」だけで表すことができれば、それをxとyに見立てて、2次元でプロットすることができます。その結果、複雑なデータでも、視覚的に分かりやすくなります。また、2変数だけではなく、「3つの変数」にすることで、3次元グラフや、3次元目を点のサイズにしたバブルチャート等、グラフの表現に利用する事ができ、データの理解に役立ちます。

## 2 データ容量の節約

　機械学習はデータが巨大だと処理に時間がかかります。そこで、なるべく情報量を削らずに、量を減らすことで、精度を高く保ちつつ、処理速度を上げることが出来ます。

## 3 特徴量の作成

　機械学習における「特徴量エンジニアリング」の手法として使います。機械学習では、次元が大きすぎると精度が悪くなる「次元の呪い」という現象が起きます。次元削減したデータを、新たな特徴量(説明変数)にすることで、次元の呪いを回避することができます。

　本書では、特に「1.データの可視化」について注目したノックを実施していきます。形状の異なる複数のデータセットに対して、複数の代表的なアルゴリズムで次元削減を行い、どのように次元が削減されるのかを可視化していくことで、アルゴリズムの特徴を理解していきましょう。「2.データ容量の節約」、「3.特徴量の作成」であっても、目的は違いますが、やることは変わらないので、ここで次元削減の方法を学んでおきましょう。

## 前提条件

　本章のノックでは、scikit-learn、umap-learnを用いて次元削減を実装していきます。データについては、アイリスデータセットを**ノック21**で扱っていきます。また、**ノック23**でワインの品種データセット、**ノック25**でムーンデータセット、**ノック26 ～ 30**では手書き数字のサンプル画像データであるMNISTデータセットを扱います。

■表：データ一覧

| No. | 名称 | 概要 |
|---|---|---|
| 1 | アイリスデータ | 3種類のアイリス(アヤメ科)の花弁、花ガクの「幅」「長さ」の計4種類の説明変数で構成 |
| 2 | ムーンデータ | 非線形なデータ群で構成 |
| 3 | ワインデータ | ワインの品種の説明変数で構成 |
| 4 | MNISTデータ | 0 ～ 9の手書き数字の画像で構成 |

# ⚾ ノック21：
# PCAを実施してみよう

　**主成分分析**(PCA: Principal Component Analysis)とは、多次元データのもつ情報をできるだけ損なわずに低次元とする方法で、次元削減で最も簡単な手法でありながら、広い分野で使われています。

　データセットの中に、互いが相関関係にある複数の説明変数が存在すると、モデルはそれらの影響を強く受けた状態となってしまいます。そこで、PCAは「相関関係にある複数の説明変数」を相関関係の少ない説明変数にまとめます。これにより、相関によるバイアスが軽減され、モデルはより適切に学習を行えるようになります。具体的には分散共分散行列の固有ベクトルを取ります。**分散共分散行列**というのは、変数同士のばらつき関係をまとめた表であり、データがよくばらついている方向に合わせて空間の軸を取り直すということになります。

### ■図3-1：PCAの次元削減

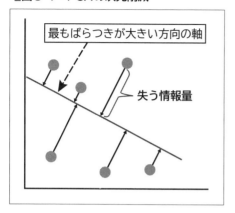

それではPCAを実装していきましょう。まずはアイリスデータを取得します。

```
import pandas as pd
from sklearn.datasets import load_iris
iris = load_iris()
df=pd.DataFrame(iris.data, columns=iris.feature_names)
df["target"] = iris.target
df.loc[df["target"]==0, "target_name"] = "setosa"
df.loc[df["target"]==1, "target_name"] = "versicolor"
df.loc[df["target"]==2, "target_name"] = "virginica"
df.head()
```

### ■図3-2：アイリスデータの読み込み

```
[1]  import pandas as pd
     from sklearn.datasets import load_iris
     iris = load_iris()
     df=pd.DataFrame(iris.data, columns=iris.feature_names)
     df["target"] = iris.target
     df.loc[df["target"]==0, "target_name"] = "setosa"
     df.loc[df["target"]==1, "target_name"] = "versicolor"
     df.loc[df["target"]==2, "target_name"] = "virginica"
     df.head()
```

| | sepal length (cm) | sepal width (cm) | petal length (cm) | petal width (cm) | target | target_name |
|---|---|---|---|---|---|---|
| 0 | 5.1 | 3.5 | 1.4 | 0.2 | 0 | setosa |
| 1 | 4.9 | 3.0 | 1.4 | 0.2 | 0 | setosa |
| 2 | 4.7 | 3.2 | 1.3 | 0.2 | 0 | setosa |
| 3 | 4.6 | 3.1 | 1.5 | 0.2 | 0 | setosa |
| 4 | 5.0 | 3.6 | 1.4 | 0.2 | 0 | setosa |

　5行〜8行目で結果の確認用に「target_name」に正解の花の名称を追加しています。それでは散布図行列に可視化をしてみましょう。

```
import seaborn as sns
sns.pairplot(df, vars=df.columns[:4], hue="target_name")
```

**■図3-3：アイリスの散布図行列**

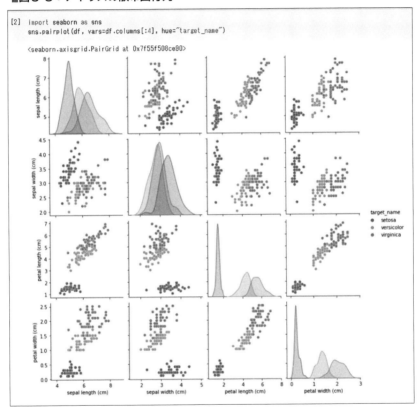

　3品種の特徴は**ノック1**でも確認しましたが、今回は2行目で「hue」に名称を指定することで色をつけています。こうすることで、品種ごとの特徴で分類されているのがなんとなく分かりますが、見るポイントが多く解釈に少し時間がかかります。では次に3次元データで可視化してみましょう。

```
from matplotlib import pyplot as plt
from mpl_toolkits.mplot3d import Axes3D
fig = plt.figure(figsize=(8,6))
ax = fig.add_subplot(1, 1, 1, projection="3d")
for c in df["target_name"].unique():
    ax.scatter(df.iloc[:, 0][df["target_name"]==c], df.iloc[:, 1][df["targ
et_name"]==c] , df.iloc[:, 2][df["target_name"]==c], label=c)
ax.set_title("iris 3D")
ax.set_xlabel("sepal_length")
ax.set_ylabel("sepal_width")
ax.set_zlabel("petal_length")
ax.legend(loc=2, title="legend", shadow=True)
plt.show()
```

**■図3-4：アイリスの3次元立体図**

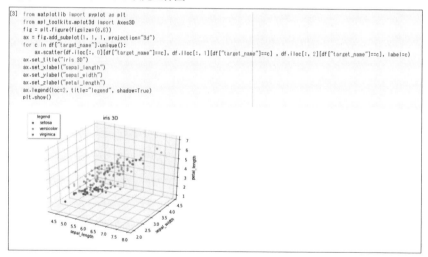

　5行目で花の品種ごとにpetal width以外を取得して3次元で可視化しています。
　3品種が分かれているように見えますが、petal widthをまるまる落としてしまっていますね。特徴がある重要なデータだったかもしれません。ここでPCAを使えば、この4次元データを2次元で表現することが可能です。それでは実装していきましょう。

```
from sklearn.decomposition import PCA
import numpy as np
pca = PCA(random_state=0)
X_pc = pca.fit_transform(df.iloc[:, 0:4])
df_pca = pd.DataFrame(X_pc, columns=["PC{}".format(i + 1) for i in range(len(X_pc[0]))])
print("主成分の数: ", pca.n_components_)
print("保たれている情報: ", np.sum(pca.explained_variance_ratio_))
display(df_pca.head())
```

**■図3-5：PCA結果**

```
[4] from sklearn.decomposition import PCA
    import numpy as np
    pca = PCA(random_state=0)
    X_pc = pca.fit_transform(df.iloc[:, 0:4])
    df_pca = pd.DataFrame(X_pc, columns=["PC{}".format(i + 1) for i in range(len(X_pc[0]))])
    print("主成分の数: ", pca.n_components_)
    print("保たれている情報: ", np.sum(pca.explained_variance_ratio_))
    display(df_pca.head())

    主成分の数:  4
    保たれている情報:  1.0
```

|   | PC1 | PC2 | PC3 | PC4 |
|---|---|---|---|---|
| 0 | -2.684126 | 0.319397 | -0.027915 | -0.002262 |
| 1 | -2.714142 | -0.177001 | -0.210464 | -0.099027 |
| 2 | -2.888991 | -0.144949 | 0.017900 | -0.019968 |
| 3 | -2.745343 | -0.318299 | 0.031559 | 0.075576 |
| 4 | -2.728717 | 0.326755 | 0.090079 | 0.061259 |

　3、4行目でPCAを実行して、結果である主成分得点が表示されました。横軸が主成分(PC：Principal Component)、縦軸が各サンプルになります。主成分(PC)とはデータを要約(圧縮)したあとの新しい合成変数で、第1主成分(PC1)に最も多くの情報が詰まっていて第2主成分(PC2)以降段々に小さくなります。それでは多く情報が詰まっているPC1とPC2を使って可視化してみましょう。

```
sns.scatterplot(x="PC1", y="PC2", data=df_pca, hue=df["target_name"])
```

**■図3-6：PC1とPC2を可視化**

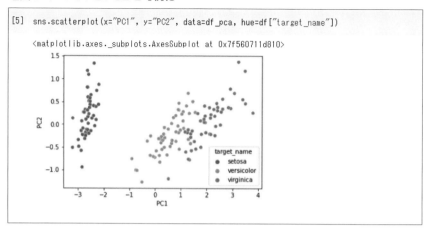

これで、4次元あったデータを2次元で可視化できました。うまく3つに分類されていますね。PCAの用途はいくつかありますが、多次元データの特徴を可視化する手段として、とても有用です。

## ノック22：主成分を解釈してみよう

それでは、作成した主成分を解釈してみましょう。PCAの結果から取得できる値は以下になります。

- 固有ベクトル：components_
  PCAでデータのバラつきが大きい方向に軸を取り直した結果のベクトル。各主成分と元データとの相関関係(-1 ～ 1)を意味しており、元データと主成分の影響度合いを表す。

- 主成分得点：explained_variance
  固有ベクトルと元データをかけあわせた値。
    主成分得点＝元データ×固有ベクトル

- 固有値：explained_variance_
  固有ベクトルの方向に沿ったデータの分散の大きさ。固有値が大きい固有ベクトルほど、データの分散をよく説明しており、データの重要な特徴を捉えている。データを標準化している場合、各PCは1以上あれば元データより情報をもっていることになり、4次元データなら全ての合計は4になる。

- 寄与率：explained_variance_ratio_
  固有値から算出した、データ特徴の捉え度合い。
    寄与率＝固有値÷固有値の合計

　それでは、元データとの関係を固有ベクトル(components_)から確認してみましょう。

```
import seaborn as sns
fig = plt.figure(figsize=(8,6))
ax = fig.add_subplot(111)
sns.heatmap(pca.components_,
            cmap="Blues",
            annot=True,
            annot_kws={"size": 14},
            fmt=".2f",
            xticklabels=["SepalLength", "SepalWidth", "PetalLength", "Petal
Length"],
            yticklabels=["PC1", "PC2", "PC3", "PC4"],
            ax=ax)
plt.show()
```

### ■図3-7：各主成分と元データの相関図

```
[6]  import seaborn as sns
     fig = plt.figure(figsize=(8,6))
     ax = fig.add_subplot(111)
     sns.heatmap(pca.components_,
                 cmap="Blues",
                 annot=True,
                 annot_kws={"size": 14},
                 fmt=".2f",
                 xticklabels=["SepalLength", "SepalWidth", "PetalLength", "PetalLength"],
                 yticklabels=["PC1", "PC2", "PC3", "PC4"],
                 ax=ax)
     plt.show()
```

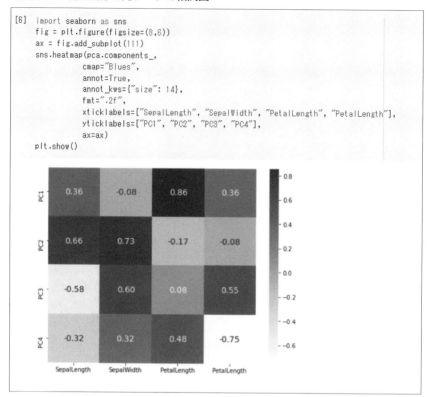

　4行目で固有ベクトルのヒートマップを作成しており、縦軸の各主成分と横軸の元データとの相関関係(-1 ～ 1)を意味しています。PC1だとSepalLength、PetalLength、PetalWidthの3つが平均的に大きな値のようです。またPC2はSepalWidthが強く影響していますね。このように主成分がどんな内容の軸になったかは、PCAの結果を見て判断する必要があります。

# ノック23：スクリープロットで次元削減数を探索してみよう

前回は可視化が目的だったので、利用したのはPC1とPC2のみでしたが、PCAは教師あり学習の説明変数としての用途もあり、その際は、次元は減らしつつも、元の情報はなるべく保持しているPCまで使う必要があります。ここでは有効なPC数を探索していきましょう。今回は次元数が先ほどより多いワインデータを使用します。ではデータを読み込みましょう。

```
df_wine=pd.read_csv("https://archive.ics.uci.edu/ml/machine-learning-databases/wine/wine.data", header=None)
df_wine.columns = ["class", "Alcohol", "Malic acid", "Ash", "Alcalinity of ash","Magnesium", "Total phenols", "Flavanoids", "Nonflavanoid phenols","Proanthocyanins", "Color intensity", "Hue","OD280/OD315 of diluted wines", "Proline"]
display(df_wine.shape)
display(df_wine.head())
```

■図3-8：ワインデータの取得

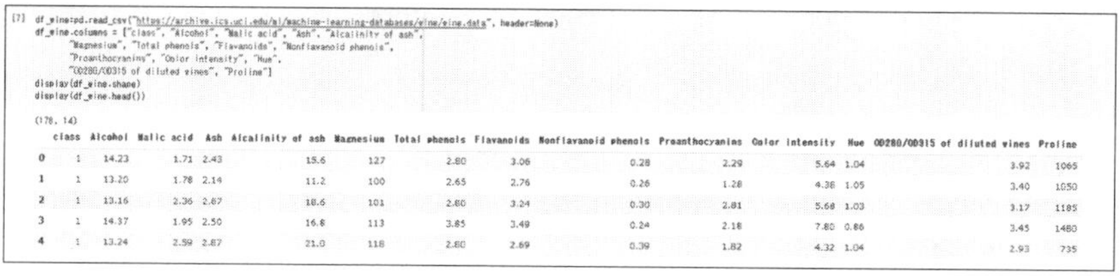

```
[7] df_wine=pd.read_csv("https://archive.ics.uci.edu/ml/machine-learning-databases/wine/wine.data", header=None)
    df_wine.columns = ["class", "Alcohol", "Malic acid", "Ash", "Alcalinity of ash",
          "Magnesium", "Total phenols", "Flavanoids", "Nonflavanoid phenols",
          "Proanthocyanins", "Color intensity", "Hue",
          "OD280/OD315 of diluted wines", "Proline"]
    display(df_wine.shape)
    display(df_wine.head())

(178, 14)
```

| | class | Alcohol | Malic acid | Ash | Alcalinity of ash | Magnesium | Total phenols | Flavanoids | Nonflavanoid phenols | Proanthocyanins | Color intensity | Hue | OD280/OD315 of diluted wines | Proline |
|---|---|---|---|---|---|---|---|---|---|---|---|---|---|---|
| 0 | 1 | 14.23 | 1.71 | 2.43 | 15.6 | 127 | 2.80 | 3.06 | 0.28 | 2.29 | 5.64 | 1.04 | 3.92 | 1065 |
| 1 | 1 | 13.20 | 1.78 | 2.14 | 11.2 | 100 | 2.65 | 2.76 | 0.26 | 1.28 | 4.38 | 1.05 | 3.40 | 1050 |
| 2 | 1 | 13.16 | 2.36 | 2.67 | 18.6 | 101 | 2.80 | 3.24 | 0.30 | 2.81 | 5.68 | 1.03 | 3.17 | 1185 |
| 3 | 1 | 14.37 | 1.95 | 2.50 | 16.8 | 113 | 3.85 | 3.49 | 0.24 | 2.18 | 7.80 | 0.86 | 3.45 | 1480 |
| 4 | 1 | 13.24 | 2.59 | 2.87 | 21.0 | 118 | 2.80 | 2.69 | 0.39 | 1.82 | 4.32 | 1.04 | 2.93 | 735 |

1行目で取得したワインデータには列名が入っていないため、2行目で列名を定義しています。正解データも入っているので14次元でサンプル数が178件のデータになります。それでは分布行列に可視化してみましょう。

```
from pandas import plotting
plotting.scatter_matrix(df_wine.iloc[:, 1:], figsize=(8, 8), c=list(df_wine.iloc[:, 0]), alpha=0.5)
plt.show()
```

**■図3-9：ワインデータの分布行列**

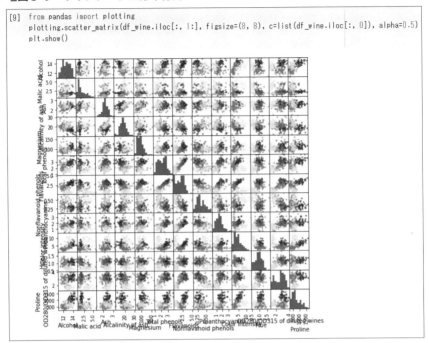

```
[9]  from pandas import plotting
     plotting.scatter_matrix(df_wine.iloc[:, 1:], figsize=(8, 8), c=list(df_wine.iloc[:, 0]), alpha=0.5)
     plt.show()
```

　前回のアイリスデータよりも次元数が多く、なんとなく3つには分類されている気もしますが、さらに解釈が難しいですね。それではPCAを実行しましょう。

```
from sklearn.decomposition import PCA
from sklearn import preprocessing
import numpy as np
sc=preprocessing.StandardScaler()
X = df_wine.iloc[:, 1:]
X_norm=sc.fit_transform(X)

pca = PCA(random_state=0)
X_pc = pca.fit_transform(X_norm)
df_pca = pd.DataFrame(X_pc, columns=["PC{}".format(i + 1) for i in range(l
en(X_pc[0]))])
```

```
print("主成分の数: ", pca.n_components_)
print("保たれている情報: ", round(np.sum(pca.explained_variance_rati
o_),2))
display(df_pca.head())
```

■図3-10：ワインデータのPCA結果

　今回は主成分の数が13個あります。パラメータのn_componentsを指定しないとき、主成分は元データの次元数と一致します。全次元を対象にしたので保たれている情報は1.0（100%）になります。それでは、固有値と寄与率を確認して、PC1からどこまで利用できそうなのか探索していきましょう。まずは固有値を見てみましょう。

```
pd.DataFrame(np.round(pca.explained_variance_, 2), index=["PC{}".format(x
+ 1) for x in range(len(df_pca.columns))], columns=["固有値"])
```

## ■図3-11：固有値の確認

```
[11] pd.DataFrame(np.round(pca.explained_variance_, 2), index=["PC{}".format(x + 1) for x in range(len(df_pca.columns))], columns=["固有値"])
```

| | 固有値 |
|---|---|
| PC1 | 4.73 |
| PC2 | 2.51 |
| PC3 | 1.45 |
| PC4 | 0.92 |
| PC5 | 0.86 |
| PC6 | 0.65 |
| PC7 | 0.55 |
| PC8 | 0.35 |
| PC9 | 0.29 |
| PC10 | 0.25 |
| PC11 | 0.23 |
| PC12 | 0.17 |
| PC13 | 0.10 |

　固有値(explained_variance_)は、主成分の分散のことで、主成分の情報量の大きさを表します。PC1がもっとも大きく、以降段々に小さくなります。標準化している際、固有値が1.0以上のものは使うという一番シンプルな判断基準になります。この場合だとPC3までを使うことになりますね。続いてスクリープロットを見てみましょう。

```
line = np.ones(14)
plt.plot(np.append(np.nan, pca.explained_variance_), "s-")
plt.plot(line, "s-")
plt.xlabel("PC")
plt.ylabel("explained_variance")
plt.xticks( np.arange(1, 14, 1))
plt.grid()
plt.show()
```

**図3-12：固有値のスクリープロット**

```
[12]  line = np.ones(14)
      plt.plot(np.append(np.nan, pca.explained_variance_), "s-")
      plt.plot(line, "s-")
      plt.xlabel("PC")
      plt.ylabel("explained_variance")
      plt.xticks( np.arange(1, 14, 1))
      plt.grid()
      plt.show()
```

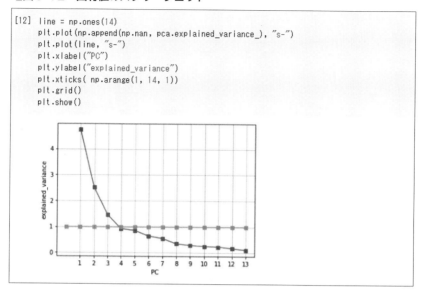

　2行目で固有値からスクリープロットを作成しています。スクリープロットは、固有値を最大値から最小値まで降順でプロットしたグラフのことで、崖(scree)のような形になります。固有値が、ある段階から急に小さな値となって以降は安定する箇所までを利用することが望ましいとされています。この場合だと、PC8あたりですね。あくまで目安なので実際は±2ぐらいを試すのがよいでしょう。1行目では、先ほど確認した固有値1.0の基準線も作成しており、あわせて確認するのがよいでしょう。

## ノック24：
## 寄与率で次元削減数を探索してみよう

　前回は固有値を元に有効なPC数の探索をしました。
　ここではもう一つの指標である、寄与率(explained_variance_ratio_)で探索してみましょう。それでは寄与率を確認してみましょう。

```
pd.DataFrame(np.round(pca.explained_variance_ratio_,2), index=["PC{}".form
at(x + 1) for x in range(len(df_pca.columns))], columns=["寄与率"])
```

## ■図3-13：寄与率

```
[13] pd.DataFrame(np.round(pca.explained_variance_ratio_,2), index=["PC{}".format(x + 1) for x in range(len(df_pca.columns))], columns=["寄与率"])
```

|      | 寄与率 |
|------|------|
| PC1  | 0.36 |
| PC2  | 0.19 |
| PC3  | 0.11 |
| PC4  | 0.07 |
| PC5  | 0.07 |
| PC6  | 0.05 |
| PC7  | 0.04 |
| PC8  | 0.03 |
| PC9  | 0.02 |
| PC10 | 0.02 |
| PC11 | 0.02 |
| PC12 | 0.01 |
| PC13 | 0.01 |

　寄与率は、主成分がどの程度、元データの情報を保持しているかを表すもので、固有値と同じでPC1がもっとも大きく、以降段々に小さくなります。各固有値を固有値の合計で割ったものが寄与率になります。PC1が36%、PC2が19%なので合わせた累積寄与率は55%で、PC1とPC2だけで半分以上説明できるということです。可視化してみましょう。

```
import matplotlib.ticker as ticker
line = np.full(14, 0.9)
plt.gca().get_xaxis().set_major_locator(ticker.MaxNLocator(integer=True))
plt.plot([0] + list( np.cumsum(pca.explained_variance_ratio_)), "-o")
plt.xlabel("PC")
plt.ylabel("cumulative contribution rate")
plt.yticks( np.arange(0, 1.1, 0.1))
plt.plot(line, "s-")
plt.grid()
plt.show()
```

## ■図3-14：累積寄与率

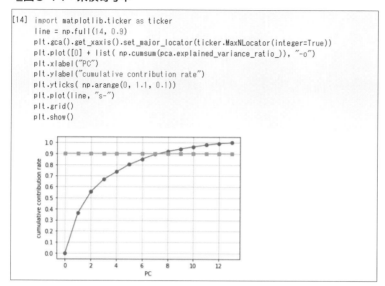

```
[14] import matplotlib.ticker as ticker
     line = np.full(14, 0.9)
     plt.gca().get_xaxis().set_major_locator(ticker.MaxNLocator(integer=True))
     plt.plot([0] + list( np.cumsum(pca.explained_variance_ratio_)), "-o")
     plt.xlabel("PC")
     plt.ylabel("cumulative contribution rate")
     plt.yticks( np.arange(0, 1.1, 0.1))
     plt.plot(line, "s-")
     plt.grid()
     plt.show()
```

　4行目で縦軸が累積寄与率で横軸がPCのグラフを作成しています。累積寄与率が90%以上になるものまで使うことが基準になるため2行目で基準線を作成しています。

　ここではPC8まで使うことになりますね。ケースバイケースですが、より次元を削減したいときは70%ぐらいまでにすることもあり、その場合はPC4までになるため、より少ない次元でデータを扱うことができますね。

　PCAのパラメータであるn_componentsに0〜1の小数を指定すると、累積寄与率を指定したことになり、指定した累積寄与率超過までの主成分を返してくれます。確認してみましょう。

```
sc=preprocessing.StandardScaler()
X = df_wine.iloc[:, 1:]
X_norm=sc.fit_transform(X)

pca = PCA(n_components=0.9, random_state=0)
X_pc = pca.fit_transform(X_norm)
```

```
df_pca = pd.DataFrame(X_pc, columns=["PC{}".format(i + 1) for i in range(l
en(X_pc[0]))])
print("主成分の数: ", pca.n_components_)
print("保たれている情報: ", round(np.sum(pca.explained_variance_rati
o_),2))
display(df_pca.head())
```

**■ 図3-15：累積寄与率を指定してPCAを実行**

```
[15] sc=preprocessing.StandardScaler()
     X = df_wine.iloc[:, 1:]
     X_norm=sc.fit_transform(X)

     pca = PCA(n_components=0.9, random_state=0)
     X_pc = pca.fit_transform(X_norm)
     df_pca = pd.DataFrame(X_pc, columns=["PC{}".format(i + 1) for i in range(len(X_pc[0]))])
     print("主成分の数: ", pca.n_components_)
     print("保たれている情報: ", round(np.sum(pca.explained_variance_ratio_),2))
     display(df_pca.head())

     主成分の数:  8
     保たれている情報:  0.92
```

|   | PC1 | PC2 | PC3 | PC4 | PC5 | PC6 | PC7 | PC8 |
|---|---|---|---|---|---|---|---|---|
| 0 | 3.316751 | -1.443463 | -0.165739 | -0.215631 | 0.693043 | -0.223880 | 0.596427 | 0.065139 |
| 1 | 2.209465 | 0.333393 | -2.026457 | -0.291358 | -0.257655 | -0.927120 | 0.053776 | 1.024416 |
| 2 | 2.516740 | -1.031151 | 0.982819 | 0.724902 | -0.251033 | 0.549276 | 0.424205 | -0.344216 |
| 3 | 3.757066 | -2.756372 | -0.176192 | 0.567983 | -0.311842 | 0.114431 | -0.383337 | 0.643593 |
| 4 | 1.008908 | -0.869831 | 2.026688 | -0.409766 | 0.298458 | -0.406520 | 0.444074 | 0.416700 |

　5行目で、n_componentsに0.9を指定したので、累積寄与率が90%超過するPC8までを結果として返してくれており、累積寄与率が92%になっていますね。あらかじめ寄与率を決めている場合や、ざっくりどのぐらいの次元になるのか確認したい場合はとても便利です。

　ここまでで次元削減で最もポピュラーなPCAのノックが完了しました。
　補足として、PCAにおいてデータの標準化は基本的に実施しておくことを推奨しますが、ノイズデータが多い場合、正しく軸を取れない場合があります。そのため、標準化するパターン、しないパターンの両方を実施して精度が良いほうを取るのが良いでしょう。

# ノック25：
# Isomapで次元削減を実施してみよう

　PCAはデータが多次元正規分布に従うことを仮定しているので、非線形データに対してはうまく働かないという問題があります。この問題に対処すべく、非線形な変換を行う手法がいろいろ提案されていますが、今回はその中でIsomap（Isometric mapping）を実装してみましょう。Isomapは多様体上の距離を測定し、「多次元尺度構成法」で表現した手法です。多次元尺度構成法は近いもの同士は近くに配置し、遠いものは遠くに配置する手法ですが、Isomapの特徴として近いもの同士をより考慮した結果になります。

　それではまずはデータを取得しましょう。今回は結果をわかりやすく確認できるようにムーンデータを使います。

```python
import numpy as np
import pandas as pd
import matplotlib.pyplot as plt
from sklearn import preprocessing, decomposition, manifold
from sklearn import datasets
from sklearn.decomposition import PCA
X,Y = datasets.make_moons(n_samples=200, noise=0.05, random_state=0)
sc=preprocessing.StandardScaler()
sc.fit(X)
X_norm=sc.transform(X)
plt.figure(figsize=(10,3))
plt.scatter(X[:,0],X[:,1], c=Y)
plt.xlabel("x")
plt.ylabel("y")
```

**■図3-16：ムーンデータ**

```
[1]  import numpy as np
     import pandas as pd
     import matplotlib.pyplot as plt
     from sklearn import preprocessing, decomposition, manifold
     from sklearn import datasets
     from sklearn.decomposition import PCA
     X,Y = datasets.make_moons(n_samples=200, noise=0.05, random_state=0)
     sc=preprocessing.StandardScaler()
     sc.fit(X)
     X_norm=sc.transform(X)
     plt.figure(figsize=(10,3))
     plt.scatter(X[:,0],X[:,1], c=Y)
     plt.xlabel("x")
     plt.ylabel("y")

     Text(0, 0.5, 'y')
```

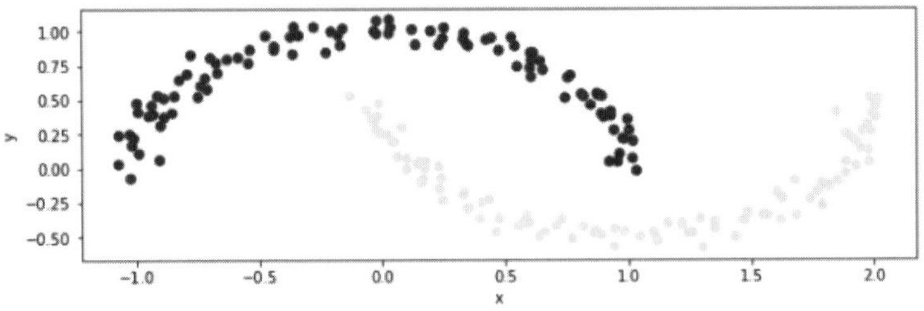

線形ではない非線形なデータ構造をしていますね。それではIsomapを実行しましょう。比較用にPCAも実行します。

```
pca = PCA(n_components=2)
X_reduced=pca.fit_transform(X_norm)
```

```
isomap_5 = manifold.Isomap(n_neighbors=5, n_components=2)
X_isomap_5 = isomap_5.fit_transform(X_norm)
```

```
isomap_10 = manifold.Isomap(n_neighbors=10, n_components=2)
X_isomap_10 = isomap_10.fit_transform(X_norm)
```

**■図3-17：Isomapの実行**

```
[2]  pca = PCA(n_components=2)
     X_reduced=pca.fit_transform(X_norm)

     isomap_5 = manifold.Isomap(n_neighbors=5, n_components=2)
     X_isomap_5 = isomap_5.fit_transform(X_norm)

     isomap_10 = manifold.Isomap(n_neighbors=10, n_components=2)
     X_isomap_10 = isomap_10.fit_transform(X_norm)
```

　Isomapは全てのサンプル間の距離を計算しますが、細かく計算するのはサンプルごとに最も近いN個のサンプル間の距離だけです。可視化した結果が良くない場合は、Nを変えて試行錯誤することになり、このNが「n_neighbors」パラメータになります。4行目で「n_neighbors」を5に設定、7行目で10に設定して、それぞれIsomapを実施しています。それでは結果を可視化してみましょう。

```
plt.figure(figsize=(10,6))
plt.subplot(3, 1, 1)
plt.scatter(X_reduced[:, 0], X_reduced[:, 1], c=Y)
plt.xlabel("pca-1")
plt.ylabel("pca-2")

plt.subplot(3, 1, 2)
plt.scatter(X_isomap_5[:,0],X_isomap_5[:,1], c=Y)
plt.xlabel("isomap_n5-1")
plt.ylabel("isomap_n5-2")

plt.subplot(3, 1, 3)
plt.scatter(X_isomap_10[:,0],X_isomap_10[:,1], c=Y)
plt.xlabel("isomap_n10-1")
plt.ylabel("isomap_n10-2")
plt.show
```

■図3-18：Isomapの結果

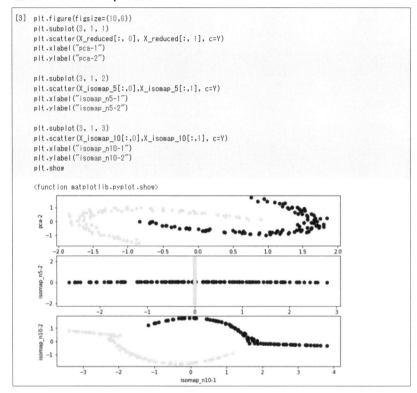

```
[3]  plt.figure(figsize=(10,6))
     plt.subplot(3, 1, 1)
     plt.scatter(X_reduced[:, 0], X_reduced[:, 1], c=Y)
     plt.xlabel("pca-1")
     plt.ylabel("pca-2")

     plt.subplot(3, 1, 2)
     plt.scatter(X_isomap_5[:,0],X_isomap_5[:,1], c=Y)
     plt.xlabel("isomap_n5-1")
     plt.ylabel("isomap_n5-2")

     plt.subplot(3, 1, 3)
     plt.scatter(X_isomap_10[:,0],X_isomap_10[:,1], c=Y)
     plt.xlabel("isomap_n10-1")
     plt.ylabel("isomap_n10-2")
     plt.show

     <function matplotlib.pyplot.show>
```

　一番下のIsomapのn_neighborsを10に指定した結果が、一番きれいに分かれており、新たな軸が作られていることがわかりますね。

## ⚾🏏 ノック26：
## t-SNEで次元削減を実施してみよう

　t-SNE(t-distributed Stochastic Neighbor Embedding：ティースニー)は2or3次元への圧縮に特化しているアルゴリズムです。必ず失敗するというわけではないですが、次元数4以上の場合は結果は保証されていません。基本的には可視化のための手法で、通常は2or3次元への圧縮へ用います。今回は「0」～「9」の手書き数字の画像データセットである、MNIST(Modified National

Institute of Standards and Technology database：エムニスト)データ
セットを利用します。画像データはベクトル化すると高次元になるため、次元削
減アルゴリズムが非常に有効です。まずはデータを読み込みましょう。

```
from sklearn.datasets import load_digits
digits = load_digits()
print(digits.data.shape)
print(digits.data)
```

■図3-19：MNISTの読み込み

```
[1]  from sklearn.datasets import load_digits
     digits = load_digits()
     print(digits.data.shape)
     print(digits.data)

     (1797, 64)
     [[ 0.  0.  5. ...  0.  0.  0.]
      [ 0.  0.  0. ... 10.  0.  0.]
      [ 0.  0.  0. ... 16.  9.  0.]
      ...
      [ 0.  0.  1. ...  6.  0.  0.]
      [ 0.  0.  2. ... 12.  0.  0.]
      [ 0.  0. 10. ... 12.  1.  0.]]
```

このデータは画像データ(バイナリ)で、1797個のデータです。
1つのデータは8×8=64個の数値の配列、つまり64次元のデータセットに
なります。今回は、この64次元のデータセットをt-SNEで2次元に削減して可
視化していきますが、まずはデータの先頭から100文字を画像として表示してみ
ましょう。

```
import matplotlib.pyplot as plt
fig, axes = plt.subplots(10, 10, figsize=(8, 8),subplot_kw={"xticks":[],
"yticks":[]})
for i, ax in enumerate(axes.flat):
    ax.imshow(digits.images[i], cmap="binary", interpolation="nearest")
    ax.text(0, 0, str(digits.target[i]))
```

### ■図3-20：MNISTを画像表示

```
[2]   import matplotlib.pyplot as plt
      fig, axes = plt.subplots(10, 10, figsize=(8, 8),subplot_kw={"xticks":[], "yticks":[]})
      for i, ax in enumerate(axes.flat):
          ax.imshow(digits.images[i], cmap="binary", interpolation="nearest")
          ax.text(0, 0, str(digits.target[i]))
```

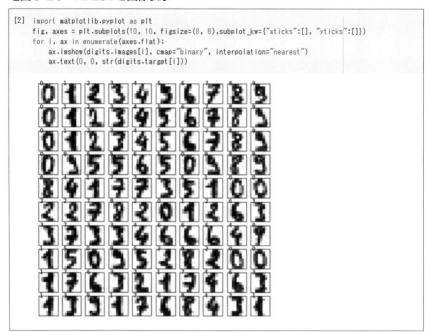

　手書き数字の画像データが確認できましたね。それではまずはPCAを実行して可視化までしてみましょう。

```
from sklearn.decomposition import PCA
X_reduced = PCA(n_components=2).fit_transform(digits.data)
for each_label in digits.target_names:
    c_plot_bool = digits.target == each_label
    plt.scatter(X_reduced[c_plot_bool, 0], X_reduced[c_plot_bool, 1], labe
l="{}".format(each_label))
    plt.legend()
plt.show()
```

**■図3-21：PCAの結果**

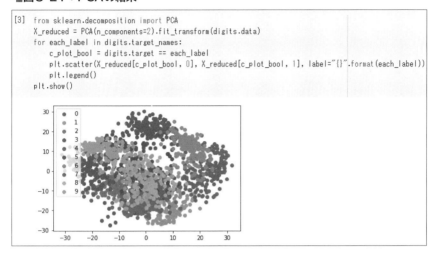

```
[3]  from sklearn.decomposition import PCA
     X_reduced = PCA(n_components=2).fit_transform(digits.data)
     for each_label in digits.target_names:
         c_plot_bool = digits.target == each_label
         plt.scatter(X_reduced[c_plot_bool, 0], X_reduced[c_plot_bool, 1], label="{}".format(each_label))
         plt.legend()
     plt.show()
```

期待する結果としては数字ごとに分類されていて欲しいのですが、うまく分類できていませんね。これはPCAが非線形のデータに対応できていないからです。続いて、t-SNEで可視化してみましょう。

```
from sklearn.manifold import TSNE
X_reduced = TSNE(n_components=2, random_state=0).fit_transform(digits.data)
for each_label in digits.target_names:
    c_plot_bool = digits.target == each_label
    plt.scatter(X_reduced[c_plot_bool, 0], X_reduced[c_plot_bool, 1], label
="{}".format(each_label))
    plt.legend()
plt.show()
```

**◾️図3-22：t-SNEの結果**

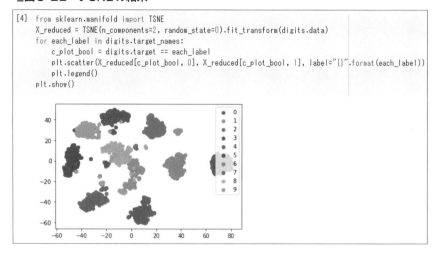

```
[4]  from sklearn.manifold import TSNE
     X_reduced = TSNE(n_components=2, random_state=0).fit_transform(digits.data)
     for each_label in digits.target_names:
         c_plot_bool = digits.target == each_label
         plt.scatter(X_reduced[c_plot_bool, 0], X_reduced[c_plot_bool, 1], label="{}".format(each_label))
     plt.legend()
     plt.show()
```

2行目でt-SNEを実行しています。t-SNEは非線形データに対応しているため、うまく分類されていることが確認できました。3、8、9などが少し入り繰っていたりするのは、人間の目から見ても似ているから理解できるかと思います。多くの場合、入力データが複雑になればなるほどPCAはうまく次元削減できなくなるのですが、t-SNEは複雑なデータでもかなり高精度な次元削減をすることができます。ただし、処理に時間が掛かる、4次元以上には不向き、パラメータ調整が必要などの面もあります。PCAやIsomapより高精度な次元削減が出来る可能性は高いですが、一概に優れているとはいえないことを留意してください。

---

## ノック27：
## t-SNEで最適なPerplexityを探索してみよう

ここではt-SNEで重要なパラメータであるPerplexityの最適値を探索してみましょう。
Perplexityとは、どれだけ近傍の点を考慮するかを決めるためのパラメータで、データの局所的な特性と全体的な特性のどちらをより考慮するか、そのバランスを表しています。

5から50の間の値を選択することを考慮することが推奨されており、デフォルトは30になります。

複数並べて確認することが、基本的なアプローチになります。まずは関数を作成してみましょう。

```python
import time
def create_2d_tsne(target_X, y, y_labels, perplexity_list= [2, 5, 30, 50, 100]):
    fig, axes = plt.subplots(nrows=1, ncols=len(perplexity_list),figsize=(5*len(perplexity_list), 4))
    for i, (ax, perplexity) in enumerate(zip(axes.flatten(), perplexity_list)):
        start_time = time.time()
        tsne = TSNE(n_components=2, random_state=0, perplexity=perplexity)
        Y = tsne.fit_transform(target_X)
        for each_label in y_labels:
            c_plot_bool = y == each_label
            ax.scatter(Y[c_plot_bool, 0], Y[c_plot_bool, 1], label="{}".format(each_label))
        end_time = time.time()
        ax.legend()
        ax.set_title("perplexity: {}".format(perplexity))
        print("perplexity {} is {:.2f} seconds.".format(perplexity, end_time - start_time))
    plt.show()
```

**■図3-23：最適なPerplexityを探索する関数（2次元表示）**

```python
[5] import time
    def create_2d_tsne(target_X, y, y_labels, perplexity_list= [2, 5, 30, 50, 100]):
        fig, axes = plt.subplots(nrows=1, ncols=len(perplexity_list),figsize=(5*len(perplexity_list), 4))
        for i, (ax, perplexity) in enumerate(zip(axes.flatten(), perplexity_list)):
            start_time = time.time()
            tsne = TSNE(n_components=2, random_state=0, perplexity=perplexity)
            Y = tsne.fit_transform(target_X)
            for each_label in y_labels:
                c_plot_bool = y == each_label
                ax.scatter(Y[c_plot_bool, 0], Y[c_plot_bool, 1], label="{}".format(each_label))
            end_time = time.time()
            ax.legend()
            ax.set_title("perplexity: {}".format(perplexity))
            print("perplexity {} is {:.2f} seconds.".format(perplexity, end_time - start_time))
        plt.show()
```

　引数に元データ、ラベル名、ラベル名のユニークリストを取り、Perplexityを
2, 5, 30, 50, 100ごとにt-SNEを実施してそれぞれの結果を二次元で可視化
する関数になります。関数化することで効率的に結果を比較することができます。
それでは実施してみましょう。

```
create_2d_tsne(digits.data, digits.target, digits.target_names)
```

### ■図3-24：t-SNEの結果（2次元）

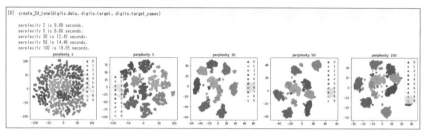

　2次元では30、50がうまく分類されていることが確認できました。それでは
3次元でも確認してみましょう。同じように、まずは関数を作成しましょう。

```
def create_3d_tsne(target_X, y, y_labels, perplexity_list= [2, 5, 30, 50,
100]):
    fig = plt.figure(figsize=(5*len(perplexity_list),4))
    for i, perplexity in enumerate(perplexity_list):
        ax = fig.add_subplot(1, len(perplexity_list), i+1, projection="3
d")
        start_time = time.time()
        tsne = TSNE(n_components=3, random_state=0, perplexity=perplexity)
        Y = tsne.fit_transform(target_X)
        for each_label in y_labels:
            c_plot_bool = y == each_label
            ax.scatter(Y[c_plot_bool, 0], Y[c_plot_bool, 1], label="{}".fo
rmat(each_label))
        end_time = time.time()
        ax.legend()
        ax.set_title("Perplexity: {}".format(perplexity))
```

```
        print("perplexity {} is {:.2f} seconds.".format(perplexity, end_ti
me - start_time))
    plt.show()
```

■図3-25：最適なPerplexityを探索する関数（3次元表示）

```
[5]  import time
     def create_2d_tsne(target_X, y, y_labels, perplexity_list= [2, 5, 30, 50, 100]):
         fig, axes = plt.subplots(nrows=1, ncols=len(perplexity_list),figsize=(5*len(perplexity_list), 4))
         for i, (ax, perplexity) in enumerate(zip(axes.flatten(), perplexity_list)):
             start_time = time.time()
             tsne = TSNE(n_components=2, random_state=0, perplexity=perplexity)
             Y = tsne.fit_transform(target_X)
             for each_label in y_labels:
                 c_plot_bool = y == each_label
                 ax.scatter(Y[c_plot_bool, 0], Y[c_plot_bool, 1], label="{}".format(each_label))
             end_time = time.time()
             ax.legend()
             ax.set_title("perplexity: {}".format(perplexity))
             print("perplexity {} is {:.2f} seconds.".format(perplexity, end_time - start_time))
         plt.show()
```

先ほどの関数との違いは可視化の部分を3次元にした箇所のみになります。それでは実施してみましょう。

```
create_3d_tsne(digits.data, digits.target, digits.target_names)
```

■図3-26：t-SNEの結果（3次元）

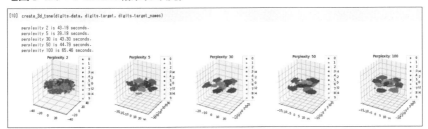

3次元だと30の方がより特徴ごとに分かれていることが確認できましたね。今回はデフォルトの30で良さそうなことが分かりましたが、データセットによって異なるので、複数並べて最適なperplexityを探索しましょう。

# ノック28：UMAPで次元削減を実施してみよう

UMAP(Uniform Manifold Approximation and Projection)は2018年に発表された新しい手法です。t-SNEと同程度の精度があり、処理速度も速く、4次元以上の圧縮にも対応している次元削減のトレンドになりつつある手法です。ただし、こちらもt-SNE同様にパラメータ調整は必要です。非常に高次元で大量のデータに対しても、現実的な時間で実行できます。非線形の高次元データを低次元化して可視化する手法として、t-SNEに代わってUMAPが主流になってきています。t-SNEと同様に可視化に使用できる次元削減手法ですが、一般的な非線形次元削減にも使用できます。

それではまずはUMAPライブラリをインストールしましょう。

```
!pip3 install umap-learn
```

■図3-27：UMAPライブラリのインストール

```
[1]  !pip3 install umap-learn

     Collecting umap-learn
       Downloading umap-learn-0.5.1.tar.gz (80 kB)
          |████████████████████████████████| 80 kB 2.7 MB/s
     Requirement already satisfied: numpy>=1.17 in /usr/local/lib/python3.7/dist-packages (from umap-learn) (1.19.5)
     Requirement already satisfied: scikit-learn>=0.22 in /usr/local/lib/python3.7/dist-packages (from umap-learn) (0.22.2.post1)
     Requirement already satisfied: scipy>=1.0 in /usr/local/lib/python3.7/dist-packages (from umap-learn) (1.4.1)
     Requirement already satisfied: numba>=0.49 in /usr/local/lib/python3.7/dist-packages (from umap-learn) (0.51.2)
     Collecting pynndescent>=0.5
       Downloading pynndescent-0.5.4.tar.gz (1.1 MB)
          |████████████████████████████████| 1.1 MB 28.6 MB/s
     Requirement already satisfied: setuptools in /usr/local/lib/python3.7/dist-packages (from numba>=0.49->umap-learn) (57.2.0)
     Requirement already satisfied: llvmlite<0.35,>=0.34.0.dev0 in /usr/local/lib/python3.7/dist-packages (from numba>=0.49->umap-learn) (0.34.0)
     Requirement already satisfied: joblib>=0.11 in /usr/local/lib/python3.7/dist-packages (from pynndescent>=0.5->umap-learn) (1.0.1)
     Building wheels for collected packages: umap-learn, pynndescent
       Building wheel for umap-learn (setup.py) ... done
       Created wheel for umap-learn: filename=umap_learn-0.5.1-py3-none-any.whl size=76566 sha256=78e46aafb9907823dbf1f558de2489d763368ccfe36c82cfaa7eb6fa26fa5f31
       Stored in directory: /root/.cache/pip/wheels/01/e7/bb/347dc0e510803d7116a13d592b10cc68262da56a8eec4dd72f
       Building wheel for pynndescent (setup.py) ... done
       Created wheel for pynndescent: filename=pynndescent-0.5.4-py3-none-any.whl size=52372 sha256=d5e8c9c32ca475320a0f9f87ffb64c55ecb4babdb248d834fd8aed0b628a62e5
       Stored in directory: /root/.cache/pip/wheels/d0/5b/62/3401692ddad12324249c774c4b15ccb046946021e2b581c043
     Successfully built umap-learn pynndescent
     Installing collected packages: pynndescent, umap-learn
     Successfully installed pynndescent-0.5.4 umap-learn-0.5.1
```

これでライブラリがインストールできました。それでは実装していきましょう。前回と同じMNISTデータセットを使います。

```
import umap

start_time_tsne = time.time()
X_reduced = TSNE(n_components=2, random_state=0).fit_transform(digits.dat
a)
```

```
interval_tsne = time.time() - start_time_tsne

start_time_umap = time.time()
embedding = umap.UMAP(n_components=2, random_state=0).fit_transform(digit
s.data)
interval_umap = time.time() - start_time_umap

print("tsne : {}s".format(np.round(interval_tsne,2)))
print("umap : {}s".format(np.round(interval_umap,2)))
```

**■図3-28：UMAPとt-SNEを実行**

```
[16]  import umap

    start_time_tsne = time.time()
    X_reduced = TSNE(n_components=2, random_state=0).fit_transform(digits.data)
    interval_tsne = time.time() - start_time_tsne

    start_time_umap = time.time()
    embedding = umap.UMAP(n_components=2, random_state=0).fit_transform(digits.data)
    interval_umap = time.time() - start_time_umap

    print("tsne : {}s".format(np.round(interval_tsne,2)))
    print("umap : {}s".format(np.round(interval_umap,2)))

    tsne : 12.17s
    umap : 7.96s
```

　8行目でUMAPを実行しています。同じデータですが、t-SNEよりも早く完了していますね。それでは結果を可視化してみましょう。

```
plt.figure(figsize=(10,8))
plt.subplot(2, 1, 1)
for each_label in digits.target_names:
    c_plot_bool = digits.target == each_label
    plt.scatter(X_reduced[c_plot_bool, 0], X_reduced[c_plot_bool, 1], labe
l="{}".format(each_label))
plt.legend(loc="upper right")
plt.xlabel("tsne-1")
plt.ylabel("tsne-2")
```

```
plt.subplot(2, 1, 2)
for each_label in digits.target_names:
    c_plot_bool = digits.target == each_label
    plt.scatter(embedding[c_plot_bool, 0], embedding[c_plot_bool, 1], labe
l="{}".format(each_label))
plt.legend(loc="upper right")
plt.xlabel("umap-1")
plt.ylabel("umap-2")
plt.show()
```

### ■図3-29：UMAPとt-SNEの結果

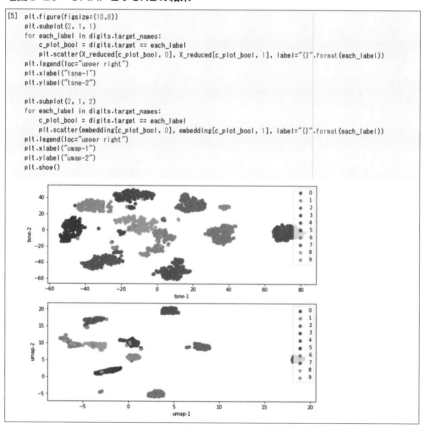

t-SNE（上）に比べて、UMAP（下）では、同じグループがそれぞれ綺麗に小さくまとまっており、明確に分類されていますね。このことから、適切に情報を落とさずに次元削減できていることがわかります。どんなデータにも適用できますし、複雑なデータの関係性が視覚的に分かりやすくなるので、非常に有用な手法です。アルゴリズムについては、ひとまずPCAとUMAPの2つを試してみて、より結果が解釈しやすい方を選択するのが良いでしょう。そのいずれにも納得できなければ、t-SNEなどの別アルゴリズムを試す方針が良いと思います。

## ノック29： UMAPで最適なn_neighborsを探索 してみよう

ここではUMAPで重要なパラメータであるn_neighborsについて、最適値を探索してみましょう。n_neighborsとは、tSNEのperplexityに似たパラメータで、大きくするとマクロな、小さくするとミクロな構造を結果に反映させることになります。2 〜 100 の間の値を選択することを考慮することが推奨されています。デフォルトは15です。

こちらも複数並べて確認してみましょう。まずは関数を作成してみましょう。

```
def create_2d_umap(target_X, y, y_labels, n_neighbors_list= [2, 15, 30,
50, 100]):
    fig, axes = plt.subplots(nrows=1, ncols=len(n_neighbors_list),figsize=
(5*len(n_neighbors_list), 4))
    for i, (ax, n_neighbors) in enumerate(zip(axes.flatten(), n_neighbors_
list)):
        start_time = time.time()
        mapper = umap.UMAP(n_components=2, random_state=0, n_neighbors=n_n
eighbors)
        Y = mapper.fit_transform(target_X)
        for each_label in y_labels:
            c_plot_bool = y == each_label
            ax.scatter(Y[c_plot_bool, 0], Y[c_plot_bool, 1], label="{}".fo
rmat(each_label))
        end_time = time.time()
```

```
        ax.legend(loc="upper right")
        ax.set_title("n_neighbors: {}".format(n_neighbors))
        print("n_neighbors {} is {:.2f} seconds.".format(n_neighbors, end_
time - start_time))
    plt.show()
```

**■図3-30：最適なn_neighborsを探索する関数（2次元表示）**

```
[7]  def create_2d_umap(target_X, y, y_labels, n_neighbors_list= [2, 15, 30, 50, 100]):
        fig, axes = plt.subplots(nrows=1, ncols=len(n_neighbors_list),figsize=(5*len(n_neighbors_list), 4))
        for i, (ax, n_neighbors) in enumerate(zip(axes.flatten(), n_neighbors_list)):
            start_time = time.time()
            mapper = umap.UMAP(n_components=2, random_state=0, n_neighbors=n_neighbors)
            Y = mapper.fit_transform(target_X)
            for each_label in y_labels:
                c_plot_bool = y == each_label
                ax.scatter(Y[c_plot_bool, 0], Y[c_plot_bool, 1], label="{}".format(each_label))
            end_time = time.time()
            ax.legend(loc="upper right")
            ax.set_title("n_neighbors: {}".format(n_neighbors))
            print("n_neighbors {} is {:.2f} seconds.".format(n_neighbors, end_time - start_time))
        plt.show()
```

n_neighborsを2, 5, 30, 50, 100ごとにUMAPを実施して結果を2次元に可視化する関数になります。それでは実施してみましょう。

```
create_2d_umap(digits.data, digits.target, digits.target_names)
```

**■図3-31：UMAPの結果（2次元）**

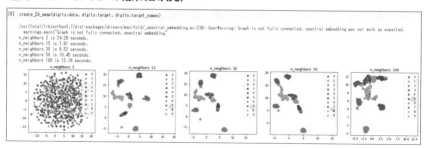

n_neighborsの値で結果にかなり違いがあることがわかります。2次元では15、30あたりが良さそうですね。それでは3次元でも確認してみましょう。同じようにまずは関数を作成しましょう。

```
def create_3d_umap(target_X, y, y_labels, n_neighbors_list= [2, 15, 30,
50, 100]):
    fig = plt.figure(figsize=(5*len(n_neighbors_list),4))
    for i, n_neighbors in enumerate(n_neighbors_list):
        ax = fig.add_subplot(1, len(n_neighbors_list), i+1, projection="3
d")
        start_time = time.time()
        mapper = umap.UMAP(n_components=3, random_state=0, n_neighbors=n_n
eighbors)
        Y = mapper.fit_transform(target_X)
        for each_label in y_labels:
            c_plot_bool = y == each_label
            ax.scatter(Y[c_plot_bool, 0], Y[c_plot_bool, 1], label="{}".fo
rmat(each_label))
        end_time = time.time()
        ax.legend(loc="upper right")
        ax.set_title("n_neighbors_list: {}".format(n_neighbors))
        print("n_neighbors_list {} is {:.2f} seconds.".format(n_neighbors,
end_time - start_time))
    plt.show()
```

**■図3-32：最適なn_neighborsを探索する関数（3次元表示）**

```
[9]  def create_3d_umap(target_X, y, y_labels, n_neighbors_list= [2, 15, 30, 50, 100]):
        fig = plt.figure(figsize=(5*len(n_neighbors_list),4))
        for i, n_neighbors in enumerate(n_neighbors_list):
            ax = fig.add_subplot(1, len(n_neighbors_list), i+1, projection="3d")
            start_time = time.time()
            mapper = umap.UMAP(n_components=3, random_state=0, n_neighbors=n_neighbors)
            Y = mapper.fit_transform(target_X)
            for each_label in y_labels:
                c_plot_bool = y == each_label
                ax.scatter(Y[c_plot_bool, 0], Y[c_plot_bool, 1], label="{}".format(each_label))
            end_time = time.time()
            ax.legend(loc="upper right")
            ax.set_title("n_neighbors_list: {}".format(n_neighbors))
            print("n_neighbors_list {} is {:.2f} seconds.".format(n_neighbors, end_time - start_time))
        plt.show()
```

　先ほどの関数との違いは可視化の部分のみになります。それでは実施してみましょう。

```
create_3d_umap(digits.data, digits.target, digits.target_names)
```

### ■図3-33：UMAPの結果1（3次元）

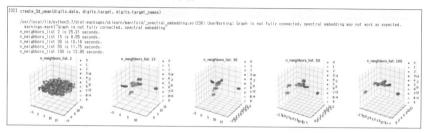

15、30あたりでうまく分類されていそうですが、もう少し探索してみましょう。関数の第4引数に10, 15, 20, 25, 30のリストを渡して実行しましょう。

```
create_3d_umap(digits.data, digits.target, digits.target_names, [10 , 15,
20, 25, 30])
```

### ■図3-34：UMAPの結果2（3次元）

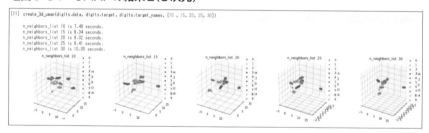

n_neighborsが10でうまく分類されることが確認できました。UMAPでも、どのn_neighborsが最適かは、データセットによって異なるので、このように関数化しておくことで、効率よく検証できますね。

## ノック30：PCAとUMAPを組み合わせて次元削減を実施してみよう

　高次元データを扱う場合、UMAPのみで次元削減するのではなく、PCAの結果をさらにUMAPで次元削減することでよりよい結果になる場合があります。前回と同じデータを使ってまずはPCAを実施しましょう。

```
pca = PCA(n_components=0.99, random_state=0)
X_pc = pca.fit_transform(digits.data)
df_pca = pd.DataFrame(X_pc, columns=["PC{}".format(i + 1) for i in range(len(X_pc[0]))])
print("主成分の数: ", pca.n_components_)
print("保たれている情報: ", np.sum(pca.explained_variance_ratio_))
display(df_pca.head())
```

### ■図3-35：PCAの結果

```
[13]  pca = PCA(n_components=0.99, random_state=0)
      X_pc = pca.fit_transform(digits.data)
      df_pca = pd.DataFrame(X_pc, columns=["PC{}".format(i + 1) for i in range(len(X_pc[0]))])
      print("主成分の数: ", pca.n_components_)
      print("保たれている情報: ", np.sum(pca.explained_variance_ratio_))
      display(df_pca.head())

      主成分の数:  41
      保たれている情報:  0.9901018242795546
```

|   | PC1 | PC2 | PC3 | PC4 | PC5 | PC6 | PC7 | PC8 |
|---|-----|-----|-----|-----|-----|-----|-----|-----|
| 0 | -1.259466 | 21.274883 | -9.463055 | 13.014189 | -7.128823 | -7.440659 | 3.252837 | 2.553470 |
| 1 | 7.957611 | -20.768699 | 4.439506 | -14.893664 | 5.896249 | -6.485622 | 2.126228 | -4.615936 |
| 2 | 6.991923 | -9.955986 | 2.958558 | -12.288302 | -18.126023 | -4.507664 | 1.843122 | -16.415200 |
| 3 | -15.906105 | 3.332464 | 9.824372 | -12.275838 | 6.965169 | 1.089483 | -1.042085 | 10.973556 |
| 4 | 23.306867 | 4.269061 | -5.675129 | -13.851524 | -0.358124 | -2.857574 | -0.720497 | 13.041696 |

　1行目のn_componentsを0.99に指定しているので、累積寄与率が99%になるPC41までが結果として算出されました。元が64次元なので23次元が削減されたことになります。それではこの結果をさらにUMAPにかけてみましょう。前回作成した関数で、UMAPのみ、PCA＋UMAPの結果をそれぞれ表示して比

較してみましょう。n_neighborsは5、10、15を指定します。

```
create_2d_umap(digits.data, digits.target, digits.target_names, [5,10,15])
create_2d_umap(df_pca, digits.target, digits.target_names, [5,10,15])
```

### ■図3-36：UMAP単体とPCA+UMAPの結果

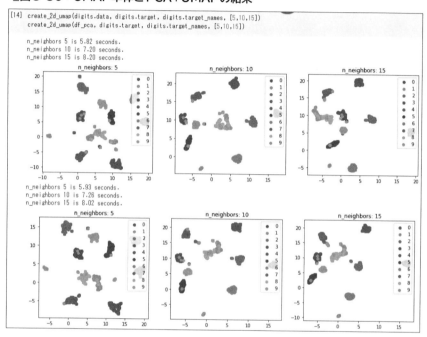

UMAP単体（上）、PCA+UMAP（下）の結果が表示されました。今回の結果は PCA+UMAPのn_neighborsが 5（左下）の結果が少しだけよくなっていますね。 このとおり、PCA＋UMAPの組み合わせも手法のひとつとして認識しておくこ とで検証の幅が広がりますね。

　これで代表的な次元削減を行う10本ノックは終わりです。同時に第1部の教師なし学習の30本もすべて完了しました。データは常に更新、蓄積され、肥大化していきますが、そんなときこそ次元削減は威力を発揮します。身近なデータセットが肥大化していて、分析が手付かずだった方は、分析イメージが湧いているのではないでしょうか。今回はアルゴリズムの引き出しを増やすことを意識してノックを行ってきましたが、クラスタリングで分類された結果を次元削減して可視化する手法もよく使われるのでぜひ試してください。

　次章からは教師あり学習のノックが始まりますが、ここまでで学んだとおり、教師なし学習で得た結果を教師あり学習の説明変数に利用する手法もあるため、教師ありなしで知見は分かれるものでないことを意識して取り組み、さらに技術の幅を広げましょう。

# 第2部
## 教師あり学習

　第1部では、正解をモデルに与えない**教師なし学習**を取り扱ってきました。教師なし学習は正解データの準備が少なくて済む一方で、解釈を人間が行う点や正解が定義しにくい等のデメリットがあります。

　第2部では、人間があらかじめ用意した正解データをもとにモデルを構築する**教師あり学習**を取り扱っていきます。教師あり学習は、**正解データ**を用意する必要はありますが、正解データさえあれば、データの傾向から比較的精度の高いモデルを構築できます。また、正解データがあることから、客観的な精度評価が可能となり、モデル改善時のパラメータチューニングをルールにのっとって機械的に行うことができます。

　教師あり学習は、回帰と分類の2つに分けられます。**回帰**は来月の売上等の「数字」を予測するものです。一方、**分類**は顧客が買ってくれるか/買わないかのように「カテゴリ」を分類予測します。「買う/買わない」のように2カテゴリの場合を二値分類、特定の記事がどのニュースカテゴリーなのかというようにカテゴリが複数ある場合を**多値分類**と言います。

　第4章、5章、6章で回帰を、7章、8章では分類を扱います。どちらも、共通している部分もあるので、何度か立ち返って読み直しながら進めると良いと思います。第4章では、モデル構築の流れを中心に、その後はアルゴリズムの違いを中心にノックを構成しています。また、評価やパラメータチューニングなど、モデル構築におけるポイントは押さえています。第2部を終えるころには、教師あり学習の使い方をマスターしているかと思います。技術の引き出しも一気に増えていきますので、是非楽しみながら進めてください。

### 第2部で取り扱うPythonライブラリ

データ加工：pandas, numpy
可視化：matplotlib, seaborn, mlxtend
機械学習：scikit-learn, xgboost

# 第4章
# 基礎的な回帰予測を行う
# 10本ノック

　本章では、回帰分析で用いられる基礎的なアルゴリズムを用いて教師あり学習モデル構築の基本的な流れについて理解を深めます。

　**回帰分析**とは教師あり学習の手法の一つで、ある値(目的変数)を相関のある別の値(説明変数)から説明・予測するために使用します。例えば本章や次章では、住宅価格を部屋数やその地域の犯罪率等から予測します。

　教師あり学習モデルの構築は、データの理解、データの加工、モデルの構築、モデルの評価、モデルの保存、モデルの活用の順番で進んでいきます。

　データの理解は、モデルの構築に入る前に、まずは与えられたデータの特徴を理解します。データの件数や欠損値の有無などの概観を把握することから始め、データ同士の相関の確認など、基礎的な分析も行います。データの加工は、欠損値の補完や、データセットを訓練用・テスト用に分割するなど、後続のモデルの構築や評価に使えるデータに加工します。モデルの構築は、データの特徴を学習させたモデルを構築します。学習に使用するアルゴリズムにより、データの特徴のとらえ方が変わります。モデルの評価は、客観的な精度評価指標や可視化グラフを用いて、構築したモデルの精度を評価します。モデルの保存は、構築したモデルをいつでも使用できるように保存します。モデルの活用は、保存したモデルを用いて予測する仕組みを作っていくことです。本章では上記の一連の流れについて、非常にシンプルな単回帰というアルゴリズムを扱いながら、実際にプログラムを書いて理解を深めていきます。次章以降でも同様の流れでモデルの構築を行うので、ここでしっかりと基礎を押さえておきましょう。

ノック31：データを読み込もう
ノック32：データの概要を把握しよう
ノック33：データ同士の相関を把握しよう
ノック34：データを分割しよう
ノック35：単回帰モデルを構築しよう
ノック36：モデルを使って値を予測しよう
ノック37：予測結果を可視化してみよう
ノック38：精度評価指標を使ってモデルを評価しよう
ノック39：構築したモデルを保存しよう
ノック40：保存したモデルを利用しよう

## 取り扱うアルゴリズム

　本章では、教師あり学習の単回帰を扱います。y=ax+bのaとbをデータの傾向から導き出すものです。y=ax+bという式は、皆さんも一度は見たことがある式だと思います。非常に単純な式なので、実際の現場で使われることはあまり多くありませんが、直感的にわかりやすいため、最初の一歩として扱っていきます。

### 前提条件

　機械学習のライブラリであるscikit-learnには、機械学習の練習に使えるサンプルデータセットが付属しています。本章はその中でも、回帰の問題を解くのに適した「ボストンの住宅価格データ」を使用します。

■表：データ一覧

| No. | 名称 | 概要 |
|---|---|---|
| 1 | ボストンの住宅価格データ | ボストンの住宅価格が目的変数として、それに寄与する犯罪率、平均部屋数等が説明変数として用意されているデータ。 |

■表：データの説明

| カラム名 | 説明 |
|---|---|
| CRIM | 犯罪率 |
| ZN | 25,000平方フィート以上の住宅区画割合 |
| INDUS | 非小売業種の土地面積割合 |
| CHAS | チャールズ川沿いかどうか |
| NOX | 窒素酸化物濃度 |
| RM | 平均部屋数 |
| AGE | 1940年より前の建物割合 |
| DIS | 5つのボストンの雇用施設への重み付き距離 |
| RAD | 高速道路へのアクセス容易性 |
| TAX | 10,000ドルあたりの不動産税率 |
| PTRATIO | 生徒/教師の割合 |
| B | 黒人割合 |
| LSTAT | 低所得者割合 |
| MEDV | 住宅価格(中央値)※目的変数として使用 |

## ノック31：
## データを読み込もう

それでは早速、データの読み込みから始めましょう。

```
from sklearn.datasets import load_boston
```

```
boston = load_boston()
```

**■図4-1：ボストンデータの読み込み**

```
[1]  from sklearn.datasets import load_boston

     boston = load_boston()
```

これで、データの読み込みは完了です。読み込んだデータを確認してみましょう。

```
print("説明変数")
print(f"{len(boston.data)}件")
print(boston.data[:5])

print("目的変数")
print(f"{len(boston.target)}件")
print(boston.target[:5])

print("変数名")
print(f"{len(boston.feature_names)}件")
print(boston.feature_names)
```

## ■図4-2：データの確認

```
[2]  print("説明変数")
     print(f"{len(boston.data)}件")
     print(boston.data[:5])

     print("目的変数")
     print(f"{len(boston.target)}件")
     print(boston.target[:5])

     print("変数名")
     print(f"{len(boston.feature_names)}件")
     print(boston.feature_names)

     説明変数
     506件
     [[6.3200e-03 1.8000e+01 2.3100e+00 0.0000e+00 5.3800e-01 6.5750e+00
       6.5200e+01 4.0900e+00 1.0000e+00 2.9600e+02 1.5300e+01 3.9690e+02
       4.9800e+00]
      [2.7310e-02 0.0000e+00 7.0700e+00 0.0000e+00 4.6900e-01 6.4210e+00
       7.8900e+01 4.9671e+00 2.0000e+00 2.4200e+02 1.7800e+01 3.9690e+02
       9.1400e+00]
      [2.7290e-02 0.0000e+00 7.0700e+00 0.0000e+00 4.6900e-01 7.1850e+00
       6.1100e+01 4.9671e+00 2.0000e+00 2.4200e+02 1.7800e+01 3.9283e+02
       4.0300e+00]
      [3.2370e-02 0.0000e+00 2.1800e+00 0.0000e+00 4.5800e-01 6.9980e+00
       4.5800e+01 6.0622e+00 3.0000e+00 2.2200e+02 1.8700e+01 3.9463e+02
       2.9400e+00]
      [6.9050e-02 0.0000e+00 2.1800e+00 0.0000e+00 4.5800e-01 7.1470e+00
       5.4200e+01 6.0622e+00 3.0000e+00 2.2200e+02 1.8700e+01 3.9690e+02
       5.3300e+00]]
     目的変数
     506件
     [24.  21.6 34.7 33.4 36.2]
     変数名
     13件
     ['CRIM' 'ZN' 'INDUS' 'CHAS' 'NOX' 'RM' 'AGE' 'DIS' 'RAD' 'TAX' 'PTRATIO'
      'B' 'LSTAT']
```

　13種類の説明変数と1種類の目的変数がそれぞれ506件あることを確認できました。なお、目的変数の変数名である「MEDV」はfeature_namesに含まれていないため、必要に応じて別途指定する必要があります。

　最後に、今後のデータ解析等を容易にするために、各データをデータフレームに格納しておきましょう。

```
import pandas as pd

df = pd.DataFrame(boston.data,columns=boston.feature_names)

df["MEDV"] = boston.target

display(df.head())
```

### ■図4-3：データフレームに格納

```
[3]  import pandas as pd

     df = pd.DataFrame(boston.data,columns=boston.feature_names)
     df["MEDV"] = boston.target
     display(df.head())
```

|   | CRIM | ZN | INDUS | CHAS | NOX | RM | AGE | DIS | RAD | TAX | PTRATIO | B | LSTAT | MEDV |
|---|---|---|---|---|---|---|---|---|---|---|---|---|---|---|
| 0 | 0.00632 | 18.0 | 2.31 | 0.0 | 0.538 | 6.575 | 65.2 | 4.0900 | 1.0 | 296.0 | 15.3 | 396.90 | 4.98 | 24.0 |
| 1 | 0.02731 | 0.0 | 7.07 | 0.0 | 0.469 | 6.421 | 78.9 | 4.9671 | 2.0 | 242.0 | 17.8 | 396.90 | 9.14 | 21.6 |
| 2 | 0.02729 | 0.0 | 7.07 | 0.0 | 0.469 | 7.185 | 61.1 | 4.9671 | 2.0 | 242.0 | 17.8 | 392.83 | 4.03 | 34.7 |
| 3 | 0.03237 | 0.0 | 2.18 | 0.0 | 0.458 | 6.998 | 45.8 | 6.0622 | 3.0 | 222.0 | 18.7 | 394.63 | 2.94 | 33.4 |
| 4 | 0.06905 | 0.0 | 2.18 | 0.0 | 0.458 | 7.147 | 54.2 | 6.0622 | 3.0 | 222.0 | 18.7 | 396.90 | 5.33 | 36.2 |

## ⚾ ノック32：
## データの概要を把握しよう

　ノック31で準備したデータを使って機械学習を行う前に、もう少しデータへの理解を深めましょう。まずは、pandasのdescribeメソッドを使ってデータの概観を掴みましょう。describeメソッドを実行すると変数ごとに代表値を得ることができます。

```
df.describe()
```

### ■図4-4：代表値の確認

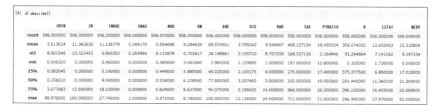

```
[4]  df.describe()
```

|  | CRIM | ZN | INDUS | CHAS | NOX | RM | AGE | DIS | RAD | TAX | PTRATIO | B | LSTAT | MEDV |
|---|---|---|---|---|---|---|---|---|---|---|---|---|---|---|
| count | 506.000000 | 506.000000 | 506.000000 | 506.000000 | 506.000000 | 506.000000 | 506.000000 | 506.000000 | 506.000000 | 506.000000 | 506.000000 | 506.000000 | 506.000000 | 506.000000 |
| mean | 3.613524 | 11.363636 | 11.136779 | 0.069170 | 0.554695 | 6.284634 | 68.574901 | 3.795043 | 9.549407 | 408.237154 | 18.455534 | 356.674032 | 12.653063 | 22.532806 |
| std | 8.601545 | 23.322453 | 6.860353 | 0.253994 | 0.115878 | 0.702617 | 28.148861 | 2.105710 | 8.707259 | 168.537116 | 2.164946 | 91.294864 | 7.141062 | 9.197104 |
| min | 0.006320 | 0.000000 | 0.460000 | 0.000000 | 0.385000 | 3.561000 | 2.900000 | 1.129600 | 1.000000 | 187.000000 | 12.600000 | 0.320000 | 1.730000 | 5.000000 |
| 25% | 0.082045 | 0.000000 | 5.190000 | 0.000000 | 0.449000 | 5.885500 | 45.025000 | 2.100175 | 4.000000 | 279.000000 | 17.400000 | 375.377500 | 6.950000 | 17.025000 |
| 50% | 0.256510 | 0.000000 | 9.690000 | 0.000000 | 0.538000 | 6.208500 | 77.500000 | 3.207450 | 5.000000 | 330.000000 | 19.050000 | 391.440000 | 11.360000 | 21.200000 |
| 75% | 3.677083 | 12.500000 | 18.100000 | 0.000000 | 0.624000 | 6.623500 | 94.075000 | 5.188425 | 24.000000 | 666.000000 | 20.200000 | 396.225000 | 16.955000 | 25.000000 |
| max | 88.976200 | 100.000000 | 27.740000 | 1.000000 | 0.871000 | 8.780000 | 100.000000 | 12.126500 | 24.000000 | 711.000000 | 22.000000 | 396.900000 | 37.970000 | 50.000000 |

代表値を見ると、例えば以下のようなことが分かります。

・ CRIM（犯罪率）とZN（25,000平方フィート以上の住宅区画割合）は第三四分位数と最大値に大きな乖離があり、外れ値の存在がうかがえる

・ ノック31で確認したデータの行数と、各変数のcount値が一致しているこ
とから、いずれの変数でも欠損値が含まれていない

　結果的に今回は不要となりましたが、欠損値が含まれている状態だと学習処理
ができないため、除去や補完などで予め対処しておく必要があります。
　代表値でデータの概要を掴んだ後は、データのばらつきや外れ値を押さえてお
きましょう。ヒストグラム等の形式で可視化することで視覚的に把握がしやすく
なります。

```
import matplotlib.pyplot as plt
%matplotlib inline

plt.figure(figsize=(20,5))
for i, col in enumerate(df.columns):
    plt.subplot(2,7,i+1)
    plt.hist(df[col])
    plt.title(col)
plt.tight_layout()
plt.show()
```

**■図4-5：ヒストグラムによるばらつきの確認**

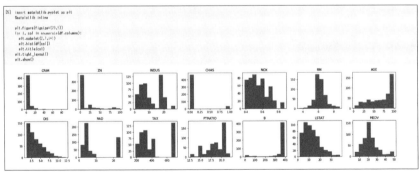

　ヒストグラムを見ると、CRIMやZNではやはり外れ値があるようです。RM
は比較的正規分布に近く、ばらつきが少ないことが分かります。目的変数である
MEDVも正規分布に近い形状ではありますが、一部外れ値が含まれているようで

す。このように、ヒストグラムを活用しデータを可視化することで、そのデータの分布の特徴を把握しやすくなります。

　なお、本書では外れ値の詳しい検定方法や除去までは取り扱いませんが、線形回帰モデルの精度は外れ値の影響を大きく受けることがあるため、場合によってはそれらを取り除く判断が必要になることを覚えておいてください。

## ⚾ 🏏 ノック33：データ同士の相関を把握しよう

　続いてはもう一歩踏み込んで、基礎的なデータの分析を行いましょう。今回は変数同士の相関係数を見ていきます。**相関**とは、2つの変数間で「一方が変わればそれにつられてもう一方も変わる」という関係性のことです。そしてその相関度合いを数値化したものが相関係数となります。

　機械学習において、相関係数は説明変数を選択する上で重要な指標となります。基本的には、目的変数との相関が強い変数を説明変数として使用することで、モデルの精度が高まります。逆に、相関が著しく低い変数を使用してしまうと、モデルの精度を悪化させる原因にも繋がります。また、変数同士で相関が強いものがある場合は、どちらか一方のみを説明変数として採用することが望ましいです。説明変数同士での相関が強い状態のことを**多重共線性**と言いますが、この状態で機械学習モデルの構築を行ってしまうと、モデルの解釈性の低下や予測精度の低下といった問題が生じる可能性があります。

　以上のような観点で説明変数を取捨選択するための基本的な指標として、相関係数が使用されます。相関係数はpandasのcorrメソッドで簡単に算出することができます。

```
df_corr = df.corr()
display(df_corr)
```

## ■図4-6：相関係数の確認

```
[8]  df_corr = df.corr()
     display(df_corr)
```

|  | CRIM | ZN | INDUS | CHAS | NOX | RM | AGE | DIS | RAD | TAX | PTRATIO | B | LSTAT | MEDV |
|---|---|---|---|---|---|---|---|---|---|---|---|---|---|---|
| CRIM | 1.000000 | -0.200469 | 0.406583 | -0.055892 | 0.420972 | -0.219247 | 0.352734 | -0.379670 | 0.625505 | 0.582764 | 0.289946 | -0.385064 | 0.455621 | -0.388305 |
| ZN | -0.200469 | 1.000000 | -0.533828 | -0.042697 | -0.516604 | 0.311991 | -0.569537 | 0.664408 | -0.311948 | -0.314563 | -0.391679 | 0.175520 | -0.412995 | 0.360445 |
| INDUS | 0.406583 | -0.533828 | 1.000000 | 0.062938 | 0.763651 | -0.391676 | 0.644779 | -0.708027 | 0.595129 | 0.720760 | 0.383248 | -0.356977 | 0.603800 | -0.483725 |
| CHAS | -0.055892 | -0.042697 | 0.062938 | 1.000000 | 0.091203 | 0.091251 | 0.086518 | -0.099176 | -0.007368 | -0.035587 | -0.121515 | 0.048788 | -0.053929 | 0.175260 |
| NOX | 0.420972 | -0.516604 | 0.763651 | 0.091203 | 1.000000 | -0.302188 | 0.731470 | -0.769230 | 0.611441 | 0.668023 | 0.188933 | -0.380051 | 0.590879 | -0.427321 |
| RM | -0.219247 | 0.311991 | -0.391676 | 0.091251 | -0.302188 | 1.000000 | -0.240265 | 0.205246 | -0.209847 | -0.292048 | -0.355501 | 0.128060 | -0.613808 | 0.695360 |
| AGE | 0.352734 | -0.569537 | 0.644779 | 0.086518 | 0.731470 | -0.240265 | 1.000000 | -0.747881 | 0.456022 | 0.506456 | 0.261515 | -0.273534 | 0.602339 | -0.376955 |
| DIS | -0.379670 | 0.664408 | -0.708027 | -0.099176 | -0.769230 | 0.205246 | -0.747881 | 1.000000 | -0.494588 | -0.534432 | -0.232471 | 0.291512 | -0.496996 | 0.249929 |
| RAD | 0.625505 | -0.311948 | 0.595129 | -0.007368 | 0.611441 | -0.209847 | 0.456022 | -0.494588 | 1.000000 | 0.910228 | 0.464741 | -0.444413 | 0.488676 | -0.381626 |
| TAX | 0.582764 | -0.314563 | 0.720760 | -0.035587 | 0.668023 | -0.292048 | 0.506456 | -0.534432 | 0.910228 | 1.000000 | 0.460853 | -0.441808 | 0.543993 | -0.468536 |
| PTRATIO | 0.289946 | -0.391679 | 0.383248 | -0.121515 | 0.188933 | -0.355501 | 0.261515 | -0.232471 | 0.464741 | 0.460853 | 1.000000 | -0.177383 | 0.374044 | -0.507787 |
| B | -0.385064 | 0.175520 | -0.356977 | 0.048788 | -0.380051 | 0.128060 | -0.273534 | 0.291512 | -0.444413 | -0.441808 | -0.177383 | 1.000000 | -0.366087 | 0.333461 |
| LSTAT | 0.455621 | -0.412995 | 0.603800 | -0.053929 | 0.590879 | -0.613808 | 0.602339 | -0.496996 | 0.488676 | 0.543993 | 0.374044 | -0.366087 | 1.000000 | -0.737663 |
| MEDV | -0.388305 | 0.360445 | -0.483725 | 0.175260 | -0.427321 | 0.695360 | -0.376955 | 0.249929 | -0.381626 | -0.468536 | -0.507787 | 0.333461 | -0.737663 | 1.000000 |

　これで相関係数の算出ができました。相関係数の大小を視覚的に分かりやすくするため、ヒートマップで可視化しましょう。

```python
import seaborn as sns

plt.figure(figsize=(15,10))
sns.heatmap(df_corr, annot=True)
plt.title("Corr Heatmap")
plt.show()
```

**■図4-7：相関係数のヒートマップ**

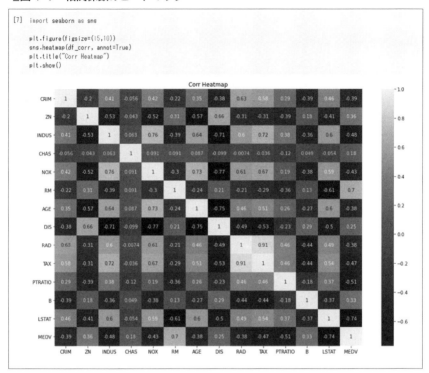

```
[7] import seaborn as sns

    plt.figure(figsize=(15,10))
    sns.heatmap(df_corr, annot=True)
    plt.title("Corr Heatmap")
    plt.show()
```

　相関係数は-1〜1の範囲で値をとります。相関係数がプラスの場合は正の相関、つまり、一方が上がればもう一方も上がる関係を示し、マイナスの場合は負の相関、つまり、一方が上がればもう一方が下がる関係を示します。相関係数の絶対値が大きいほど、相関が強いと言えます。ヒートマップを見ると、目的変数であるMEDVと特に相関の強い変数はRM（0.7）とLSTAT（-0.74）であることがわかります。この後扱う単回帰では、データのばらつきが小さく、かつ、MEDVとの相関が強いRMを説明変数としてモデルを構築していきましょう。

> ## ⚾ ノック34：
> データを分割しよう

　ここからは、実際に単回帰を用いたモデルの構築を進めていきます。**モデル**とは「入力されたデータを何らかの基準に基づき計算し、結果を出力する仕組み」のことです。機械学習では訓練データの傾向から、この「何らかの基準」にあたる部分を定義します。具体的には、今回扱う単回帰では、最小二乗法という方法で実測値との誤差が最小になる直線y=ax+bのa（傾き）とb（切片）を定義します。これにより「x（説明変数）を入力すれば、予測値としてのy（目的変数）を出力する」という機械学習モデルが完成します。

■図4-8：最小二乗法

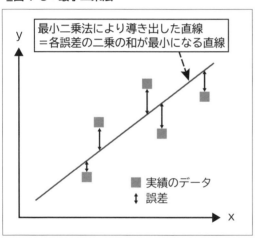

　モデル構築のための準備として、まずはデータ加工を行いましょう。データを説明変数と目的変数に分割します。説明変数には前述の通り、RM（平均部屋数）を使用します。

```
X= df[["RM"]]
y = df[["MEDV"]]


display(X.head())
display(y.head())
```

**■図4-9：説明変数・目的変数の分割**

```
[8]  X= df[["RM"]]
     y = df[["MEDV"]]

     display(X.head())
     display(y.head())
```

|   | RM |
|---|---|
| 0 | 6.575 |
| 1 | 6.421 |
| 2 | 7.185 |
| 3 | 6.998 |
| 4 | 7.147 |

|   | MEDV |
|---|---|
| 0 | 24.0 |
| 1 | 21.6 |
| 2 | 34.7 |
| 3 | 33.4 |
| 4 | 36.2 |

　次にデータセットを訓練データとテストデータに分割します。訓練データとは実際に学習に使用するデータです。テストデータは訓練データの学習によって構築されたモデルの精度評価を行うためのデータです。今回は訓練データとテストデータを7:3の割合で分割します。このように、データセットを一定の比率で訓練データとテストデータに二分割しモデルの精度を評価する手法を**ホールドアウト法**と言います。本章では扱いませんが、別の方法で交差検証という手法もあります。**交差検証法**は文字通り「交差」する、つまり、訓練データとテストデータを入れ替えて、複数回学習と検証を行い精度の平均をとるという手法です。ホールドアウト法だと、データサンプル数が少ないと使えなかったり、訓練データ・テストデータの内容に偏りが生じてしまう恐れがあるといった問題がありますが、交差検証法ではこの問題を解消しています。

■図4-10：ホールドアウト法・交差検証法のイメージ

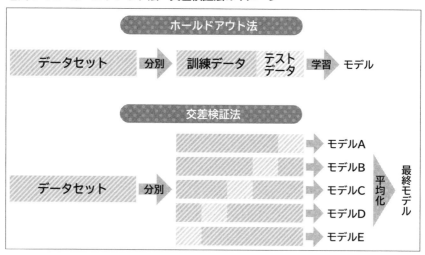

　それでは、ホールドアウト法でのデータの分割を行います。データの分割には、scikit-learnのtrain_test_splitを使用します。

```
from sklearn.model_selection import train_test_split

X_train, X_test, y_train, y_test = train_test_split(X, y,test_size=0.3,ran
dom_state=0)

print(len(X_train))
display(X_train.head())
print(len(X_test))
display(X_test.head())
```

**■図4-11：訓練データ・テストデータの分割**

```
[9]  from sklearn.model_selection import train_test_split

     X_train, X_test, y_train, y_test = train_test_split(X, y,test_size=0.3,random_state=0)

     print(len(X_train))
     display(X_train.head())
     print(len(X_test))
     display(X_test.head())

     354
              RM
      141   5.019
      272   6.538
      135   6.335
      298   6.345
      122   5.961
     152
              RM
      329   6.333
      371   6.216
      219   6.373
      403   5.349
       78   6.232
```

　test_sizeに0.3を指定しました。少数で指定すると割合、整数で指定すると個数として認識され、指定した値に基づいてデータを分割します。結果として、訓練データが354件、テストデータが152件に分割されました。random_stateは再現性を担保するため0を指定しました。これにより、実行の度に固定のデータセットに分割されるようになります。

> ⚾ **ノック35：**
> **単回帰モデルを構築しよう**

　訓練データ・テストデータの準備ができたので、いよいよモデル構築に移っていきます。単回帰モデル構築にはscikit-learnのLinearRegressionクラスを使用します。

```
from sklearn.linear_model import LinearRegression
```

```
simple_reg = LinearRegression().fit(X_train, y_train)
```

**■図4-12：単回帰モデルの構築**

```
[10]  from sklearn.linear_model import LinearRegression

      simple_reg = LinearRegression().fit(X_train, y_train)
```

　LinearRegressionモデルに.fitメソッドで訓練データを学習させました。これでモデルの構築が完了です。拍子抜けするほど簡単でしたね。単回帰に限らず、近年の機械学習ライブラリはとても充実しており、このように数行でモデル構築が完了できてしまうことも珍しくありません。そのため、「どのようにモデルが作られるか」ではなく、本書の趣旨でもある「どのようなシーンでどのモデルが使えるか」の理解に重きをおくことが、今後のデータサイエンスの現場では重要になってきます。

> ⚾ **ノック36：**
> **モデルを使って値を予測しよう**

　構築した単回帰モデルを使って予測結果が出力されることを確認しましょう。先ほど構築したモデルにpredictメソッドで説明変数となるデータを渡すことで、簡単に予測を行うことができます。

```
y_train_pred = simple_reg.predict(X_train)
y_test_pred = simple_reg.predict(X_test)
```

```
print(len(y_train_pred))
print(y_train_pred[:5])
print(len(y_test_pred))
print(y_test_pred[:5])
```

**■図4-13：予測値の出力**

```
[11]  y_train_pred = simple_reg.predict(X_train)
      y_test_pred = simple_reg.predict(X_test)

      print(len(y_train_pred))
      print(y_train_pred[:5])
      print(len(y_test_pred))
      print(y_test_pred[:5])

      354
      [[10.73920657]
       [24.8831139 ]
       [22.9929143 ]
       [23.08602758]
       [19.51047761]]
      152
      [[22.97429165]
       [21.88486626]
       [23.34674477]
       [13.81194483]
       [22.03384751]]
```

　精度はさておき、ひとまず問題なく結果が出力されることが確認できました。次のノックからは、今回構築したモデルが未知のデータに対してどれくらいの精度で予測できるのかを評価してみましょう。

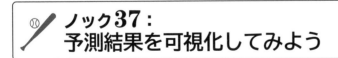

## ノック37：
## 予測結果を可視化してみよう

　ここまでで、モデルの構築を行い、予測結果がしっかりと出力されることまで確認ができました。ここからは、構築したモデルの精度が高いのか、低いのかを見るため、モデルの評価を行います。まずは、先ほど出力した訓練データの予測結果を散布図で可視化してみましょう。

```
plt.scatter(X_train, y_train_pred)
plt.xlabel("X")
plt.ylabel("y")
plt.title("simple_reg")
plt.show()
```

**■図4-14：予測結果の可視化（訓練データ）**

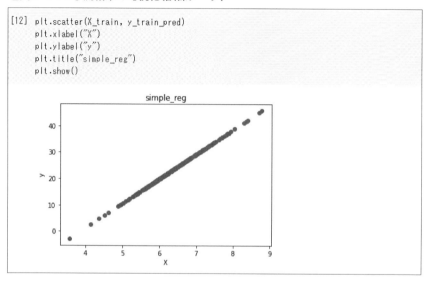

直線のような散布図が生成されました。

　前述の通り、単回帰は学習によって、y = ax + b の傾き（a）と切片（b）を求めます。そして、学習によって導き出された式に検証データの説明変数の値（x）を代入することで予測値（y）が算出されます。つまり、どのような値で予測を行なっても、結果は必ずこの直線上に乗ることになります。次はテストデータの予測結果をプロットしましょう。

```
plt.scatter(X_train, y_train_pred, label="train")
plt.scatter(X_test, y_test_pred, label="test")
plt.xlabel("X")
plt.ylabel("y")
plt.title("simple_reg")
```

```
plt.legend()
plt.show()
```

### ▪図4-15：予測結果の可視化(訓練データ・テストデータ)

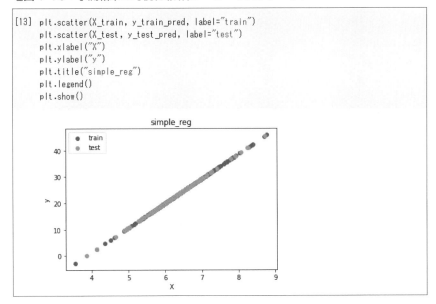

このように、テストデータの予測値も訓練データの予測値と同じ直線上に乗ることが分かります。

なお、この直線の傾き(a)と切片(b)は以下の方法で出力することができます。

```
print(f"a = {simple_reg.coef_[0][0]}")
print(f"b = {simple_reg.intercept_[0]}")
```

### ▪図4-16：傾きと切片の出力

```
[14] print(f"a = {simple_reg.coef_[0][0]}")
     print(f"b = {simple_reg.intercept_[0]}")

     a = 9.311328063251853
     b = -35.99434897818352
```

　単回帰では説明変数が1つのみのためそれほど重要な指標とはなりませんが、次章で扱う重回帰などの複数の説明変数を使用するアルゴリズムでは、各説明変数の重み(重要度)を把握するための大事な指標となるので、この出力方法は覚えておきましょう。

　続いて、実際の値と予測値を照らし合わせてみましょう。

```
plt.scatter(X_train, y_train, label="train")
plt.scatter(X_test, y_test, label="test")
plt.plot(X_test, y_test_pred, color="red")

plt.xlabel("X")
plt.ylabel("y")
plt.title("simple_reg")
plt.legend()
plt.show()
```

**■図4-17：予実のプロット**

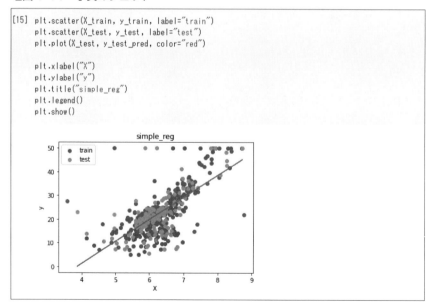

　色を赤に指定した直線が回帰によって得られた直線です。実測値と直線の距離

が近いほど、モデルの精度が高いと言えます。この可視化から分かることとしては、多くは直線付近に散布しているが、一部直線から大きく離れている値もあるといったところでしょうか。では、直線との距離、つまり、予測値と実測値の差に焦点を当てて可視化してみましょう。この可視化の手法を**残差プロット**と言います。

```
plt.scatter(y_train_pred, y_train_pred - y_train, label="train")
plt.scatter(y_test_pred, y_test_pred - y_test, label="test")
plt.plot([0, 50], [0,0] ,color="red")
plt.xlabel("Pred")
plt.ylabel("Pred - True")
plt.title("Residual Plot")
plt.legend()
plt.show()
```

■図4-18：残差プロット

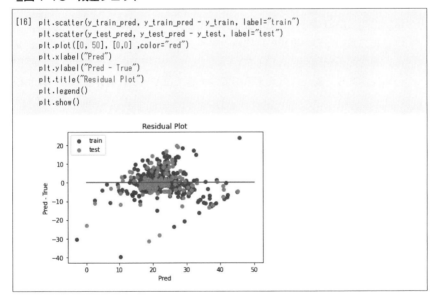

　残差プロットでは、予測値と実測値の差が0である理想的な状態（赤線）から、実際の差がどれだけばらついているかの傾向を視覚的に把握することができます。これを見る限り、密集部分でも-10〜20と範囲が広く、中には±20を超える外れ値もいくつかあり、ばらつきが大きい状態と言えます。

## ノック38：
## 精度評価指標を使ってモデルを評価しよう

　続いて、客観的な数値としての評価も見てみましょう。モデルの主要な精度評価指標として以下があります。それぞれの計算式に一部違いはありますが、いずれも予測値と実測値の差(誤差)の大きさを示す指標です。

- 平均絶対誤差(MAE：Mean Absolute Error)
  誤差の絶対値の総和の平均値。マイナス誤差の大きさを総和に反映させるために(すなわち、マイナス誤差をプラスに変換するために)、絶対値を使用。値が0に近いほど誤差が小さい。

$$MAE = \frac{1}{n}\sum_{i=1}^{n}|f_i - y_i| \qquad f：予測値 \quad y：実測値$$

- 平均二乗誤差 (MSE：Mean Squared Error)
  誤差を二乗した値の総和の平均値。マイナス誤差の大きさを総和に反映させるために二乗を使用。二乗しているため、MAE,RMSEよりも大きな値が出る傾向があり、また、外れ値の影響が大きく出やすい。値が0に近いほど誤差が小さい。

$$MSE = \frac{1}{n}\sum_{i=1}^{n}(f_i - y_i)^2$$

- 二乗平均平方根誤差 (RMSE：Root Mean Squared Error)
  MSEを1/2乗した値。値が0に近いほど誤差が小さい。

$$RMSE = \sqrt{\frac{1}{n}\sum_{i=1}^{n}(f_i - y_i)^2}$$

- 決定係数(R2)
  MSEの尺度を取り直した値。0 ～ 1の範囲で値をとり、1に近いほど精度が高い。明確な基準はなくケースバイケースではあるが、0.7以上あれば比較的精度が高いと判断して良い。

$$R^2 = 1 - \frac{\sum_{i=1}^{n}(y_i - f_i)^2}{\sum_{i=1}^{n}(y_i - y)^2} \qquad \bar{y}：実測値の平均値$$

　上記の他にも、誤差の度合いを％で表した平均絶対パーセント誤差（MAPE：Mean Absolute Percentage Error）は分かりやすい指標として現場では良く使用されます。

　今回は上記4つの指標を使って、単回帰モデルの評価を行います。RMSE以外はscikit-learnに関数が用意されているのでどんどん活用しましょう。RMSEもMSEを1/2乗するだけなので計算は簡単です。それでは、テストデータのスコアを算出しましょう。

```python
from sklearn.metrics import mean_absolute_error, mean_squared_error, r2_score
import numpy as np

mae = mean_absolute_error(y_test, y_test_pred)
mse = mean_squared_error(y_test, y_test_pred)
rmse = np.sqrt(mse)
r2score = r2_score(y_test, y_test_pred)

print("テストデータスコア")
print(f"MAE = {mae}")
print(f"MSE = {mse}")
print(f"RMSE = {rmse}")
print(f"R2 = {r2score}")
```

## ■図4-19：スコアの算出(テストデータ)

```
[19] from sklearn.metrics import mean_absolute_error, mean_squared_error, r2_score
     import numpy as np

     mae = mean_absolute_error(y_test, y_test_pred)
     mse = mean_squared_error(y_test, y_test_pred)
     rmse = np.sqrt(mse)
     r2score = r2_score(y_test, y_test_pred)

     print("テストデータスコア")
     print(f"MAE = {mae}")
     print(f"MSE = {mse}")
     print(f"RMSE = {rmse}")
     print(f"R2 = {r2score}")

     テストデータスコア
     MAE = 4.470784290506162
     MSE = 47.03304747975518
     RMSE = 6.858064412044785
     R2 = 0.43514364832115193
```

続いて、訓練データのスコアも算出しましょう。

```
mae_train = mean_absolute_error(y_train, y_train_pred)

mse_train = mean_squared_error(y_train, y_train_pred)

rmse_train = np.sqrt(mse_train)

r2score_train = r2_score(y_train, y_train_pred)


print(f"訓練データスコア")

print(f"MAE = {mae_train}")

print(f"MSE = {mse_train}")

print(f"RMSE = {rmse_train}")

print(f"R2 = {r2score_train}")
```

**■図4-20：スコアの算出（訓練データ）**

```
[20]  mae_train = mean_absolute_error(y_train, y_train_pred)
      mse_train = mean_squared_error(y_train, y_train_pred)
      rmse_train = np.sqrt(mse_train)
      r2score_train = r2_score(y_train, y_train_pred)

      print("訓練データスコア")
      print(f"MAE = {mae_train}")
      print(f"MSE = {mse_train}")
      print(f"RMSE = {rmse_train}")
      print(f"R2 = {r2score_train}")

      訓練データスコア
      MAE = 4.429673212104038
      MSE = 42.15765086312224
      RMSE = 6.492892334169899
      R2 = 0.5026497630040827
```

　訓練データとテストデータのスコアが一通り算出できました。通常、モデルの精度評価はテストデータに対する精度を見て行います。なぜなら、機械学習モデルに求められるのは、未知のデータを予測する性能（汎化性能）だからです。テストデータは未知のデータと見立てているため、学習には使用しませんでした。訓練データは学習に使われたデータなので、そのデータを使って予測を行えば高い精度が出るのは当然と言えば当然です。

　ではなぜ、訓練データのスコアまで出すのでしょうか。その主な理由として、モデルに過学習の傾向がないかを確認することが挙げられます。**過学習**とは、訓練データに対し過度に適合し、未知のデータへの予測精度が低くなっている状態のことです。つまり、訓練データのスコアが過度に高く、テストデータのスコアが低いといった場合は、そのモデルは過学習している可能性があります。今回の単回帰モデルでは過学習の傾向は見られなかったものの、R2スコアが0.43と出るなど、モデルそのものの精度が高くない結果となりました。

　モデルの構築〜評価までの基本的な流れは以上となります。最後に、補足的ではありますが、構築したモデルの保存・読み込み方法についても簡単に触れておきます。

## ⚾/ ノック39：
## 構築したモデルを保存しよう

　試行錯誤の結果、良いモデルができあがったら、そのモデルをいつでも活用できるように保存しておきましょう。モデルを保存する方法はいくつかありますが、今回はpickleというライブラリを使ってモデルを保存します。

```
import pickle

file_path = "simple_reg.pkl"
pickle.dump(simple_reg, open(file_path, "wb"))
```

**■図4-21：モデルの保存**

```
[23]  import pickle

      file_path = "simple_reg.pkl"
      pickle.dump(simple_reg, open(file_path, "wb"))
```

　以上でモデルの保存は完了です。pickle.dumpメソッドによりsimle_reg.pklというファイルをバイナリモードで開き、今回構築したsimple_regモデルの内容を書き込みました。テキストモードで開く方法もありますが、他の環境でモデルを使用する可能性も考慮し、バイナリモードで開いています。ファイル拡張子は特に制限はありませんが、pickleで保存したことが分かるように.pklとしています。

## ⚾/ ノック40：
## 保存したモデルを利用しよう

　では、保存したモデルを実際に使ってみましょう。pickle.loadメソッドでモデルの読み込みを行えば、あとは通常のモデルと同じように使用することができます。

```
file_path = "simple_reg.pkl"
```

```
model = pickle.load(open(file_path, "rb"))
```

**■図4-22：モデルの読み込み**

```
[24]  file_path = "simple_reg.pkl"
      model = pickle.load(open(file_path, "rb"))
```

　これでモデルの読み込みが完了しました。保存時にバイナリモードで開いたため、読み込み時も同様にバイナリモードで開いています。読み込んだモデルが実際に使えるか試してみましょう。モデル構築時に分割したテストデータを使用して値を予測してみます。

```
pred = model.predict(X_test)
print(pred[:5])
```

**■図4-23：予測値の出力**

```
[25]  pred = model.predict(X_test)
      print(pred[:5])

      [[22.97429165]
       [21.88486626]
       [23.34674477]
       [13.81194483]
       [22.03384751]]
```

　問題なく予測ができていますね。今回はデータ量がそれほど多くなく、また、シンプルなアルゴリズムを用いたため学習処理の計算時間はそれほどかかりませんでした。しかし、膨大なデータを扱う場合や、複雑なアルゴリズムを扱う場合は計算処理にとても時間を要することが考えられるので、都度学習処理を行うのは効率的ではありません。そのため、無駄な時間を省くためにも、また、バックアップ的な観点からもモデルの保存をうまく活用しましょう。

　本章の内容は以上になります。お疲れ様でした。

　本章のここまでの内容を通じて、教師あり学習モデル構築の基本的な流れをおさえました。結果的にRM（平均部屋数）を使用した単回帰からは精度の高いモデルを作ることはできませんでしたが、使用する説明変数を変えてみればより良い結果が得られるかもしれません。余裕のある方はぜひ試してみてください。

　今後はより発展的なアルゴリズムを取り扱いますが、モデル構築の基本的な流れは同じです。次章以降で行き詰まることがあれば、一度本章を読み返してみるのも良いでしょう。それでは、第5章も頑張ってください。

# 第5章
# 線形系回帰予測を行う
# 10本ノック

　本章では回帰分析の一種である線形回帰で用いられる主要なアルゴリズムについて、それぞれの特徴やどのようなケースでの使用が適しているかなど、実際にプログラムを書きながら理解を深めていきます。

　**線形回帰**とは、回帰分析の中でも、目的変数と説明変数の関係性を線形で表す手法のことを指します。前章で扱った単回帰も線形回帰の手法の一つです。線形系ではない回帰分析の主な手法に決定木がありますが、決定木系の回帰については次章で詳しく扱います。

　前章で扱った単回帰は1つの説明変数を用いる手法でした。本章では、複数の説明変数を用い、かつ、過学習を抑制することも考慮された発展的なアルゴリズムまで幅広く扱います。それぞれのアルゴリズムの違いを中心に見ていきましょう。

**■図5-1：線形回帰のイメージ**

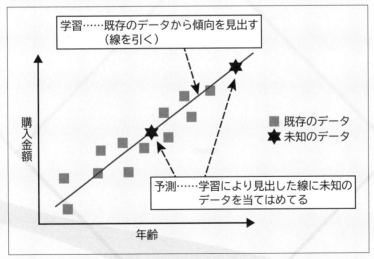

## 取り扱うアルゴリズム

　本章では、線形回帰のアルゴリズムを扱います。第4章の単回帰の変数を複数の変数にしたものを重回帰と呼びます。さらに、重回帰において過学習を抑制するために、LASSO回帰やリッジ回帰があります。

■表：アルゴリズム一覧

| 名称 | 概要 |
|---|---|
| 重回帰 | 複数の説明変数を用いて1つの目的変数を予測する。 |
| LASSO回帰 | 重回帰に過学習を抑えるための仕組みを導入したもの。最小二乗法の式に正則化項(L1ノルム※)を加えている。<br>※特定の説明変数の重みを0にすることができるため解釈が容易になるが、全ての説明変数が重要である場合は適していない。 |
| リッジ回帰 | 重回帰に過学習を抑えるための仕組みを導入したもの。最小二乗法の式に正則化項(L2ノルム※)を加えている。<br>※説明変数の重みを0に近づけることができるが、完全に0にはならないため解釈が難しくなる。 |

## 前提条件

　本章は第4章と同様に、回帰の問題を解くのに適した「ボストンの住宅価格データ」を使用します。

■表：データ一覧

| No. | 名称 | 概要 |
|---|---|---|
| 1 | ボストンの住宅価格データ | ボストンの住宅価格が目的変数として、それに寄与する犯罪率、平均部屋数等が説明変数として用意されているデータ。 |

■表：データの説明

| カラム名 | 説明 |
|---|---|
| CRIM | 犯罪率 |
| ZN | 25,000平方フィート以上の住宅区画割合 |
| INDUS | 非小売業種の土地面積割合 |
| CHAS | チャールズ川沿いかどうか |

| NOX | 窒素酸化物濃度 |
|---|---|
| RM | 平均部屋数 |
| AGE | 1940年より前の建物割合 |
| DIS | 5つのボストンの雇用施設への重み付き距離 |
| RAD | 高速道路へのアクセス容易性 |
| TAX | 10,000ドルあたりの不動産税率 |
| PTRATIO | 生徒/教師の割合 |
| B | 黒人割合 |
| LSTAT | 低所得者割合 |
| MEDV | 住宅価格(中央値)※目的変数として使用 |

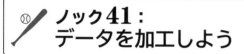

## ノック41：
## データを加工しよう

　本章でのモデルの構築にあたり、まずはデータの加工を行いましょう。データは前章と同様に「ボストンの住宅価格データ」を使用します。基本的に前章と同じ流れなので、復習も兼ねてやっていきましょう。

```python
from sklearn.datasets import load_boston

boston = load_boston()

import pandas as pd

df = pd.DataFrame(boston.data,columns=boston.feature_names)
df["MEDV"] = boston.target

display(df.head())
```

**■図5-2：データの読み込み**

```
[1] from sklearn.datasets import load_boston

    boston = load_boston()

    import pandas as pd

    df = pd.DataFrame(boston.data,columns=boston.feature_names)
    df["MEDV"] = boston.target

    display(df.head())
```

| | CRIM | ZN | INDUS | CHAS | NOX | RM | AGE | DIS | RAD | TAX | PTRATIO | B | LSTAT | MEDV |
|---|---|---|---|---|---|---|---|---|---|---|---|---|---|---|
| 0 | 0.00632 | 18.0 | 2.31 | 0.0 | 0.538 | 6.575 | 65.2 | 4.0900 | 1.0 | 296.0 | 15.3 | 396.90 | 4.98 | 24.0 |
| 1 | 0.02731 | 0.0 | 7.07 | 0.0 | 0.469 | 6.421 | 78.9 | 4.9671 | 2.0 | 242.0 | 17.8 | 396.90 | 9.14 | 21.6 |
| 2 | 0.02729 | 0.0 | 7.07 | 0.0 | 0.469 | 7.185 | 61.1 | 4.9671 | 2.0 | 242.0 | 17.8 | 392.83 | 4.03 | 34.7 |
| 3 | 0.03237 | 0.0 | 2.18 | 0.0 | 0.458 | 6.998 | 45.8 | 6.0622 | 3.0 | 222.0 | 18.7 | 394.63 | 2.94 | 33.4 |
| 4 | 0.06905 | 0.0 | 2.18 | 0.0 | 0.458 | 7.147 | 54.2 | 6.0622 | 3.0 | 222.0 | 18.7 | 396.90 | 5.33 | 36.2 |

　続いて、ホールドアウト法でデータセットを訓練データとテストデータに分割しましょう。なお、説明変数には13種類全ての変数を使用することとします。

```
X= df[boston.feature_names]
y = df[["MEDV"]]

display(X.head())
display(y.head())
```

**■図5-3：説明変数・目的変数の分割**

```
[2] X= df[boston.feature_names]
    y = df[["MEDV"]]

    display(X.head())
    display(y.head())
```

| | CRIM | ZN | INDUS | CHAS | NOX | RM | AGE | DIS | RAD | TAX | PTRATIO | B | LSTAT |
|---|---|---|---|---|---|---|---|---|---|---|---|---|---|
| 0 | 0.00632 | 18.0 | 2.31 | 0.0 | 0.538 | 6.575 | 65.2 | 4.0900 | 1.0 | 296.0 | 15.3 | 396.90 | 4.98 |
| 1 | 0.02731 | 0.0 | 7.07 | 0.0 | 0.469 | 6.421 | 78.9 | 4.9671 | 2.0 | 242.0 | 17.8 | 396.90 | 9.14 |
| 2 | 0.02729 | 0.0 | 7.07 | 0.0 | 0.469 | 7.185 | 61.1 | 4.9671 | 2.0 | 242.0 | 17.8 | 392.83 | 4.03 |
| 3 | 0.03237 | 0.0 | 2.18 | 0.0 | 0.458 | 6.998 | 45.8 | 6.0622 | 3.0 | 222.0 | 18.7 | 394.63 | 2.94 |
| 4 | 0.06905 | 0.0 | 2.18 | 0.0 | 0.458 | 7.147 | 54.2 | 6.0622 | 3.0 | 222.0 | 18.7 | 396.90 | 5.33 |

| | MEDV |
|---|---|
| 0 | 24.0 |
| 1 | 21.6 |
| 2 | 34.7 |
| 3 | 33.4 |
| 4 | 36.2 |

```
from sklearn.model_selection import train_test_split

X_train, X_test, y_train, y_test = train_test_split(X, y,test_size=0.3,ran
dom_state=0)

print(len(X_train))
display(X_train.head())
print(len(X_test))
display(X_test.head())
```

### ■図5-4：訓練データ・テストデータの分割

```
[3]  from sklearn.model_selection import train_test_split

     X_train, X_test, y_train, y_test = train_test_split(X, y,test_size=0.3,random_state=0)

     print(len(X_train))
     display(X_train.head())
     print(len(X_test))
     display(X_test.head())
```

354

|     | CRIM | ZN | INDUS | CHAS | NOX | RM | AGE | DIS | RAD | TAX | PTRATIO | B | LSTAT |
|-----|------|-----|-------|------|------|------|------|------|-----|------|---------|--------|-------|
| 141 | 1.62864 | 0.0 | 21.89 | 0.0 | 0.624 | 5.019 | 100.0 | 1.4394 | 4.0 | 437.0 | 21.2 | 396.90 | 34.41 |
| 272 | 0.11460 | 20.0 | 6.96 | 0.0 | 0.464 | 6.538 | 58.7 | 3.9175 | 3.0 | 223.0 | 18.6 | 394.96 | 7.73 |
| 135 | 0.55778 | 0.0 | 21.89 | 0.0 | 0.624 | 6.335 | 98.2 | 2.1107 | 4.0 | 437.0 | 21.2 | 394.67 | 16.96 |
| 298 | 0.06466 | 70.0 | 2.24 | 0.0 | 0.400 | 6.345 | 20.1 | 7.8278 | 5.0 | 358.0 | 14.8 | 368.24 | 4.97 |
| 122 | 0.09299 | 0.0 | 25.65 | 0.0 | 0.581 | 5.961 | 92.9 | 2.0869 | 2.0 | 188.0 | 19.1 | 378.09 | 17.93 |

152

|     | CRIM | ZN | INDUS | CHAS | NOX | RM | AGE | DIS | RAD | TAX | PTRATIO | B | LSTAT |
|-----|------|-----|-------|------|------|------|------|------|-----|------|---------|--------|-------|
| 329 | 0.06724 | 0.0 | 3.24 | 0.0 | 0.460 | 6.333 | 17.2 | 5.2146 | 4.0 | 430.0 | 16.9 | 375.21 | 7.34 |
| 371 | 9.23230 | 0.0 | 18.10 | 0.0 | 0.631 | 6.216 | 100.0 | 1.1691 | 24.0 | 666.0 | 20.2 | 366.15 | 9.53 |
| 219 | 0.11425 | 0.0 | 13.89 | 1.0 | 0.550 | 6.373 | 92.4 | 3.3633 | 5.0 | 276.0 | 16.4 | 393.74 | 10.50 |
| 403 | 24.80170 | 0.0 | 18.10 | 0.0 | 0.693 | 5.349 | 96.0 | 1.7028 | 24.0 | 666.0 | 20.2 | 396.90 | 19.77 |
| 78 | 0.05646 | 0.0 | 12.83 | 0.0 | 0.437 | 6.232 | 53.7 | 5.0141 | 5.0 | 398.0 | 18.7 | 386.40 | 12.34 |

これで前章までの加工フローは完了ですが、今回は最後にデータのスケーリングを行います。

## ノック42： データをスケーリングしよう

**データのスケーリング**とは、複数の説明変数間でのデータの尺度を揃えることを指します。重回帰のような複数の説明変数を扱う線形系のアルゴリズムは、データの尺度による影響を特に受けやすいため、正しく学習させるためにはデータのスケーリングが必要になります。一方、次章で扱う決定木のような、単一の説明変数の大小関係（RMが2以上か未満か等）を見るアルゴリズムでは必ずしもスケーリングは必要ではありません。

スケーリングの主な手法として、以下の2つがあります。

標準化・・・説明変数の平均が0、標準偏差が1になるようにスケーリングする
正規化・・・説明変数の値が0〜1の範囲に収まるようにスケーリングする

それ以外にもスケーリングの手法は存在し、これはデータの分布によって選択するスケーリング手法が変わってきます。標準化は主に正規分布に従うデータでは有効です。一方、正規化は一様分布の場合に有効です。売上データ等は、正規分布でも一様分布でもない場合がありますが、そういった場合は、ロバストZスコアという手法が用いられることもあります。スケーリングに正解はなく、モデル精度と合わせてみていくことが多いです。

ここでは、あまり深堀りせず標準化を採用してモデル構築を行っていきます。

scikit-leranにはスケーリングのためのクラスも用意されているので活用していきましょう。

```
from sklearn.preprocessing import StandardScaler

scaler = StandardScaler()
X_train_scaled = scaler.fit_transform(X_train)
X_test_scaled = scaler.transform(X_test)

print(X_train_scaled[:3])
print(X_test_scaled[:3])
```

**■図5-5：データのスケーリング**

```
[4]  from sklearn.preprocessing import StandardScaler

     scaler = StandardScaler()
     X_train_scaled = scaler.fit_transform(X_train)
     X_test_scaled = scaler.transform(X_test)

     print(X_train_scaled[:3])
     print(X_test_scaled[:3])

     [[-0.20735619 -0.49997924  1.54801583 -0.26360274  0.58821309 -1.83936729
        1.10740225 -1.1251102  -0.61816013  0.20673466  1.2272573   0.42454294
        3.10807269]
      [-0.38886492  0.34677427 -0.58974728 -0.26360274 -0.79782145  0.32748658
       -0.36766106  0.07509   -0.73363701 -1.04949303  0.05696346  0.40185312
       -0.66643035]
      [-0.33573486 -0.49997924  1.54801583 -0.26360274  0.58821309  0.03790703
        1.04311378 -0.79998434 -0.61816013  0.20673466  1.2272573   0.39846135
        0.63936662]]
     [[-0.39454262 -0.49997924 -1.12239824 -0.26360274 -0.83247231  0.03505403
       -1.84986753  0.70330504 -0.61816013  0.1656431  -0.70822867  0.17086147
       -0.72160487]
      [ 0.70419882 -0.49997924  1.00534187 -0.26360274  0.6488521  -0.1318465
        1.10740225 -1.25602264  1.69137745  1.55101569  0.77714428  0.0648977
       -0.41177872]
      [-0.38890688 -0.49997924  0.4025299   3.79358727 -0.05282788  0.09211404
        0.83596203 -0.19332167 -0.50268325 -0.73837122 -0.93328518  0.38758427
       -0.27454978]]
```

これで、モデル構築の下準備は整いました。次のノックからはこのデータを使ってそれぞれのモデルの構築・評価をしていきます。

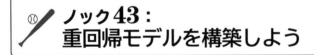

## ノック43：
## 重回帰モデルを構築しよう

まずは重回帰を使ったモデルの構築を行います。前回の単回帰が「1つの説明変数を用いて1つの目的変数を予測する」アルゴリズムだったのに対し、重回帰は「複数の説明変数を用いて1つの目的変数を予測する」アルゴリズムです。式の複雑さは変わりますが、学習によりの係数と切片を求めることに変わりはありません。

単回帰・・・学習により傾き（a）と切片（b）を求める
$$y = ax + b$$

重回帰・・・学習により各説明変数の重み$(w_1 \sim w_n)$と切片$(b)$を求める。
$$y = w_1 x_1 + w_2 x_2 + w_3 x_3 + \cdots + w_n x_n + b$$

それでは、モデルの構築を行います。モデルには単回帰と同じくscikit-learnのLinearRegressionクラスを使用します。単回帰と重回帰は説明変数を複数使用するかどうかの違いなので、LinearRegressionの引数でデータセットを変更するだけで対応できます。

```
from sklearn.linear_model import LinearRegression

multi_reg = LinearRegression().fit(X_train_scaled, y_train)
```

■図5-6：重回帰モデルの構築

```
[5] from sklearn.linear_model import LinearRegression

    multi_reg = LinearRegression().fit(X_train_scaled, y_train)
```

続いて予測値を算出します。こちらもモデルの変数名を除き前回と同じコードで算出できます。

```
y_train_pred = multi_reg.predict(X_train_scaled)
y_test_pred = multi_reg.predict(X_test_scaled)

print(len(y_train_pred))
print(y_train_pred[:5])
print(len(y_test_pred))
print(y_test_pred[:5])
```

**■図5-7：予測値の算出**

```
[6]  y_train_pred = multi_reg.predict(X_train_scaled)
     y_test_pred = multi_reg.predict(X_test_scaled)

     print(len(y_train_pred))
     print(y_train_pred[:5])
     print(len(y_test_pred))
     print(y_test_pred[:5])

     354
     [[ 4.58009023]
      [28.38354012]
      [17.27775551]
      [29.39070404]
      [20.54476971]]
     152
     [[24.9357079 ]
      [23.75163164]
      [29.32638296]
      [11.97534566]
      [21.37272478]]
```

　ここまででモデルの構築、予測値の算出まで完了しました。次は前章で扱った手法を駆使してモデルの精度評価を行いましょう。

## ノック44：
## 重回帰モデルを評価しよう

　まずは前回の単回帰と同様に、予測結果を可視化してみましょう。

```
import matplotlib.pyplot as plt
%matplotlib inline

plt.scatter(X_train, y_train_pred, label="train")
plt.scatter(X_test, y_test_pred, label="test")
plt.xlabel("X")
plt.ylabel("y")
plt.title("multi_reg")
plt.legend()
plt.show()
```

## ■図5-8：予測値の可視化（エラー）

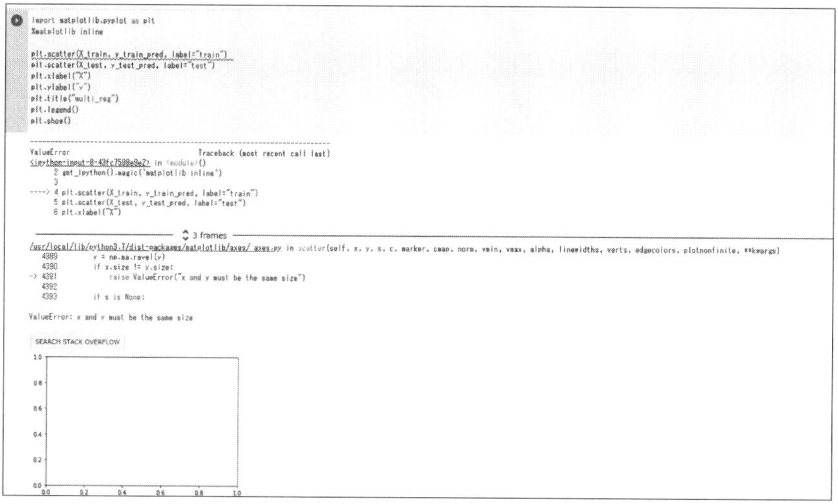

　エラーが出てしまいました。「ValueError: x and y must be the same size」と出ています。これは、「引数に指定しているX_trainとy_train_predが同じ次元数でなければならない」という旨のエラーです。前回の単回帰では説明変数と目的変数がそれぞれ1つずつであったため二次元の散布図にすることができましたが、今回の重回帰では説明変数が13種類あります。人間の目で認識できる（可視化できる）のは3次元までなので、それ以上の高次元のデータの可視化はできません。ここでの可視化はスキップして、残差プロットは繰り返し使用するので、関数を定義しておきましょう。

```python
def residual_plot(y_train_pred, y_train, y_test_pred, y_test):
    plt.scatter(y_train_pred, y_train_pred - y_train, label="train")
    plt.scatter(y_test_pred, y_test_pred - y_test, label="test")
    plt.plot([0, 50], [0,0] ,color="red")
    plt.xlabel("Pred")
    plt.ylabel("Pred - True")
    plt.title("Residual Plot")
    plt.legend()
    plt.show()

residual_plot(y_train_pred, y_train, y_test_pred, y_test)
```

■図5-9：残差プロット

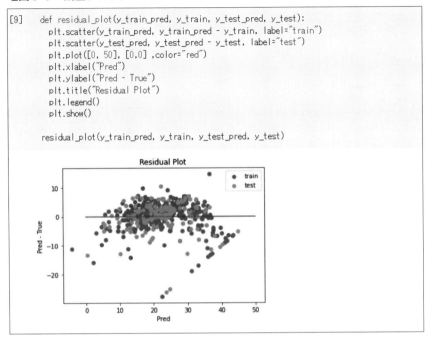

```
[9]    def residual_plot(y_train_pred, y_train, y_test_pred, y_test):
           plt.scatter(y_train_pred, y_train_pred - y_train, label="train")
           plt.scatter(y_test_pred, y_test_pred - y_test, label="test")
           plt.plot([0, 50], [0,0] ,color="red")
           plt.xlabel("Pred")
           plt.ylabel("Pred - True")
           plt.title("Residual Plot")
           plt.legend()
           plt.show()

       residual_plot(y_train_pred, y_train, y_test_pred, y_test)
```

外れ値こそありますが、前回の単回帰ほど値は大きくなく、また、密集部分の範囲も±10程度に収まるなど、前回よりも精度の改善が見られます。

次にスコアを確認しましょう。こちらも繰り返し使用するため、関数化しておきます。

```
from sklearn.metrics import mean_absolute_error, mean_squared_error, r2_sc
ore
import numpy as np

def get_eval_score(y_true,y_pred):

    mae = mean_absolute_error(y_true,y_pred)
    mse = mean_squared_error(y_true,y_pred)
    rmse = np.sqrt(mse)
    r2score = r2_score(y_true,y_pred)
```

```
        print(f" MAE = {mae}")
        print(f" MSE = {mse}")
        print(f" RMSE = {rmse}")
        print(f" R2 = {r2score}")


print("訓練データスコア")
get_eval_score(y_train,y_train_pred)
print("テストデータスコア")
get_eval_score(y_test,y_test_pred)
```

**■図5-10：スコア算出（重回帰モデル）**

```
[10] from sklearn.metrics import mean_absolute_error, mean_squared_error, r2_score
     import numpy as np

     def get_eval_score(y_true,y_pred):

         mae = mean_absolute_error(y_true,y_pred)
         mse = mean_squared_error(y_true,y_pred)
         rmse = np.sqrt(mse)
         r2score = r2_score(y_true,y_pred)

         print(f"  MAE = {mae}")
         print(f"  MSE = {mse}")
         print(f"  RMSE = {rmse}")
         print(f"  R2 = {r2score}")

     print("訓練データスコア")
     get_eval_score(y_train,y_train_pred)
     print("テストデータスコア")
     get_eval_score(y_test,y_test_pred)

     訓練データスコア
      MAE = 3.103606103908003
      MSE = 19.958219814238046
      RMSE = 4.4674623461466405
      R2 = 0.7645451026942549
     テストデータスコア
      MAE = 3.6099040603818127
      MSE = 27.195965766883212
      RMSE = 5.214975145375403
      R2 = 0.6733825506400195
```

まだ十分高い精度とは言えませんが、テストデータのR2スコアが0.67と前回

の単回帰よりも大きく改善しています。また、過学習の傾向もここからは特に見られません。

## ノック45：
## 各説明変数の重みを確認しよう

最後に重みと切片を確認しましょう。前述の重回帰の数式での各wとbの値を求めます。wの値が他と比べて大きいほど、モデルへの貢献度が高い変数であると言えます。for文でループさせることで、各変数の重みを一括で出力しましょう。

```
for i, (col, coef) in enumerate(zip(boston.feature_names, multi_reg.coef_
[0])):
    print(f"w{i}({col}) = {coef}")
print(f"b = {multi_reg.intercept_[0]}")
```

**■図5-11：重みの算出（重回帰モデル）**

```
[11] for i, (col, coef) in enumerate(zip(boston.feature_names, multi_reg.coef_[0])):
         print(f"w{i}({col}) = {coef}")
     print(f"b = {multi_reg.intercept_[0]}")

    w0(CRIM) = -1.0119005895981514
    w1(ZN) = 1.05028027430327
    w2(INDUS) = 0.07920966467269663
    w3(CHAS) = 0.6189619959077586
    w4(NOX) = -1.8736910171630774
    w5(RM) = 2.7052697851113185
    w6(AGE) = -0.2795726389183015
    w7(DIS) = -3.0976648638690585
    w8(RAD) = 2.0968999836727633
    w9(TAX) = -1.886063390978692
    w10(PTRATIO) = -2.261104660798766
    w11(B) = 0.5826430949043788
    w12(LSTAT) = -3.440498377942621
    b = 22.7454802259887
```

RMやLSTATといった、目的変数との相関の大きい変数（第4章**ノック33**参照）の寄与度が比較的大きいことが分かりますね。今回の評価スコアからは過学習の傾向は特に見られませんでしたが、過学習が起こりやすい要因の一つに「説明変数の重みが大きいこと」があります。今回のケースではそれほど大きな値にはなりませんでしたが、過学習のリスクを減らすためには、説明変数の重みを小さくする

処置が重要となります。次のノックで扱うアルゴリズムでは、過学習を抑えるため、説明変数の重みが大きくならないような制限を課しています。

## ノック46： LASSO回帰モデルを構築しよう

　これから扱うLASSO回帰は、重みが大きくなるのを抑えるために、重回帰による各変数の重みの算出時に**正則化項**というペナルティを設けています。この正則化項は**L1ノルム**と言われ、変数の重みを0に近づけると同時に、特定の変数の重みを完全に0にする効果があります。この効果によって過学習を抑えられるだけでなく、一部の変数の重みが0になることでモデルがシンプルになり、解釈が容易になるというメリットがあります。

　それでは実際にモデルの構築を行い、結果を見てみましょう。データは重回帰と同じものを使用します。モデルにはscikit-learnで用意されているLassoクラスを使用します。

```
from sklearn.linear_model import Lasso
```

```
lasso = Lasso().fit(X_train_scaled, y_train)
```

■**図5-12：LASSO回帰モデルの構築**

```
[12] from sklearn.linear_model import Lasso

     lasso = Lasso().fit(X_train_scaled, y_train)
```

　予測値も出力しておきましょう。

```
y_train_pred = lasso.predict(X_train_scaled)
y_test_pred = lasso.predict(X_test_scaled)
```

```
print(y_train_pred[:5])
print(y_test_pred[:5])
```

**●図5-13：予測値の出力**

```
[13]  y_train_pred = lasso.predict(X_train_scaled)
      y_test_pred = lasso.predict(X_test_scaled)

      print(y_train_pred[:5])
      print(y_test_pred[:5])

      [ 5.03643518 25.9286159  18.46752392 29.47865897 18.4365082 ]
      [26.55391836 22.19789402 25.69495337 13.89444507 22.33714854]
```

　これでモデルの構築が完了しました。最後の出力結果を見ると、今回出力されたデータは単回帰や重回帰での出力結果とデータ形式が異なるようです。便宜上、データ形式をこれまでと合わせるよう変更しておきます。

```
y_train_pred = np.expand_dims(y_train_pred, 1)
y_test_pred = np.expand_dims(y_test_pred, 1)

print(y_train_pred[:5])
print(y_test_pred[:5])
```

**●図5-14：データ形式の変更**

```
[14]  y_train_pred = np.expand_dims(y_train_pred, 1)
      y_test_pred = np.expand_dims(y_test_pred, 1)

      print(y_train_pred[:5])
      print(y_test_pred[:5])

      [[ 5.03643518]
       [25.9286159 ]
       [18.46752392]
       [29.47865897]
       [18.4365082 ]]
      [[26.55391836]
       [22.19789402]
       [25.69495337]
       [13.89444507]
       [22.33714854]]
```

# ⚾ ／ ノック47：
# LASSO回帰モデルを評価しよう

続いてモデルの評価を行います。

まずは予測値と実測値の残差プロットとスコアを確認しましょう。

```
residual_plot(y_train_pred, y_train, y_test_pred, y_test)
```

**🏷図5-15：残差プロット（LASSO回帰モデル）**

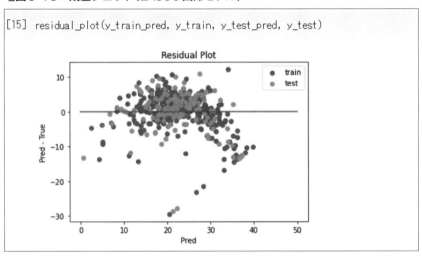

```
print("訓練データスコア")
get_eval_score(y_train,y_train_pred)
print("テストデータスコア")
get_eval_score(y_test,y_test_pred)
```

## ■図5-16：スコア算出（LASSO回帰モデル）

```
[16] print("訓練データスコア")
     get_eval_score(y_train,y_train_pred)
     print("テストデータスコア")
     get_eval_score(y_test,y_test_pred)

     訓練データスコア
      MAE = 3.5699072408087855
      MSE = 26.04321595909546
      RMSE = 5.103255427577133
      R2 = 0.6927580317165543
     テストデータスコア
      MAE = 3.957998413357712
      MSE = 33.31083886715502
      RMSE = 5.771554285212521
      R2 = 0.5999442961470397
```

　重回帰と比較し、残差の分布傾向に特に違いは見られませんが、スコアはやや低い結果となってしまいました。次に説明変数の重みを算出しましょう。

```
for i, (col, coef) in enumerate(zip(boston.feature_names, lasso.coef_)):
    print(f"w{i}({col}) = {coef}")
print(f"b = {lasso.intercept_[0]}")
```

## ■図5-17：重み出力（LASSO回帰モデル）

```
[17] for i, (col, coef) in enumerate(zip(boston.feature_names, lasso.coef_)):
         print(f"w{i}({col}) = {coef}")
     print(f"b = {lasso.intercept_[0]}")

     w0(CRIM) = -0.034090271533184675
     w1(ZN) = 0.0
     w2(INDUS) = -0.0
     w3(CHAS) = 0.0
     w4(NOX) = -0.0
     w5(RM) = 2.675474907498284
     w6(AGE) = -0.0
     w7(DIS) = -0.0
     w8(RAD) = -0.0
     w9(TAX) = -0.11974266293161703
     w10(PTRATIO) = -1.7848358849469905
     w11(B) = 0.002439893578826455
     w12(LSTAT) = -3.4042835866347296
     b = 22.7454802259887
```

　RMやLSTATのような重要な説明変数の重みは残しつつも、多くの説明変数の重みが0となりました。このように、LASSO回帰では各説明変数の重みを0に近づけ、また、特定の説明変数の重みを0にすることが分かりました。ではなぜ、重みを0にすることができるのでしょうか。数学的な詳しい説明は本書の趣旨から外れるため省きますが、これにはLASSO回帰で使われている正則化項であるL1ノルムの特性が関係しています。

　通常の重回帰では予測値と実測値の差を表す損失関数が最小になる各wの組み合わせ求めますが、LASSO回帰ではそこに正則化項（L1ノルム）の考え方を加え、「損失関数と正則化項の和が最小になる各wの組み合わせ」を求めるようにしています。L1ノルムは以下の式で表すことができます。

$$L1: \|w\|_1 = \sum_{i=1}^{n} |w_i|$$

　この式はL1ノルムが各wの絶対値の和であることを示しています。
　分かりやすくするため、wがw_1, w_2の2つのみのケースを仮定して損失関数とL1ノルムの関係性を2次元の図で表すと以下のようになります。

■図5-18：正則化項がない場合

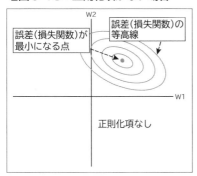

■図5-19：正則化項（L1ノルム）がある場合

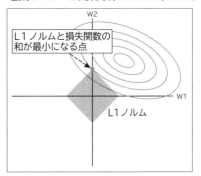

　正則化項がない場合は**図5-18**のように単純に損失関数の最小値をもとにw_1, w_2が決まるため、w_1, w_2の値が大きくなりやすいです。一方で、正則化項L1ノルムを取り入れた**図5-19**を見てみましょう。

　L1ノルムは原点を中心としたひし形の形状をとります（原点からのユークリッド距離）。$w_1$または$w_2$の値が0である点を頂点とした角があるため、損失関数と正則化項の接点（和が最小となる点）が0になりやすくなります。これが、LASSO回帰で重みが0になりやすい理由です。

## ⚾ ノック48：LASSO回帰のハイパーパラメータを変更しよう

　Lassoにはalphaというハイパーパラメータがあります。**ハイパーパラメータ**とは、機械学習モデルが持つパラメータの中でも、人間が任意に調整できるパラメータです。ハイパーパラメータの設定次第でモデルの精度が大きく変わることがあるので、適切な値を指定できることが望ましいです。LASSO回帰ではalphaパラメータで正則化項によるペナルティの強さを調整します。つまり、alphaの値が大きいほど、重みを0にしようとする力が強くなります。試しにalphaの値を大きくしてペナルティを強めてみましょう。

```
lasso_change_param = Lasso(alpha=10).fit(X_train_scaled, y_train)
```

**▆図5-20：alpha変更モデル（LASSO）**

```
[18] lasso_change_param = Lasso(alpha=10).fit(X_train_scaled, y_train)
```

　続いて重みを算出して結果を比較してみましょう。

```
for i, (col, coef) in enumerate(zip(boston.feature_names, lasso_change_par
am.coef_)):
    print(f"w{i}({col}) = {coef}")
print(f"b = {lasso_change_param.intercept_}")
```

### 図5-21：重み出力(alpha=10)

```
[19] for i, (col, coef) in enumerate(zip(boston.feature_names, lasso_change_param.coef_)):
        print(f"w[i]({col}) = {coef}")
     print(f"b = {lasso_change_param.intercept_}")

     w0(CRIM) = -0.0
     w1(ZN) = 0.0
     w2(INDUS) = -0.0
     w3(CHAS) = 0.0
     w4(NOX) = -0.0
     w5(RM) = 0.0
     w6(AGE) = -0.0
     w7(DIS) = 0.0
     w8(RAD) = -0.0
     w9(TAX) = -0.0
     w10(PTRATIO) = -0.0
     w11(B) = 0.0
     w12(LSTAT) = -0.0
     b = [22.74548023]
```

ペナルティを強くしすぎたようで、全ての説明変数で重みが0という悲惨な結果になってしまいました。最適なalphaを見つけるためにはまだまだ検証が必要なようです。

## ノック49：交差検証で最適なパラメータを見つけよう

先ほどはalpha値を1つだけ指定して学習・評価を行いましたが、最適なalpha値を見つけるためには複数のalpha値での結果を比較する必要があります。1回1回手動でパラメータを変更し、学習・評価を繰り返すこともできますが、それはあまり効率的ではありません。同時に複数のalpha値で検証を行いたい場合はLassoCVクラスが便利です。LassoCVクラスは複数のalphaで交差検証を行い、最も精度が高かった時のalphaを正規の結果とすることができます。今回は、0.1, 0.5, 1, 5, 10の5パターンで検証をしてみましょう。

```
from sklearn.linear_model import LassoCV


lasso_cv = LassoCV(alphas=[0.1, 0.5, 1, 5, 10]).fit(X_train_scaled, y_train)
```

#### 🔖図5-22：LassoCVの利用

```
[20]  from sklearn.linear_model import LassoCV

      lasso_cv = LassoCV(alphas=[0.1, 0.5, 1, 5, 10]).fit(X_train_scaled, y_train)
```

　これで交差検証が完了しました。検証の結果最も精度が高かった時のalphaで
モデルが構築されているはずです。構築されたモデルのalphaと各変数の重みを
確認してみましょう。

```
print(f"alpha = {lasso_cv.alpha_}")
for i, (col, coef) in enumerate(zip(boston.feature_names, lasso_cv.coe
f_)):
    print(f"w{i}({col}) = {coef}")
print(f"b = {lasso_cv.intercept_}")
```

#### 🔖図5-23：重み出力（LassoCV）

```
[21]  print(f"alpha = {lasso_cv.alpha_}")
      for i, (col, coef) in enumerate(zip(boston.feature_names, lasso_cv.coef_)):
          print(f"w{i}({col}) = {coef}")
      print(f"b = {lasso_cv.intercept_}")

      alpha = 0.1
      w0(CRIM) = -0.7133034000316576
      w1(ZN) = 0.7015825573132028
      w2(INDUS) = -0.06950534556200699
      w3(CHAS) = 0.6039977960951488
      w4(NOX) = -1.4442274438641602
      w5(RM) = 2.8342862608317847
      w6(AGE) = -0.0896461992826957
      w7(DIS) = -2.345931843873984
      w8(RAD) = 0.6393481046889836
      w9(TAX) = -0.6573788858076542
      w10(PTRATIO) = -2.1636762295988836
      w11(B) = 0.47238047527334187
      w12(LSTAT) = -3.5044268386860917
      b = 22.7454802259887
```

　0.1, 0.5, 1, 5, 10の5パターンの中では、0.1のときの精度が最も高かった
ようです。ペナルティを弱めたことで、重みが完全に0となる説明変数はありま
せんでした。
　最後に、スコアも確認しましょう。

```
y_train_pred = lasso_cv.predict(X_train_scaled)
y_test_pred = lasso_cv.predict(X_test_scaled)

y_train_pred = np.expand_dims(y_train_pred, 1)
y_test_pred = np.expand_dims(y_test_pred, 1)
```

■図5-24：予測値の算出（LassoCV）

```
[22] y_train_pred = lasso_cv.predict(X_train_scaled)
     y_test_pred = lasso_cv.predict(X_test_scaled)

     y_train_pred = np.expand_dims(y_train_pred, 1)
     y_test_pred = np.expand_dims(y_test_pred, 1)
```

```
print("訓練データスコア")
get_eval_score(y_train,y_train_pred)
print("テストデータスコア")
get_eval_score(y_test,y_test_pred)
```

■図5-25：スコア算出（LassoCV）

```
[23] print("訓練データスコア")
     get_eval_score(y_train,y_train_pred)
     print("テストデータスコア")
     get_eval_score(y_test,y_test_pred)

     訓練データスコア
       MAE = 3.114624214010965
       MSE = 20.417290181302135
       RMSE = 4.51854956609996
       R2 = 0.759129270664182
     テストデータスコア
       MAE = 3.6229879738141184
       MSE = 28.313208860876916
       RMSE = 5.321015773409896
       R2 = 0.6599647116559878
```

　当然ですが、alphaが1や10だった以前のモデルよりもスコアが向上していますね。このように、交差検証もうまく活用して効率的にパラメータの調整をしていきましょう。次はLASSO回帰と同じく、正則化項（L2ノルム）により過学習を抑えることを狙ったリッジ回帰について取り扱います。

## ノック50：
## リッジ回帰でモデルを構築・評価しよう

続いて、リッジ回帰を使ったモデルを構築していきましょう。**リッジ回帰**とは**L2ノルム**という正則化項を使用したアルゴリズムです。LASSO回帰は各変数の重みを0に近づけつつ、特定の変数の重みを0にするという特性がありました。一方、リッジ回帰では各変数の重みを0に近づけますが、完全な0とはなりません。そのため、LASSO回帰のようにモデルの解釈を容易にするという特徴はありませんが、モデルの設計上、全ての説明変数が重要であるというケースではリッジ回帰の方が適していると言えます。

それでは実際にモデルの構築・評価を行い、LASSO回帰や重回帰と結果を比較してみましょう。基本的な流れはLASSO回帰と同じであるため、構築から評価まで、まとめてやってしまいます。

リッジ回帰ではscikit-learnのRidgeクラスを使用しましょう。リッジ回帰にも、ハイパーパラメータalphaが存在します。LASSOと同様に、デフォルト値は1で、値の大小でペナルティの強さが変わります。

```python
from sklearn.linear_model import Ridge

ridge = Ridge().fit(X_train_scaled, y_train)
```

■図5-26：モデル構築(リッジ回帰モデル)

```python
[24] from sklearn.linear_model import Ridge

     ridge = Ridge().fit(X_train_scaled, y_train)
```

```python
y_train_pred = ridge.predict(X_train_scaled)
y_test_pred = ridge.predict(X_test_scaled)

print(y_train_pred[:5])
print(y_test_pred[:5])
```

**■図5-27：予測値の算出（リッジ回帰モデル）**

```
[25] y_train_pred = ridge.predict(X_train_scaled)
     y_test_pred = ridge.predict(X_test_scaled)

     print(y_train_pred[:5])
     print(y_test_pred[:5])

     [[ 4.62395491]
      [28.33619682]
      [17.31360342]
      [29.40211899]
      [20.44193208]]
     [[25.02744738]
      [23.68518081]
      [29.29615023]
      [11.96912308]
      [21.39740217]]
```

これでモデル構築は完了です。続いてモデルの評価を行いましょう。

```
residual_plot(y_train_pred, y_train, y_test_pred, y_test)
```

**■図5-28：残差プロット（リッジ回帰モデル）**

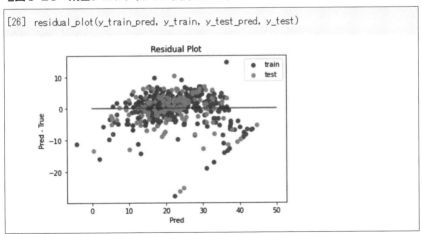

```python
print("訓練データスコア")
```
```python
get_eval_score(y_train,y_train_pred)
```
```python
print("テストデータスコア")
```
```python
get_eval_score(y_test,y_test_pred)
```

### ■図5-29:スコア算出(リッジ回帰モデル)

```
[27] print("訓練データスコア")
     get_eval_score(y_train,y_train_pred)
     print("テストデータスコア")
     get_eval_score(y_test,y_test_pred)

     訓練データスコア
       MAE = 3.10006827474038
       MSE = 19.959850066669595
       RMSE = 4.467644800862038
       R2 = 0.7645258699709747
     テストデータスコア
       MAE = 3.6101074898564725
       MSE = 27.2466563210925
       RMSE = 5.219832978275503
       R2 = 0.672773768452823
```

スコアはLASSO回帰よりもやや高く、重回帰と同程度となりました。最後に変数の重みを算出します。LASSO回帰では多くの説明変数で重みが0となっていましたが、リッジ回帰ではどうなるでしょう。

```
for i, (col, coef) in enumerate(zip(boston.feature_names, ridge.coef_
[0])):
    print(f"w{i}({col}) = {coef}")
print(f"b = {ridge.intercept_[0]}")
```

**■図5-30：重み出力(リッジ回帰モデル)**

```
[28] for i, (col, coef) in enumerate(zip(boston.feature_names, ridge.coef_[0])):
         print(f"w[i]({col}) = {coef}")
     print(f"b = {ridge.intercept_[0]}")

     w0(CRIM) = -1.0020066322842396
     w1(ZN) = 1.031478992058371
     w2(INDUS) = 0.049805093928139414
     w3(CHAS) = 0.6237499859394341
     w4(NOX) = -1.8352627540651447
     w5(RM) = 2.7157280094630543
     w6(AGE) = -0.2854477814690179
     w7(DIS) = -3.0588996489766935
     w8(RAD) = 2.011591128184177
     w9(TAX) = -1.8065108419760063
     w10(PTRATIO) = -2.251976581476501
     w11(B) = 0.5829303480062241
     w12(LSTAT) = -3.4245574982351346
     b = 22.7454802259887
```

　LASSO回帰と同様に、通常の重回帰よりも全体的に変数の重みは小さくなっていますが、リッジ回帰では重みが完全に0となっている説明変数はありませんでした。LASSO回帰と同じく、正則化項を使用しているのに、なぜこのように結果が異なるのでしょうか。これを理解するためには、LASSO回帰で使用されている正則化項(L1ノルム)とリッジ回帰で使用されている正則化項(L2ノルム)の違いをイメージすると分かりやすいです。

　L2ノルムは以下の数式で表すことができます。

$$L2: \|w\|_2^2 = \sum_{i=1}^{n} w_i^2$$

　この式はL2ノルムが各wの2乗の和であることを示しています。L1は各wの絶対値の和でしたね。先ほどと同様に、このL2ノルムを損失関数との関係性をふまえ図解すると次図のようになります。

■図5-31：正則化項(L2ノルム)がある 場合

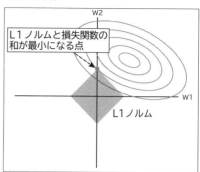

■図5-32：正則化項(L1ノルム)がある 場合(再掲)

L1ノルムとの違いが一目瞭然ですね。L1ノルムは原点からのユークリッド距離を表していたため、ひし形の形状をしていましたが、L2ノルムは円形となります(マンハッタン距離)。円形という特性上、損失関数の等高線との接点で$w_1$または$w_2$が0となる可能性が極めて低いです。これが、リッジ回帰では重みが完全な0にはならない理由です。

ハイパーパラメータチューニングについては割愛しますが、リッジ回帰についてもLASSO同様、scikit-learnに交差検証用のRidgeCVというクラスがあるので、余裕のある方は調べてみてください。

本章で取り扱う全てのアルゴリズムの説明が終わりました。前章の単回帰でモデル構築の一連の流れを押さえ、本章では重回帰、LASSO回帰、リッジ回帰とより複雑なアルゴリズムへ応用してきました。単回帰を含め、これまで扱ってきた線形系のアルゴリズムについて改めてまとめると以下となります。

① 単回帰

　1つの説明変数から1つの目的変数を予測する。
　　◦最も扱いやすく、モデルの解釈もしやすい

◦精度面においては複数の変数で説明を行える重回帰に軍配が上がる

② 重回帰

複数の説明変数から1つの目的変数を予測する。

◦単回帰よりも精度は上がりやすいが、過学習に陥りやすい

③ LASSO回帰

重回帰に正則化項(L1ノルム)を付与し、変数の重みを0に近づける。また、特定の変数の重みを0にする。

◦重みを小さくすることで過学習のリスクを軽減できる

◦使用する説明変数が減ることでモデルがシンプルになり、解釈性が上がる

◦人間が重要と考える変数の重みまで0にしてしまう可能性がある

④ リッジ回帰

重回帰に正則化項(L2ノルム)を付与し、変数の重みを0に近づけるが、0にはならない。

◦重みを小さくすることで過学習のリスクを軽減できる

◦全ての変数を使用するため、モデルの解釈性は改善されない

　今回出たスコアに関しては、重回帰、LASSO回帰、リッジ回帰は拮抗する形となりましたが、これら3つの中では、LASSO回帰、リッジ回帰は重回帰の上位互換とも言えるアルゴリズムです。したがって、全ての変数を使用したい場合はリッジ回帰、一部の変数が削られても問題ない場合はLASSO回帰といったように、ケースバイケースで双方のメリット・デメリットを比較して使い分けるのが良いでしょう。

# 第6章
# 決定木系回帰予測を行う
# 10本ノック

　本章では、決定木を使った回帰の手法について学んでいきます。**決定木**とは回帰や分類に使われる手法で、質問に対するYes or Noで分岐を行う階層的な木構造を学習します。例えば、「今日何メートル歩くか」を、天候で判断するとしましょう。この場合、「今日何メートル歩くか」が**目的変数**で、気温や天気などの天候情報が**説明変数**となります。Yes or Noで条件分岐を行いますが、あくまでも回帰なので、数値を予測するという点では第4章、5章と変わりません。

　線形回帰が各説明変数の重みや切片を学習により定義したように、決定木ではそれぞれの分岐条件を学習により定義します。また、ハイパーパラメータで決定木の深さや各分岐先の最小サンプル数を調整することにより、過学習の抑制や精度の向上を図ることができます。この決定木を応用したアルゴリズムとして、**ランダムフォレスト**や**勾配ブースティング決定木**があります。本章では、実際のコーディングを通じて、これら決定木を使用したアルゴリズムの特徴を理解するとともに、最適なハイパーパラメータの値を模索するハイパーパラメータチューニングの手法についても実践します。

---

　ノック51：決定木モデルを構築しよう
　ノック52：決定木モデルを評価しよう
　ノック53：決定木の深さを変えてみよう
　ノック54：最小サンプル数を変えてみよう
　ノック55：ランダムフォレストモデルを構築・評価しよう
　ノック56：ランダムフォレストの決定木の数を変えてみよう
　ノック57：交差検証法でモデルを評価しよう
　ノック58：勾配ブースティングモデルを構築・評価しよう
　ノック59：グリッドサーチでハイパーパラメータをチューニングしよう
　ノック60：ランダムサーチでハイパーパラメータをチューニングしよう

## 取り扱うアルゴリズム

　本章では以下の木系アルゴリズムを扱います。決定木系のアルゴリズムは、非常に直感的にわかりやすく、データの尺度に左右されにくい点からも、様々な場面で利用されています。特に決定木をベースに、様々な改良型が出てきていますので押さえておきましょう。

①決定木
　木構造(樹形図)を用いて予測を行う手法。

■図6-1：決定木のイメージ

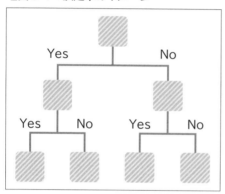

②ランダムフォレスト
　決定木を複数生成し予測を行う手法。各決定木を並列に扱い、結果を総合的に判断する。

■図6-2：ランダムフォレストのイメージ

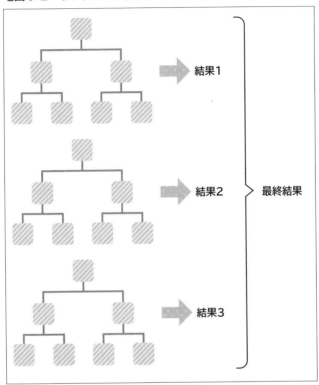

③勾配ブースティング決定木（例：XgBoost ）
　決定木を複数生成し予測を行う手法。逐次的に決定木を増やしていく。生成
　済みの決定木の結果を加味し新たな決定木を生成する。

**■図6-3：勾配ブースティング決定木のイメージ**

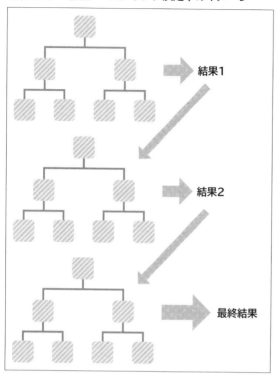

## 前提条件

　本章は4章、5章と同様に、回帰の問題を解くのに適した「ボストンの住宅価格データ」を使用します。

**■表：データ一覧**

| No. | 名称 | 概要 |
|---|---|---|
| 1 | ボストンの住宅価格データ | ボストンの住宅価格が目的変数として、それに寄与する犯罪率、平均部屋数等が説明変数として用意されているデータ。 |

■表：データの説明

| カラム名 | 説明 |
| --- | --- |
| CRIM | 犯罪率 |
| ZN | 25,000平方フィート以上の住宅区画割合 |
| INDUS | 非小売業種の土地面積割合 |
| CHAS | チャールズ川沿いかどうか |
| NOX | 窒素酸化物濃度 |
| RM | 平均部屋数 |
| AGE | 1940年より前の建物割合 |
| DIS | 5つのボストンの雇用施設への重み付き距離 |
| RAD | 高速道路へのアクセス容易性 |
| TAX | 10,000ドルあたりの不動産税率 |
| PTRATIO | 生徒/教師の割合 |
| B | 黒人割合 |
| LSTAT | 低所得者割合 |
| MEDV | 住宅価格(中央値)※目的変数として使用 |

# ノック51：決定木モデルを構築しよう

まずは最も基本的な決定木モデルを構築します。それでは早速、データの準備から始めましょう。データの加工内容は前章と同じなので、サクッと進めましょう。

```
from sklearn.datasets import load_boston

boston = load_boston()

import pandas as pd

df = pd.DataFrame(boston.data,columns=boston.feature_names)
df["MEDV"] = boston.target

display(df.head())
```

### ■図6-4：データの読み込み

```
[1] from sklearn.datasets import load_boston

    boston = load_boston()

    import pandas as pd

    df = pd.DataFrame(boston.data,columns=boston.feature_names)
    df["MEDV"] = boston.target

    display(df.head())
```

| | CRIM | ZN | INDUS | CHAS | NOX | RM | AGE | DIS | RAD | TAX | PTRATIO | B | LSTAT | MEDV |
|---|---|---|---|---|---|---|---|---|---|---|---|---|---|---|
| 0 | 0.00632 | 18.0 | 2.31 | 0.0 | 0.538 | 6.575 | 65.2 | 4.0900 | 1.0 | 296.0 | 15.3 | 396.90 | 4.98 | 24.0 |
| 1 | 0.02731 | 0.0 | 7.07 | 0.0 | 0.469 | 6.421 | 78.9 | 4.9671 | 2.0 | 242.0 | 17.8 | 396.90 | 9.14 | 21.6 |
| 2 | 0.02729 | 0.0 | 7.07 | 0.0 | 0.469 | 7.185 | 61.1 | 4.9671 | 2.0 | 242.0 | 17.8 | 392.83 | 4.03 | 34.7 |
| 3 | 0.03237 | 0.0 | 2.18 | 0.0 | 0.458 | 6.998 | 45.8 | 6.0622 | 3.0 | 222.0 | 18.7 | 394.63 | 2.94 | 33.4 |
| 4 | 0.06905 | 0.0 | 2.18 | 0.0 | 0.458 | 7.147 | 54.2 | 6.0622 | 3.0 | 222.0 | 18.7 | 396.90 | 5.33 | 36.2 |

```
X= df[boston.feature_names]
y = df[["MEDV"]]
```

```
display(X.head())
display(y.head())
```

### ■図6-5：説明変数・目的変数の分割

```
[2] X= df[boston.feature_names]
    y = df[["MEDV"]]

    display(X.head())
    display(y.head())
```

| | CRIM | ZN | INDUS | CHAS | NOX | RM | AGE | DIS | RAD | TAX | PTRATIO | B | LSTAT |
|---|---|---|---|---|---|---|---|---|---|---|---|---|---|
| 0 | 0.00632 | 18.0 | 2.31 | 0.0 | 0.538 | 6.575 | 65.2 | 4.0900 | 1.0 | 296.0 | 15.3 | 396.90 | 4.98 |
| 1 | 0.02731 | 0.0 | 7.07 | 0.0 | 0.469 | 6.421 | 78.9 | 4.9671 | 2.0 | 242.0 | 17.8 | 396.90 | 9.14 |
| 2 | 0.02729 | 0.0 | 7.07 | 0.0 | 0.469 | 7.185 | 61.1 | 4.9671 | 2.0 | 242.0 | 17.8 | 392.83 | 4.03 |
| 3 | 0.03237 | 0.0 | 2.18 | 0.0 | 0.458 | 6.998 | 45.8 | 6.0622 | 3.0 | 222.0 | 18.7 | 394.63 | 2.94 |
| 4 | 0.06905 | 0.0 | 2.18 | 0.0 | 0.458 | 7.147 | 54.2 | 6.0622 | 3.0 | 222.0 | 18.7 | 396.90 | 5.33 |

| | MEDV |
|---|---|
| 0 | 24.0 |
| 1 | 21.6 |
| 2 | 34.7 |
| 3 | 33.4 |
| 4 | 36.2 |

```
from sklearn.model_selection import train_test_split
X_train, X_test, y_train, y_test = train_test_split(X, y,test_size=0.3,ran
dom_state=0)

print(len(X_train))
display(X_train.head())
print(len(X_test))
display(X_test.head())
```

■図6-6：訓練データ・テストデータの分割

```
[3]  from sklearn.model_selection import train_test_split

     X_train, X_test, y_train, y_test = train_test_split(X, y,test_size=0.3,random_state=0)

     print(len(X_train))
     display(X_train.head())
     print(len(X_test))
     display(X_test.head())
```

354

|     | CRIM | ZN | INDUS | CHAS | NOX | RM | AGE | DIS | RAD | TAX | PTRATIO | B | LSTAT |
|-----|------|----|-------|------|-----|----|-----|-----|-----|-----|---------|---|-------|
| 141 | 1.62864 | 0.0 | 21.89 | 0.0 | 0.624 | 5.019 | 100.0 | 1.4394 | 4.0 | 437.0 | 21.2 | 396.90 | 34.41 |
| 272 | 0.11460 | 20.0 | 6.96 | 0.0 | 0.464 | 6.538 | 58.7 | 3.9175 | 3.0 | 223.0 | 18.6 | 394.96 | 7.73 |
| 135 | 0.55778 | 0.0 | 21.89 | 0.0 | 0.624 | 6.335 | 98.2 | 2.1107 | 4.0 | 437.0 | 21.2 | 394.67 | 16.96 |
| 298 | 0.06466 | 70.0 | 2.24 | 0.0 | 0.400 | 6.345 | 20.1 | 7.8278 | 5.0 | 358.0 | 14.8 | 368.24 | 4.97 |
| 122 | 0.09299 | 0.0 | 25.65 | 0.0 | 0.581 | 5.961 | 92.9 | 2.0869 | 2.0 | 188.0 | 19.1 | 378.09 | 17.93 |

152

|     | CRIM | ZN | INDUS | CHAS | NOX | RM | AGE | DIS | RAD | TAX | PTRATIO | B | LSTAT |
|-----|------|----|-------|------|-----|----|-----|-----|-----|-----|---------|---|-------|
| 329 | 0.06724 | 0.0 | 3.24 | 0.0 | 0.460 | 6.333 | 17.2 | 5.2146 | 4.0 | 430.0 | 16.9 | 375.21 | 7.34 |
| 371 | 9.23230 | 0.0 | 18.10 | 0.0 | 0.631 | 6.216 | 100.0 | 1.1691 | 24.0 | 666.0 | 20.2 | 366.15 | 9.53 |
| 219 | 0.11425 | 0.0 | 13.89 | 1.0 | 0.550 | 6.373 | 92.4 | 3.3633 | 5.0 | 276.0 | 16.4 | 393.74 | 10.50 |
| 403 | 24.80170 | 0.0 | 18.10 | 0.0 | 0.693 | 5.349 | 96.0 | 1.7028 | 24.0 | 666.0 | 20.2 | 396.90 | 19.77 |
| 78 | 0.05646 | 0.0 | 12.83 | 0.0 | 0.437 | 6.232 | 53.7 | 5.0141 | 5.0 | 398.0 | 18.7 | 386.40 | 12.34 |

　これでデータの準備が完了しました。続いてモデルの構築です。決定木には scikit-learnのDecisionTreeRegressorクラスを使用します。分類で使用する DecisionTreeClassifierと間違えないように注意しましょう。

```
from sklearn.tree import DecisionTreeRegressor

tree_reg = DecisionTreeRegressor(max_depth=3, random_state=0).fit(X_train,
y_train)
```

### ■図6-7：決定木モデルの構築

```
[4]   from sklearn.tree import DecisionTreeRegressor

      tree_reg = DecisionTreeRegressor(max_depth=3, random_state=0).fit(X_train,y_train)
```

　これでモデルの構築は完了です。試しにどのような決定木ができたのか確認してみましょう。以下のコードで学習により生成された決定木を描画することができます。

```
from sklearn import tree
import matplotlib.pyplot as plt
%matplotlib inline


plt.figure(figsize=(20,8))
tree.plot_tree(tree_reg,fontsize=8)
```

### ■図6-8：ツリーの表示

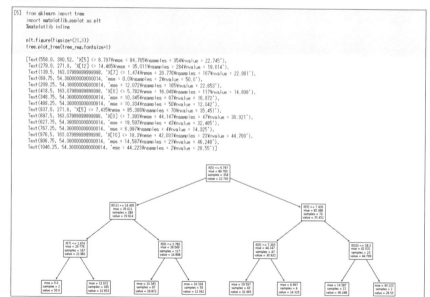

モデル構築時に指定したmax_depthは決定木の層の深さの上限値を設定するハイパーパラメータです。今回はmax_depth=3に設定したので、3階層の決定木になっています。各ノードの中身は以下の構成になっています。

- X[n] <= m
  次のノードへの分岐条件
- mse
  ノードの不純度（valueと実測値の平均二乗誤差）
- samples
  ノードに含まれるデータ件数
- value
  ノードに含まれるデータの平均値

末端にあるノード（リーフノード）のvalueが予測値の候補となります。

# ノック52：
# 決定木モデルを評価しよう

続いて構築した決定木モデルの評価をしましょう。これまでと同様に、実測値と予測値の誤差の観点から評価を行います。

まずは予測値を算出し可視化しましょう。

```
y_train_pred = tree_reg.predict(X_train)
y_test_pred = tree_reg.predict(X_test)

import numpy as np

y_train_pred = np.expand_dims(y_train_pred, 1)
y_test_pred = np.expand_dims(y_test_pred, 1)

print(len(y_train_pred))
print(y_train_pred[:5])
print(len(y_test_pred))
print(y_test_pred[:5])
```

## ■図6-9：予測値の算出（決定木モデル）

```
[6]  y_train_pred = tree_reg.predict(X_train)
     y_test_pred = tree_reg.predict(X_test)

     import numpy as np

     y_train_pred = np.expand_dims(y_train_pred, 1)
     y_test_pred = np.expand_dims(y_test_pred, 1)

     print(len(y_train_pred))
     print(y_train_pred[:5])
     print(len(y_test_pred))
     print(y_test_pred[:5])

     354
     [[16.87164179]
      [22.65333333]
      [16.87164179]
      [22.65333333]
      [16.87164179]]
     152
     [[22.65333333]
      [50.        ]
      [22.65333333]
      [12.042     ]
      [22.65333333]]
```

続いて、散布図として可視化しましょう。

```
plt.scatter(y_train_pred, y_train, label="train")

plt.scatter(y_test_pred, y_test, label="test")

plt.xlabel("Pred")

plt.ylabel("True")

plt.title("Scatter Plot")

plt.legend()

plt.show()
```

**■図6-10：散布図（決定木モデル）**

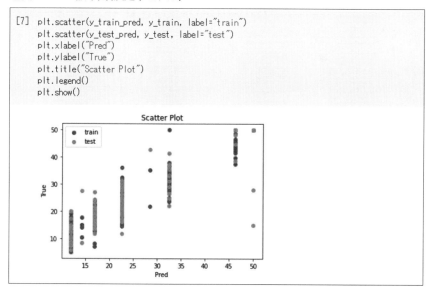

```
[7] plt.scatter(y_train_pred, y_train, label="train")
    plt.scatter(y_test_pred, y_test, label="test")
    plt.xlabel("Pred")
    plt.ylabel("True")
    plt.title("Scatter Plot")
    plt.legend()
    plt.show()
```

　線形回帰とはまた異なる分布をしていますね。グラフを見る限り、何種類かの特定の値が予測値として出されているようです。いったい、なぜこのような分布をするのでしょうか。先ほど描画した決定木の図を改めて見てみましょう。

**■図6-11：樹形図（決定木モデル）**

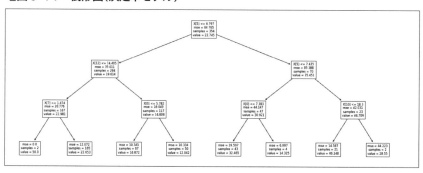

　決定木の末端（リーフノード）のvalueの値が予測値の候補でしたね。つまり、予測値として出力される値のパターン数はリーフノードの数に依存します。今回は8個のリーフノードがあるので、予測値のパターンも最大8種類ということに

なります。散布図の内容を見ても、予測値のパターンは8種類となっていますね。続いて、誤差に着目してプロットし直しましょう。第5章でも扱った残差プロットを見てみます。

```
def residual_plot(y_train_pred, y_train, y_test_pred, y_test):
    plt.scatter(y_train_pred, y_train_pred - y_train, label="train")
    plt.scatter(y_test_pred, y_test_pred - y_test, label="test")
    plt.plot([0, 50], [0,0] ,color="red")
    plt.xlabel("Pred")
    plt.ylabel("Pred - True")
    plt.title("Residual Plot")
    plt.legend()
    plt.show()

residual_plot(y_train_pred, y_train, y_test_pred, y_test)
```

■図6-12：残差プロット（決定木モデル）

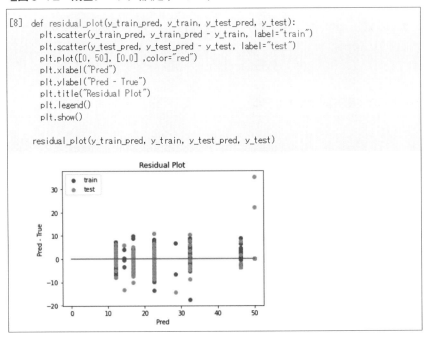

　右側に外れ値がいくつかありますが、誤差の範囲が±10程度と、まずまずの結果と言ったところでしょうか。続いてスコアも見てみましょう。前章でも作成した関数get_eval_scoreでまとめて出力します。各指標の説明は第4章**ノック38**を参照してください。

```python
from sklearn.metrics import mean_absolute_error, mean_squared_error, r2_score
import numpy as np

def get_eval_score(y_true,y_pred):

    mae = mean_absolute_error(y_true,y_pred)
    mse = mean_squared_error(y_true,y_pred)
    rmse = np.sqrt(mse)
    r2score = r2_score(y_true,y_pred)

    print(f" MAE = {mae}")
    print(f" MSE = {mse}")
    print(f" RMSE = {rmse}")
    print(f" R2 = {r2score}")

print("訓練データスコア")
get_eval_score(y_train,y_train_pred)
print("テストデータスコア")
get_eval_score(y_test,y_test_pred)
```

**■図6-13：スコア算出（決定木モデル）**

```
[10] from sklearn.metrics import mean_absolute_error, mean_squared_error, r2_score
     import numpy as np

     def get_eval_score(y_true,y_pred):

         mae = mean_absolute_error(y_true,y_pred)
         mse = mean_squared_error(y_true,y_pred)
         rmse = np.sqrt(mse)
         r2score = r2_score(y_true,y_pred)

         print(f" MAE = {mae}")
         print(f" MSE = {mse}")
         print(f" RMSE = {rmse}")
         print(f" R2 = {r2score}")

     print("訓練データスコア")
     get_eval_score(y_train,y_train_pred)
     print("テストデータスコア")
     get_eval_score(y_test,y_test_pred)

     訓練データスコア
      MAE = 2.7210334899446496
      MSE = 12.619014523843608
      RMSE = 3.552325227768934
      R2 = 0.8511285677547421
     テストデータスコア
      MAE = 3.452910829225093
      MSE = 28.069857549754044
      RMSE = 5.298099428073622
      R2 = 0.6628873063238391
```

　スコア的にもR2スコアが0.66など、現状では十分とは言えないものの、ハイパーパラメータの調整で改善の余地がありそうです。では次に、ハイパーパラメータの設定で決定木の深さを変えてみましょう。

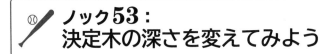

## ノック53：
## 決定木の深さを変えてみよう

　決定木の最大深さを定義するハイパーパラメータであるmax_depthの値を調整しましょう。先ほどの結果を見る限り、3層ではまだ余裕がありそうな印象でした。試しに5層にしたらどうなるか、結果を見てみましょう。まずはモデルの構築です。

```
tree_reg_depth_5 = DecisionTreeRegressor(max_depth=5, random_state=0).fit(
X_train,y_train)
```

### ▐▍図6-14：決定木モデル構築（max_depth=5）

```
[10] tree_reg_depth_5 = DecisionTreeRegressor(max_depth=5, random_state=0).fit(X_train,y_train)
```

続いて、予測値を出力し、残差プロットで可視化しましょう。

```
y_train_pred = tree_reg_depth_5.predict(X_train)
y_test_pred = tree_reg_depth_5.predict(X_test)

y_train_pred = np.expand_dims(y_train_pred, 1)
y_test_pred = np.expand_dims(y_test_pred, 1)

residual_plot(y_train_pred, y_train, y_test_pred, y_test)
```

### ▐▍図6-15：残差プロット（決定木モデル_max_depth=5）

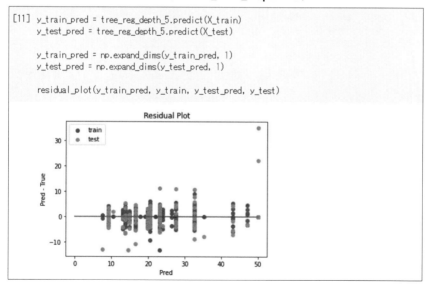

```
[11] y_train_pred = tree_reg_depth_5.predict(X_train)
     y_test_pred = tree_reg_depth_5.predict(X_test)

     y_train_pred = np.expand_dims(y_train_pred, 1)
     y_test_pred = np.expand_dims(y_test_pred, 1)

     residual_plot(y_train_pred, y_train, y_test_pred, y_test)
```

5層に増やしたことで、先ほどよりも誤差のばらつきは少し小さくなりましたね。スコアはどうでしょう。

```
print("訓練データスコア")
get_eval_score(y_train,y_train_pred)
print("テストデータスコア")
get_eval_score(y_test,y_test_pred)
```

■図6-16：スコア算出（決定木モデル_max_depth=5）

```
[12] print("訓練データスコア")
     get_eval_score(y_train,y_train_pred)
     print("テストデータスコア")
     get_eval_score(y_test,y_test_pred)

     訓練データスコア
       MAE = 1.8784580945273341
       MSE = 6.077440143979722
       RMSE = 2.4652464671873524
       R2 = 0.9283020701093933
     テストデータスコア
       MAE = 3.0192356439784844
       MSE = 24.917914785653885
       RMSE = 4.991784729498447
       R2 = 0.700741432004224
```

今回はテストデータのR2スコアが0.7を超え、精度が改善しました。しかし、訓練データのスコアも0.92と先ほどの0.85から上昇しています。このように決定木の深さを深くすれば、モデルの表現力が上がる一方で、訓練データだけに過度に適合する過学習のリスクも考慮する必要がありそうです。試しに、決定木の深さを20にしたらどうなるでしょう。

```
tree_reg_depth_20=DecisionTreeRegressor(max_depth=20, random_state=0).fit(
X_train,y_train)
```

■図6-17：決定木モデル構築（max_depth=20）

```
[13] tree_reg_depth_20 = DecisionTreeRegressor(max_depth=20, random_state=0).fit(X_train,y_train)
```

予測値を可視化してみましょう。

```
y_train_pred = tree_reg_depth_20.predict(X_train)
y_test_pred = tree_reg_depth_20.predict(X_test)

y_train_pred = np.expand_dims(y_train_pred, 1)
y_test_pred = np.expand_dims(y_test_pred, 1)

residual_plot(y_train_pred, y_train, y_test_pred, y_test)
```

### ■図6-18：残差プロット（決定木モデル_max_depth=20）

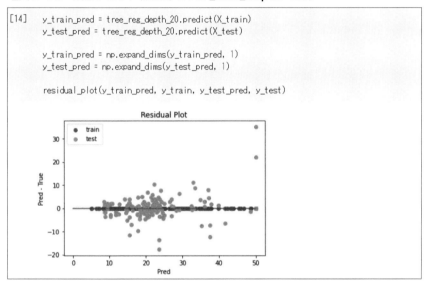

続けてスコアを算出しましょう。

```
print("訓練データスコア")
get_eval_score(y_train,y_train_pred)
print("テストデータスコア")
get_eval_score(y_test,y_test_pred)
```

**■図6-19：スコア算出（決定木モデル_max_depth=20）**

```
[15] print("訓練データスコア")
     get_eval_score(y_train,y_train_pred)
     print("テストデータスコア")
     get_eval_score(y_test,y_test_pred)

     訓練データスコア
       MAE = 0.0
       MSE = 0.0
       RMSE = 0.0
       R2 = 1.0
     テストデータスコア
       MAE = 3.0914473684210524
       MSE = 26.663881578947368
       RMSE = 5.163708122942985
       R2 = 0.6797727624015009
```

　訓練データには完全に適合していますが、テストデータのスコアは先ほどの5層のモデルより下がっており、未知のデータに対する予測精度（汎化性能）が落ちてしまっています。これは明らかに過学習に陥っていますね。

## ✏️ ノック54：
## 最小サンプル数を変えてみよう

　続いて、これもまた決定木のハイパーパラメータの一つであるmix_samples_leafの値を変えてみましょう。mix_samples_leafとは文字通り、リーフノードのサンプル数の最小値を指定するパラメータです。これまでのモデルではデフォルト値の1が適用されていました。これはつまり、max_depthなどで深さを制限しない限り、ノードのサンプル数が1になるまで分岐をし続けることを意味します。max_depthは20としたままで、mix_samples_leafを5に変更したらどうなるか見てみましょう。

```
tree_reg_samples_5 = DecisionTreeRegressor(max_depth=20, min_samples_leaf=5,random_state=0).fit(X_train,y_train)
```

**■図6-20：決定木モデル構築（samples=5）**

```
[16] tree_reg_samples_5 = DecisionTreeRegressor(max_depth=20, min_samples_leaf=5,random_state=0).fit(X_train,y_train)
```

続けて、結果を評価しましょう。

```
y_train_pred = tree_reg_samples_5.predict(X_train)
y_test_pred = tree_reg_samples_5.predict(X_test)

y_train_pred = np.expand_dims(y_train_pred, 1)
y_test_pred = np.expand_dims(y_test_pred, 1)

residual_plot(y_train_pred, y_train, y_test_pred, y_test)
```

### ■図6-21：残差プロット（samples=5）

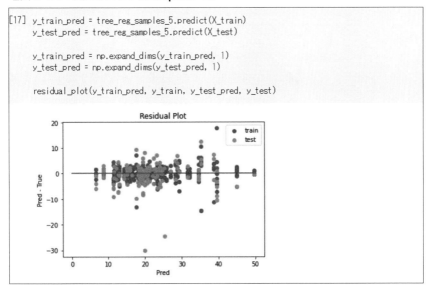

```
print("訓練データスコア")
get_eval_score(y_train,y_train_pred)
print("テストデータスコア")
get_eval_score(y_test,y_test_pred)
```

■図6-22：スコア算出(samples=5)

```
[18] print("訓練データスコア")
     get_eval_score(y_train,y_train_pred)
     print("テストデータスコア")
     get_eval_score(y_test,y_test_pred)

     訓練データスコア
      MAE = 1.5989429199174965
      MSE = 7.050472435207605
      RMSE = 2.655272572676411
      R2 = 0.9168228289576953
     テストデータスコア
      MAE = 3.1045462261487051
      MSE = 23.502406639428433
      RMSE = 4.847928076965296
      R2 = 0.7177413673707927
```

　リーフノードの最小サンプル数を5に制限したことで、テストデータが0.71とこれまでで最も良い結果となりました。また、訓練データの過学習傾向が軽減されています。

　このように、決定木は過学習に陥りやすい傾向はありますが、深さや最小サンプル数などのハイパーパラメータを調整することで、過学習をある程度抑えることができ、モデルの精度改善が期待できます。

　決定木のハイパーパラメータは他にも多くあるので、それぞれのパラメータを変えると結果にどのように影響が出るのか、興味がある方は試してみてください。

　次は決定木を応用したアルゴリズムであるランダムフォレストを見ていきましょう。

## ノック55：
## ランダムフォレストモデルを構築・評価しよう

　**ランダムフォレスト**とは、決定木を複数生成し、それぞれの結果を総合的に判断して学習を行うアルゴリズムです。先ほどの単純決定木ではテストデータに対しても比較的高精度で予測はできていましたが、訓練データに過度に適合しやすいという問題点がありました。その問題を解消するためにランダムフォレストでは、それぞれの決定木で過学習が起きてしまうことを前提に異なる決定木モデ

ルを複数生成し、それぞれの結果の平均を取ることで、予測精度は保ちつつ、過学習を抑制しようという仕組みをとっています。このように、複数のモデルを組み合わせて、高精度なモデルを作る手法のことを**アンサンブル法**と言います。中でも、ランダムフォレストで使用されるようなアンサンブル法の手法は**バギング**と呼ばれています。アンサンブル法によりモデルの精度向上が見込まれる一方、モデルが複雑になり解釈が難しくなるので、解釈性を重視する場合は単純な決定木の方が良い場合もあります。

　それでは、ランダムフォレストモデルの構築をしていきましょう。モデルにはscikit-learnのRandomForestRegressorクラスを使用します。

```
from sklearn.ensemble import RandomForestRegressor
```

```
rf = RandomForestRegressor(n_estimators=10, max_depth=20, random_state=0).
fit(X_train,y_train)
```

**■図6-23：ランダムフォレストモデル構築**

```
[19] from sklearn.ensemble import RandomForestRegressor

     rf = RandomForestRegressor(n_estimators=10, max_depth=20, random_state=0).fit(X_train,y_train)
```

　n_estimatorsはランダムフォレストのハイパーパラメータの一つで、生成する決定木の数を指定します。今回は10に指定しました。また、先ほどの決定木モデルとの違いを見るために、それぞれの決定木の深さは20としています。それでは、モデルの評価をしていきましょう。まずは予測値を出力し、結果を可視化しましょう。

```
y_train_pred = rf.predict(X_train)
y_test_pred = rf.predict(X_test)
```

```
y_train_pred = np.expand_dims(y_train_pred, 1)
y_test_pred = np.expand_dims(y_test_pred, 1)
```

```
residual_plot(y_train_pred, y_train, y_test_pred, y_test)
```

## ■図6-24：残差プロット（ランダムフォレスト）

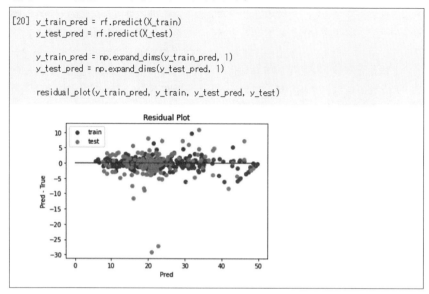

```
[20]  y_train_pred = rf.predict(X_train)
      y_test_pred = rf.predict(X_test)

      y_train_pred = np.expand_dims(y_train_pred, 1)
      y_test_pred = np.expand_dims(y_test_pred, 1)

      residual_plot(y_train_pred, y_train, y_test_pred, y_test)
```

　一部大きく外れているものもありますが、概ね良く予測できていそうです。ス
コアはどうでしょう。

```
print("訓練データスコア")
get_eval_score(y_train,y_train_pred)
print("テストデータスコア")
get_eval_score(y_test,y_test_pred)
```

**■図6-25：スコア算出（ランダムフォレスト）**

```
[21]  print("訓練データスコア")
      get_eval_score(y_train,y_train_pred)
      print("テストデータスコア")
      get_eval_score(y_test,y_test_pred)

      訓練データスコア
        MAE = 0.9777401129943499
        MSE = 2.266378531073447
        RMSE = 1.5054496109380238
        R2 = 0.9732626492113712
      テストデータスコア
        MAE = 2.6709868421052634
        MSE = 20.510911184210528
        RMSE = 4.528897347501986
        R2 = 0.7536685568565598
```

　テストデータのR2スコアが0.75と出ており、単純な決定木よりも良い結果となりました。また、単純な決定木でmax_depthを20にした場合は訓練データが完全に適合していましたが、今回は10本の決定木の平均を取っているため、完全な適合はしていません。

## ノック56：ランダムフォレストの決定木の数を変えてみよう

　続いて、ハイパーパラメータで生成する決定木の数を変えてみましょう。n_estimatorsの値を変更します。今回は3に指定しましょう。

```
rf_change_param = RandomForestRegressor(n_estimators=3, max_depth=20, rand
om_state=0).fit(X_train,y_train)
```

**■図6-26：ランダムフォレストモデル構築（n_estimators=3）**

```
[22]  rf_change_param = RandomForestRegressor(n_estimators=3, max_depth=20, random_state=0).fit(X_train,y_train)
```

　続いて、モデルの評価を行います。残差プロットとスコア算出を行いましょう。

■ 図6-27：残差プロット（ランダムフォレストモデル_n_estimators=3）

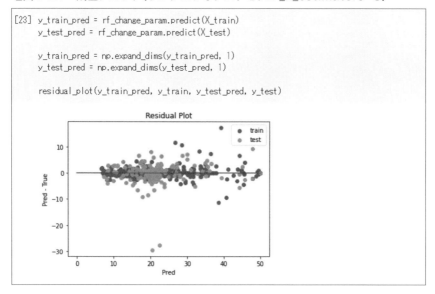

```
[23]  y_train_pred = rf_change_param.predict(X_train)
      y_test_pred = rf_change_param.predict(X_test)

      y_train_pred = np.expand_dims(y_train_pred, 1)
      y_test_pred = np.expand_dims(y_test_pred, 1)

      residual_plot(y_train_pred, y_train, y_test_pred, y_test)
```

■ 図6-28：スコア算出（ランダムフォレストモデル_n_estimators=3）

```
[24]  print("訓練データスコア")
      get_eval_score(y_train,y_train_pred)
      print("テストデータスコア")
      get_eval_score(y_test,y_test_pred)

      訓練データスコア
       MAE = 1.071468926553672
       MSE = 4.280938480853735
       RMSE = 2.069042890046926
       R2 = 0.9494961003654969
      テストデータスコア
       MAE = 2.6666666666666665
       MSE = 19.84659356725146
       RMSE = 4.454951578552954
       R2 = 0.7616468624433497
```

　決定木の数を10本としたときと同等の結果となっています。生成する決定木の数を増やした際の精度の向上は徐々に収束していくため、いたずらに決定木の数を増やせばそれだけ良い結果が得られるというわけではないのです。今回のデータ量では特に問題はないかと思いますが、膨大なデータを使ってランダムフォレ

ストの処理を行う場合、処理時間やCPUへの負荷は決定木の数や深さを増やすほど大きくなるので、その点は注意が必要です。

> ## ⚾ ノック57：
> ## 交差検証法でモデルを評価しよう

　これまでは、データセットをあらかじめ訓練用とテスト用に分割し、訓練用データで学習させたモデルをテスト用データで評価する手法（ホールドアウト法）を取ってきました。しかし、ホールドアウト法では訓練データ、テストデータの内容に偏りが生じるなどのデメリットがあります。例えば、テストデータの方に外れ値のデータが偏っていたら、そのテストデータを使って行った評価は妥当な評価結果とは言えませんよね。その問題を解消するためには交差検証法を用いることが望ましいです。**交差検証法**とは、テストデータと訓練データを入れ替えて複数回学習・評価を行い、それぞれのスコアの平均値を取るなどして最終的なモデルの評価を決定する手法です。今回は交差検証法の手法の中でも、最もメジャーなK分割交差検証法を試してみましょう。

■**図6-29：モデルの検証手法**

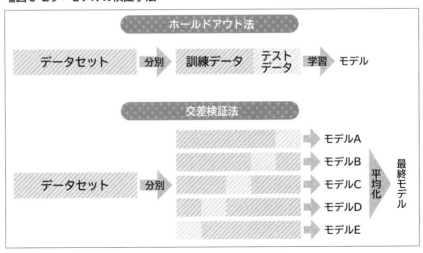

　scikit-learnでは交差検証法を行うためのクラスも用意されているため、簡単に交差検証を行うことができます。また、必須ではありませんが、交差検証でのデー

タの分割方法を定義するため、scikit-learnのKFoldクラスも使用します。それでは、交差検証法でモデルの評価をしてみましょう。

```
from sklearn.model_selection import cross_val_score
from sklearn.model_selection import KFold

rf_cv = RandomForestRegressor(n_estimators=3, max_depth=5, random_state=0)
k_fold = KFold(n_splits=5, shuffle=True, random_state=0)
rf_scores = cross_val_score(estimator=rf_cv, X=X, y=y, cv=k_fold, scoring="r2")
```

**■図6-30：交差検証（ランダムフォレストモデル）**

```
[25] from sklearn.model_selection import cross_val_score
     from sklearn.model_selection import KFold

     rf_cv = RandomForestRegressor(n_estimators=3, max_depth=5, random_state=0)
     k_fold = KFold(n_splits=5, shuffle=True, random_state=0)
     rf_scores = cross_val_score(estimator=rf_cv, X=X, y=y, cv=k_fold, scoring="r2")
```

KFoldのn_splitでデータの分割数を指定します。交差検証時はここで指定した数だけ検証を行うこととなります。また、shuffleをTrueに指定することで、分割を行う前にデータセット内のデータの順番をシャッフルするよう設定しました。交差検証時、データセット内のデータは順番が連続したデータで分割されますが、データセット内でデータの偏りが生じている場合はシャッフルをすることで、その偏りを解消した後にデータを分割することができます。cross_val_scoreが実際に交差検証を行ってくれる関数です。今回指定したcross_val_scoreのパラメータの意味は以下の通りです。

- estimator
  交差検証で使用するモデル。
- X
  fitするデータ（説明変数）。
- y
  fitするデータ（目的変数）。
- cv
  交差検証でのデータセットの分割方法。

・scoring
　評価手法。

　cross_val_score では各検証で得られたスコアを返します。返された cv_scores の値をみて見ましょう。

```
print(f"各分割のスコア：{rf_scores}")
print(f"平均スコア：{np.mean(rf_scores)}")
```

**▮図6-31：スコア算出（ランダムフォレストモデル_交差検証）**

```
[26] print(f"各分割のスコア：{rf_scores}")
     print(f"平均スコア：{np.mean(rf_scores)}")

     各分割のスコア：[0.74574193 0.85140316 0.73379121 0.66373528 0.86016952]
     平均スコア：0.7709682208769734
```

　平均スコアとして、0.77という数字が出ました。今回の交差検証では5回検証を行いましたが、各分割でのスコアの幅は0.66 ～ 0.86と広くなっています。ホールドアウト法で1つの分割でしかスコアを出さないことの危うさが分かりますね。評価の質が上がる一方で交差検証法では、分割した数だけ学習・評価を行うので、それだけ計算コストがかかることも認識しておきましょう。

## ノック58：
## 勾配ブースティングモデルを
## 構築・評価しよう

　続いて、**勾配ブースティング決定木**について見ていきましょう。勾配ブースティング決定木はランダムフォレストと同じく、アンサンブル法を採用しているアルゴリズムです。勾配ブースティング決定木では**ブースティング**と呼ばれるアンサンブル法の手法が使用されています。ランダムフォレストが複数の決定木を並列に扱い平均を求める手法だったのに対し、勾配ブースティングでは逐次的に決定木を生成します。具体的には、1つ前の決定木の誤りを修正して次の決定木を生成するということを繰り返し行います。近年ではkaggleなどのモデルの精度を競う大会でもディープラーニングと並んで頻繁に利用されるアルゴリズムです。

高い精度を誇る一方で、ハイパーパラメータ設定の影響を受けやすいため、パラメータの調整に注意が必要なアルゴリズムでもあります。勾配ブースティング決定木を使用した手法として、代表的なものにXgBoostとLightGBMがありますが、今回はXgBoostを取り扱っていきます。

　それでは早速、モデルの構築・評価してみましょう。評価方法には先ほどと同じくK分割交差検証法を使用しましょう。

```
import xgboost as xgb

xgb_reg = xgb.XGBRegressor(random_state=0)
k_fold = KFold(n_splits=5, shuffle=True, random_state=0)
xgb_scores = cross_val_score(xgb_reg, X, y, cv=k_fold, scoring="r2")
```

**▉図6-32：XgBoostモデル構築（交差検証）**

```
[27] import xgboost as xgb

     xgb_reg = xgb.XGBRegressor(random_state=0)
     k_fold = KFold(n_splits=5, shuffle=True, random_state=0)
     xgb_scores = cross_val_score(xgb_reg, X, y, cv=k_fold, scoring="r2")
```

　実行するとWARNINGが出ますが、結果に影響はないので気にせず進めましょう。気になる方はXgBoostのハイパーパラメータにsilent=Trueを指定することでWarningを非表示にできます。

　今回は初めてということで、XgBoostのハイパーパラメータはrandom_stateを除き指定せずに行いました。交差検証の条件は先ほどのランダムフォレストと同じです。スコアはどうなっているでしょうか。

```
print(f"各分割のスコア：{xgb_scores}")
print(f"平均スコア：{np.mean(xgb_scores)}")
```

**▉図6-33：スコア算出（ランダムフォレストモデル_交差検証）**

```
[28] print(f"各分割のスコア：{xgb_scores}")
     print(f"平均スコア：{np.mean(xgb_scores)}")

     各分割のスコア：[0.73631026 0.92311771 0.80855031 0.78204883 0.9189828 ]
     平均スコア：0.8338019804695092
```

　ハイパーパラメータの指定をせずとも、平均スコアが0.83ととても良い精度が出ました。さすがは人気があるアルゴリズムなだけありますね。続いて、より良い精度を目指して、ハイパーパラメータの調整をしていきましょう。

## ノック59：グリッドサーチでハイパーパラメータをチューニングしよう

　XgBoostには10を優に超えるハイパーパラメータの種類があります。それらの一つ一つのパラメータを都度手動で変えて評価を行うにはかなりの時間と労力を必要とします。そこで、最適なパラメータの探索を効率的に行う手法として、グリッドサーチと呼ばれる手法があります。**グリッドサーチ**とは、あらかじめパラメータの候補値を定義しておき、それら候補値の組み合わせを全通り検証し、最も良い評価結果を出した組み合わせがどれだったのかを探索する手法です。今回のグリッドサーチを使用したモデルの構築・評価は次図の流れで行うこととします。グリッドサーチで導き出した最適なパラメータでの再学習後に、パラメータチューニングに一切関わっていないデータセット（テストデータ）を用いてモデルの最終評価を行う方法です。

**■図6-34：グリッドサーチにおけるモデル構築の流れ**

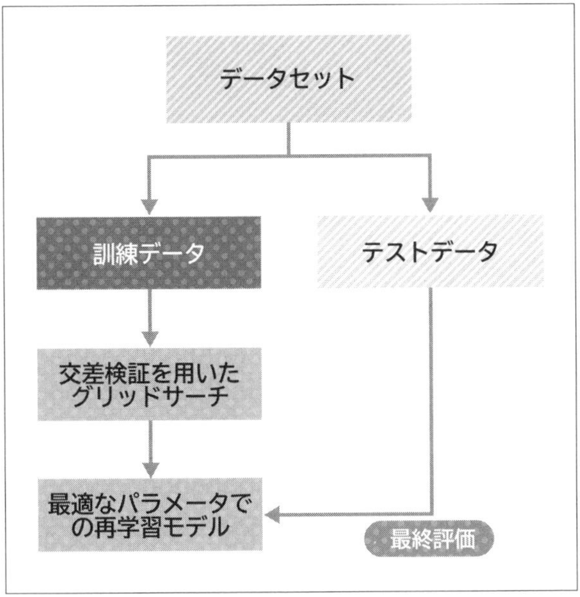

　グリッドサーチを行うには、scikit-learnのGridSearchCVクラスが便利です。GridSearchCVはハイパーパラメータのそれぞれの組み合わせを交差検証法で評価し、最も評価が高かった組み合わせでモデルを再学習してくれるクラスです。それでは、実際にグリッドサーチを使用したパラメータのチューニングをしましょう。

```
xgb_reg_grid = xgb.XGBRegressor()

from sklearn.model_selection import GridSearchCV

params = {"booster": ["gbtree"],
          "n_estimators":[10,30,50,100],
          "max_depth":[2, 3, 4, 5, 6],
          "learning_rate":[0.1,0.25,0.5,0.75,1.0],
          "colsample_bytree":[0.1,0.25, 0,5, 0.75, 1.0],
          "random_state":[0]
          }

k_fold = KFold(n_splits=5, shuffle=True, random_state=0)
grid = GridSearchCV(estimator=xgb_reg_grid,param_grid=params,cv=k_fold,scoring="r2")
```

■図6-35：XgBoostモデル構築準備（グリッドサーチ）

```
[29] xgb_reg_grid = xgb.XGBRegressor()

     from sklearn.model_selection import GridSearchCV

     params = ["booster": ["gbtree"],
               "n_estimators":[10,30,50,100],
               "max_depth":[2, 3, 4, 5, 6],
               "learning_rate":[0.1,0.25,0.5,0.75,1.0],
               "colsample_bytree":[0.1,0.25, 0,5, 0.75, 1.0],
               "random_state":[0]
               }

     k_fold = KFold(n_splits=5, shuffle=True, random_state=0)
     grid = GridSearchCV(estimator=xgb_reg_grid,param_grid=params,cv=k_fold,scoring="r2")
```

　以上でグリッドサーチの準備が完了です。今回指定したXgBoostのパラメータは以下となります。

- booster
  木系モデルか線形モデルのどちらかを指定する。
  gbtreeもしくはdartと指定すると木系モデル、gblinearと指定すると線形
  モデルになる。

- n_estimators
  生成する決定木の数。ランダムフォレストでは決定木の数を増やしても平均
  を取るので精度面に影響はなかったが、XgBoostの場合は決定木の数を増や
  すほどモデルが複雑になり過学習のリスクが高まるので注意が必要。

- max_depth
  決定木の層の最大深さ。

- learning_rate
  学習率。以前の決定木の誤りをどれだけ強く補正するかを指定する。補正を
  強くしすぎるとモデルが複雑になり、過学習のリスクが高まる。

- colsample_bytree
  各決定木で使用する説明変数の割合。1未満に指定すると、その割合だけラ
  ンダムに選択された説明変数を使用する。

また、今回指定したGridSearchCVのパラメータは以下となります。

- estimator
  検証で使用するモデル。

- param_grid
  パラメータ名と値の一覧。

- cv
  交差検証でのデータセットの分割方法。

- scoring
  評価手法。

第2部 教師あり学習
第6章 決定木系回帰予測を行う10本ノック

実際にグリッドサーチを実行しましょう。定義したgridにデータをfitすることで、グリッドサーチが開始されます。「ハイパーパラメータの全組合せ」×「交差検証の分割数」だけ学習・評価が行われるため、計算に時間がかかります。

```
grid.fit(X_train,y_train)
```

**■図6-36：XgBoostモデル構築（グリッドサーチ）**

```
[30] grid.fit(X_train,y_train)
```

グリッドサーチが完了しました。どの組み合わせが最適だったのか、結果を見てみましょう。最も評価が高かった組み合わせとそのスコアを出力します。

```
print(grid.best_params_)
print(grid.best_score_)
```

**■図6-37：パラメータ・スコア算出（グリッドサーチ）**

```
[31] print(grid.best_params_)
     print(grid.best_score_)

     ['booster': 'gbtree', 'colsample_bytree': 0.75, 'learning_rate': 0.1, 'max_depth': 5, 'n_estimators': 100, 'random_state': 0]
     0.893608656794969
```

以上のような結果となりました。交差検証でのスコアが0.89ととても良い評価となりましたね。続いて、テストデータを使った評価をしましょう。

```
y_test_pred = grid.predict(X_test)
y_test_pred = np.expand_dims(y_test_pred, 1)

print("テストデータスコア")
get_eval_score(y_test,y_test_pred)
```

**■図6-38：精度評価(グリッドサーチ)**

```
[32] y_test_pred = grid.predict(X_test)
     y_test_pred = np.expand_dims(y_test_pred, 1)

     print("テストデータスコア")
     get_eval_score(y_test,y_test_pred)

     テストデータスコア
      MAE = 2.477970829135493
      MSE = 16.417754438506485
      RMSE = 4.051882826354494
      R2 = 0.8028264513609131
```

　こちらも0.8以上をキープしており良い結果ですね。以上がグリッドサーチを
使用したパラメータチューニングの一連の流れです。今回は実質4種類のパラメー
タだけに対して探索を行いましたが、前述の通り、XgBoostにはこの他にも数
多くのハイパーパラメータがあります。それぞれのパラメータの意味を理解し、
グリッドサーチを試してみることでより良い結果が得られるかもしれません。

## ノック60：
## ランダムサーチでハイパーパラメータを
## チューニングしよう

　最後に、グリッドサーチに並ぶパラメータチューニングの手法である**ランダム
サーチ**を使用して、XgBoostのハイパーパラメータを調整しましょう。グリッド
サーチがあらかじめ決められたパラメータの候補値を全通り検証する手法なのに対
し、ランダムサーチは決められた候補値のランダムな組み合わせを決められた回数
だけ検証し、その限られた回数の中で最も良い評価を得たパラメータの組み合わせ
を探索する手法です。グリッドサーチの欠点である計算コストの高さを検証の回数
を制限する形で解消した一方で、パラメータの全組み合わせを検証するわけではな
いので、必ずしも最適な組み合わせを見つけることができない点がランダムサーチ
の特徴です。ランダムサーチはscikit-learnのRandomizedSearchCVクラスを
使用することで手軽に実践することができます。それではランダムサーチを使って、
XgBoostの最適なパラメータを探索しましょう。

```
xgb_reg_random = xgb.XGBRegressor()

from sklearn.model_selection import RandomizedSearchCV

params = {"booster": ["gbtree"],
          "n_estimators":[10,30,50,100],
          "max_depth":[2, 3, 4, 5, 6],
          "learning_rate":[0.1,0.25,0.5,0.75,1.0],
          "colsample_bytree":[0.1,0.25, 0,5, 0.75, 1.0],
          "random_state":[0]
          }


k_fold = KFold(n_splits=5, shuffle=True, random_state=0)
random = RandomizedSearchCV(estimator=xgb_reg_random,param_distributions=p
arams,scoring="r2",cv=k_fold,n_iter=30,random_state=0)
```

**■図6-39：XgBoostモデル構築準備(ランダムサーチ)**

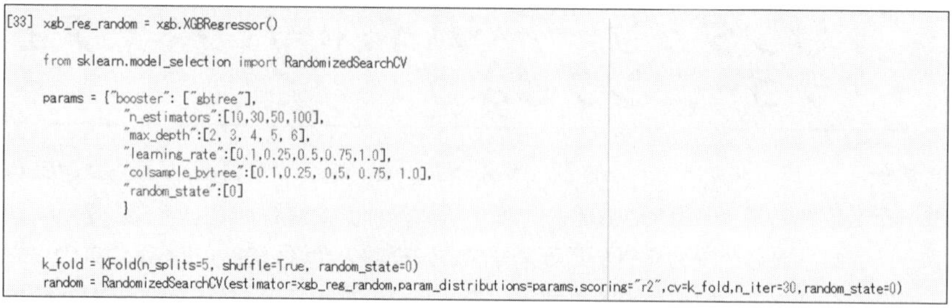

```
[33] xgb_reg_random = xgb.XGBRegressor()

     from sklearn.model_selection import RandomizedSearchCV

     params = {"booster": ["gbtree"],
               "n_estimators":[10,30,50,100],
               "max_depth":[2, 3, 4, 5, 6],
               "learning_rate":[0.1,0.25,0.5,0.75,1.0],
               "colsample_bytree":[0.1,0.25, 0,5, 0.75, 1.0],
               "random_state":[0]
               }


     k_fold = KFold(n_splits=5, shuffle=True, random_state=0)
     random = RandomizedSearchCV(estimator=xgb_reg_random,param_distributions=params,scoring="r2",cv=k_fold,n_iter=30,random_state=0)
```

n_iterはランダムサーチの検証回数を指定しています。つまり、ここで指定した数のパターンだけ検証が行われます。その他の条件はグリッドサーチと同じにしてあります。ランダムサーチとグリッドサーチでどのような違いが出るのか見てみましょう。

```
random.fit(X_train,y_train)
```

## ■図6-40：XgBoostモデル構築（ランダムサーチ）

```
[34]  random.fit(X_train,y_train)
```

　以上で検証が完了しました。グリッドサーチよりも大分速く処理が完了したのではないでしょうか。続いてランダムサーチの結果を出力しましょう。

```
print(random.best_params_)
print(random.best_score_)
```

## ■図6-41：パラメータ・スコア算出（ランダムサーチ）

```
[35]  print(random.best_params_)
      print(random.best_score_)

      {'random_state': 0, 'n_estimators': 50, 'max_depth': 3, 'learning_rate': 0.25, 'colsample_bytree': 1.0, 'booster': 'gbtree'}
      0.8857626230172155
```

　ベストスコアを出したときのハイパーパラメータの値がグリッドサーチと異なる結果になっています。グリッドサーチは全組み合わせから最適なパターンを探索するので、今回のランダムサーチでは最適なパターンまでたどり着かなかったようですね。結果として、若干ではありますがグリッドサーチのスコアよりも下がっています。最後に、テストデータに対するスコアを見てみましょう。

```
y_test_pred = random.predict(X_test)
y_test_pred = np.expand_dims(y_test_pred, 1)

print("テストデータスコア")
get_eval_score(y_test,y_test_pred)
```

## ■図6-42：スコアの算出（ランダムサーチ）

```
[36]  y_test_pred = random.predict(X_test)
      y_test_pred = np.expand_dims(y_test_pred, 1)

      print("テストデータスコア")
      get_eval_score(y_test,y_test_pred)

      テストデータスコア
       MAE = 2.457469141483307
       MSE = 14.598720513718526
       RMSE = 3.8208272028081205
       R2 = 0.824672640825418
```

こちらはグリッドサーチよりも高いスコアが出ていますね。最終評価にはパラメータチューニングに関与していないテストデータを使用しているので、グリッドサーチよりもランダムサーチの方が良い結果が出ることも十分起こり得ます。この点も考慮して、どちらの方法でパラメータチューニングを行うのかはケースバイケースで使い分けましょう。

本章の内容は以上となります。お疲れ様でした。本章では決定木を使用したアルゴリズムで回帰予測を行うと同時に、交差検証法やパラメータのチューニング方法についても取り扱いました。本章の内容を以下に簡単にまとめます。

### ■ 決定木系アルゴリズム

① 決定木

木構造（樹形図）を用いて予測を行う手法。
- 単純な樹形図のため、モデルの解釈がしやすい
- 木の深さや最小サンプル数の調整である程度は緩和できるものの、過学習に陥るリスクが高い

② ランダムフォレスト

アンサンブル法を用いた手法。決定木を複数生成し学習を行う。各決定木を並列に扱い、それぞれの結果の平均値を取る。
- それぞれの決定木の結果の平均を取ることで、予測精度は保ちつつ、過剰適合を抑制できる
- 決定木を複数使用するため、通常の決定木よりも計算コストが高く、また、モデルが複雑になり解釈が難しくなる

③ 勾配ブースティング決定木（XgBoost）

アンサンブル法を用いた手法。決定木を複数生成し学習を行う。1つ前の決定木の誤りを修正して、次の決定木を生成する。
- 高い精度が出やすく、コンペでも人気のある手法
- パラメータ設定の影響を受けやすいため、パラメータ調整には注意が必要

## ■ パラメータチューニング手法

① グリッドサーチ

あらかじめ指定したパラメータの候補値の全通りの組み合わせを検証し、最も精度が高いパラメータの組み合わせ探索する手法。

○ 指定したパラメータの範囲では、最もスコアが高い組み合わせを確実に得ることができる

○ 「パラメータの全組み合わせ数」×「交差検証の分割数」だけ学習・評価が行われるので、計算コストが高い

② ランダムサーチ

あらかじめ指定したパラメータの候補値のランダムな組み合わせを指定した回数だけ検証し、その中で最も精度が高いパラメータの組み合わせ探索する手法。

○ グリッドサーチよりも計算量が少なく済む

○ 最適な組み合わせが確実に得られるわけではない

今回は取り扱いませんでしたが、グリッドサーチとランダムサーチの間を取ったような手法で**ベイズ最適化**というものがあるので、興味がある方は調べてみてください。ベイズ最適化も scikit-learn で BayesSearchCV というクラスが用意されており、簡単に実践することができます。アルゴリズムとその最適なパラメータの探索方法については、それぞれの長所と短所を比較し、場面に応じた手法を選択できるようにしましょう。

本章をもって、回帰予測を行うノックは完了となります。第4章の単回帰からはじまり、3章に渡って取り組んできましたが、いかがでしたでしょうか？この3章を通じて、モデル構築から評価までの流れ、各アルゴリズムの特徴、パラメータチューニングの重要性について理解を深めていただけていれば幸いです。

次章からは分類について取り扱いますが、ここまでの内容と通じる部分も大いにあるので、学習の成果を活かしていただければと思います。それでは第7章もお楽しみください！

# 第7章
# 様々な分類予測を行う
# 10本ノック

　本章では、回帰と並ぶ教師あり学習の手法である分類について扱います。前章までで扱ってきた回帰では、住宅価格などの連続値を予測したのに対して、**分類**では文字通り「データがどのカテゴリに分類されるか」を予測します。例えば、「今日雨が降るか、降らないか」「この画像は犬か、猫か、それとも馬か」等のような題材が分類問題として扱われます。分類するカテゴリの数が2種類の場合は**二値分類**、3種類以上の場合は**多値分類**と言います。

　第一部では、分類と似た手法としてクラスタリングを扱いましたが、クラスタリングが「教師なし学習」と言われているように、「教師データ（正解データ）があるかどうか」が分類とクラスタリングでは大きく異なります。つまり、分類ではデータの分け方が事前に決められていますが、クラスタリングではそれが決められていません。このことから、クラスタリングはデータからパターンを見つけ出す「探索」を目的に使われる側面が強く、一方で分類は未知のデータのカテゴリを「予測」することを目的に使用されます。

　本章では二値分類問題を通じて、分類モデルで使われるアルゴリズムにどのような種類があり、それぞれどのような特徴があるのかを重点的に学んでいきます。そして、次章で分類モデルの評価手法について詳しく扱います。

---

ノック61：使用するデータを確認しよう
ノック62：データを加工しよう
ノック63：ロジスティック回帰モデルを構築しよう
ノック64：ロジスティック回帰モデルの決定境界を可視化してみよう
ノック65：線形SVMモデルを構築し、決定境界を可視化してみよう
ノック66：カーネルSVMモデルを構築し、決定境界を可視化してみよう
ノック67：K近傍法モデルを構築し、決定境界を可視化してみよう
ノック68：決定木モデルを構築し、決定境界を可視化してみよう
ノック69：ランダムフォレストモデルを構築し、決定境界を可視化してみよう
ノック70：線形分離できないデータを分類してみよう

## 取り扱うアルゴリズム

本章では、線形系のアルゴリズムから決定木系のアルゴリズムまで幅広く扱います。それぞれどのような違いがあるのか、実際にモデルを構築していく中で理解を深めましょう。

■表：アルゴリズム一覧

| 名称 | 概要 |
|---|---|
| ロジスティック回帰 | 一方に分類される確率を算出し、閾値(50%)を上回るかどうかで最終的な予測結果を決定する。 |
| 線形SVM | 学習によりマージンが最大化するような決定境界を引き、その境界をもとにデータの分類を予測する。 |
| カーネルSVM | 線形SVMを応用した手法。<br>データセットを線形分離可能な状態へ変換し、線形SVMを適用した後に、データセットをもとの状態に逆変換する。 |
| K近傍法 | 予測対象データの分類予測の結果を、周辺にあるK個の訓練データがどちらに分類されているかの多数決で決定する。 |
| 決定木 | 木構造(樹形図)を用いて分類予測を行う。 |
| ランダムフォレスト | 決定木を複数生成し分類予測を行う手法。各決定木の結果の多数決で分類予測を行う。 |

## 前提条件

本章は分類の問題を解くのに適した「乳癌の診断データ」を使用します。

■表：データ一覧

| No. | 名称 | 概要 |
|---|---|---|
| 1 | 乳癌の診断データ | 悪性か良性かを目的変数として、それに寄与する検査データが説明変数として用意されているデータ。 |
| 2 | 円状分布データ | make_circlesにより自動生成したデータ。線形分離できないデータのサンプルとしてノック70で使用。 |

■表：データの説明

| 項目名 | 説明 |
| --- | --- |
| radius | 半径 |
| texture | テクスチャー（標準偏差） |
| perimeter | 外周長 |
| area | 面積 |
| smoothness | 中心から外周までの部分偏差 |
| compactness | コンパクト性 |
| concavity | コンターの凹部強度 |
| concave points | コンターの凹点数 |
| symmetry | 対称性 |
| fractal dimension | フラクタル次元 |

※上記項目の平均(mean)、標準誤差(standard error)、最悪値(worst)

## ノック61： 使用するデータを確認しよう

まずはデータを読み込みましょう。

今回使用する乳癌データも scikit-learn で公開されています。

```
from sklearn.datasets import load_breast_cancer
```

```
load_data = load_breast_cancer()
```

■図7-4：乳癌データの読み込み

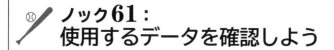

```
[2]  from sklearn.datasets import load_breast_cancer

     load_data = load_breast_cancer()
```

続いて、データフレームにデータを格納します。その際、データの件数やカラム数を確認しておきましょう。

```python
import pandas as pd

df = pd.DataFrame(load_data.data, columns = load_data.feature_names)
df["y"] = load_data.target

print(len(df))
print(len(df.columns))
display(df.head())
```

### ■図7-5：データフレームに格納

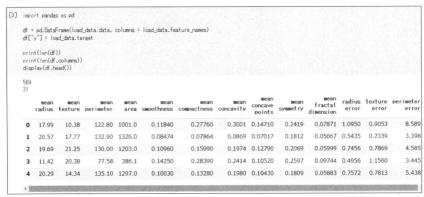

これでデータの読み込みは完了です。データセットには31列(内一つはy)569行のデータがあることが分かりましたね。今回は分類結果を視覚的に分かりやすくするため、説明変数にはmean radiusとmean textureの2つだけを使用することとします。説明変数をこの2カラムに絞ったうえで、describeメソッドを使ってデータの代表値を確認しましょう。

```python
tg_df = df[["mean radius","mean texture","y"]]
display(tg_df.describe())
```

**■図7-6：代表値の出力**

```
[4]  tg_df = df[["mean radius","mean texture","y"]]
     display(tg_df.describe())
```

|         | mean radius | mean texture |          y |
|---------|-------------|--------------|------------|
| count   | 569.000000  | 569.000000   | 569.000000 |
| mean    | 14.127292   | 19.289649    | 0.627417   |
| std     | 3.524049    | 4.301036     | 0.483918   |
| min     | 6.981000    | 9.710000     | 0.000000   |
| 25%     | 11.700000   | 16.170000    | 0.000000   |
| 50%     | 13.370000   | 18.840000    | 1.000000   |
| 75%     | 15.780000   | 21.800000    | 1.000000   |
| max     | 28.110000   | 39.280000    | 1.000000   |

　describeメソッドでは欠損値は除外して代表値を算出します。出力結果を見る限り、各変数のcount値とデータフレームの行数(569行)が一致しているため、このデータセットに欠損値は無さそうです。
　続いて、使用する変数の相関も確認しておきましょう。目的変数と説明変数の相関が極端に弱かったり、説明変数同士の相関が強すぎる場合は注意が必要です。

```
tg_df.corr()
```

**■図7-7：相関係数の出力**

```
[5]  tg_df.corr()
```

|              | mean radius | mean texture |          y |
|--------------|-------------|--------------|------------|
| mean radius  | 1.000000    | 0.323782     | -0.730029  |
| mean texture | 0.323782    | 1.000000     | -0.415185  |
| y            | -0.730029   | -0.415185    | 1.000000   |

　目的変数との相関も程よく強く、説明変数同士の相関が強すぎることもないので、使用する説明変数として問題なさそうです。次に目的変数について理解しましょう。まずは何種類のカテゴリがあるかを確認します。

```
print(tg_df["y"].unique())
```

**■図7-8：カテゴリ種類数の確認**

```
[6]  print(tg_df["y"].unique())

     [0 1]
```

　元々分かっていたことではありますが、目的変数のユニークな値を抽出することで、2種類のカテゴリがあることがデータからも分かりました。0が悪性、1が良性のデータとなります。カテゴリの種類数が分かったところで、次に、各カテゴリのデータの比率を見てみましょう。

```
print(len(df.loc[tg_df["y"]==0]))
print(len(df.loc[tg_df["y"]==1]))
```

**■図7-9：カテゴリ比率の確認**

```
[7]  print(len(df.loc[tg_df["y"]==0]))
     print(len(df.loc[tg_df["y"]==1]))

     212
     357
```

　カテゴリの比率に大きな偏りは無いようですね。カテゴリの比率に大きな偏りがあるデータは不均衡なデータと呼ばれ、放置するとモデルの評価や学習に影響を与えるので注意が必要です。例えば、もし仮に今回のデータセットが、悪性が1割、良性が9割のデータだった場合、モデルが全て良性と予測しても「正解率が9割のモデル」と言えてしまいます。実際には悪性が全く検出できない、使えないモデルなのに、これでは違和感がありますよね。このような場合には、正解率以外の評価指標も用いて、多角的な観点でモデルを評価する必要性があります（次章で詳しく扱います）。

　また、学習においては、機械学習のアルゴリズムは学習のプロセスで多数派カテゴリを重視する傾向があります。そのため、不均衡データを扱う場合の対処法として、少数派カテゴリの予測に失敗したときはペナルティを大きくするといった学習プロセスに対するアプローチと、少数派カテゴリのデータを人工的に増やしたり（アップサンプリング）、多数派カテゴリのデータを人工的に減らす（ダウン

サンプリング)といったデータセットに対するアプローチがあります。

　いずれの方法もscikit-learnのクラスやハイパーパラメータチューニングで対処できるので、興味がある方は調べてみてください。

　最後に、データをプロットしてカテゴリごとのデータの散布状況を確認しておきましょう。

```
import matplotlib.pyplot as plt
%matplotlib inline

plt.scatter(tg_df["mean radius"],tg_df["mean texture"], c=tg_df["y"])
plt.xlabel("mean radius")
plt.ylabel("mean texture")
plt.show()
```

**■図7-10：データの可視化**

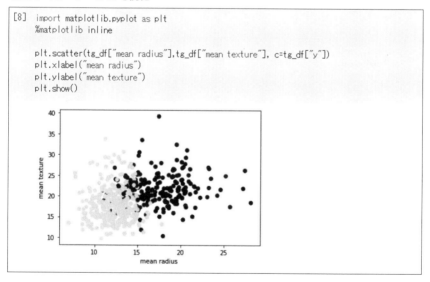

　この後のプロセスでは、この2カテゴリに分類されたデータから、機械学習により分類の傾向を見出します。学習により、この散布図内に境界線を引くことをイメージすると分かりやすいかもしれません。その境界線の位置や形状が使用するアルゴリズムによって変わってきます。

## ノック62：
## データを加工しよう

モデル構築に入る前の下準備として、データの前処理を行いましょう。やることは第5章で扱った内容と基本的には同じです。データセットの分割、スケーリングの順番で進めていきましょう。

まずは説明変数と目的変数でデータを分けるところから。

```
X= tg_df[["mean radius","mean texture"]]
y = tg_df["y"]

display(X.head())
display(y.head())
```

**■図7-11：目的変数と説明変数の分割**

```
[9]  X= tg_df[["mean radius","mean texture"]]
     y = tg_df["y"]

     display(X.head())
     display(y.head())
```

|   | mean radius | mean texture |
|---|---|---|
| 0 | 17.99 | 10.38 |
| 1 | 20.57 | 17.77 |
| 2 | 19.69 | 21.25 |
| 3 | 11.42 | 20.38 |
| 4 | 20.29 | 14.34 |

```
0    0
1    0
2    0
3    0
4    0
Name: y, dtype: int64
```

次に、データセットを訓練用とテスト用に分割します。

```
from sklearn.model_selection import train_test_split
```

```
X_train, X_test, y_train, y_test = train_test_split(X, y,test_size=0.3,ran
dom_state=0)

print(len(X_train))
display(X_train.head())
print(len(X_test))
display(X_test.head())
```

**■図7-12：訓練データとテストデータの分割**

```
[10] from sklearn.model_selection import train_test_split

     X_train, X_test, y_train, y_test = train_test_split(X, y,test_size=0.3,random_state=0)

     print(len(X_train))
     display(X_train.head())
     print(len(X_test))
     display(X_test.head())

     398
```

|     | mean radius | mean texture |
| --- | --- | --- |
| 478 | 11.490 | 14.59 |
| 303 | 10.490 | 18.61 |
| 155 | 12.250 | 17.94 |
| 186 | 18.310 | 18.58 |
| 101 | 6.981 | 13.43 |

171

|     | mean radius | mean texture |
| --- | --- | --- |
| 512 | 13.40 | 20.52 |
| 457 | 13.21 | 25.25 |
| 439 | 14.02 | 15.66 |
| 298 | 14.26 | 18.17 |
| 37 | 13.03 | 18.42 |

最後に、データの尺度を揃えるスケーリングの処理を行って前処理は完了です。

```
from sklearn.preprocessing import StandardScaler

scaler = StandardScaler()
```

```
X_train_scaled = scaler.fit_transform(X_train)
X_test_scaled = scaler.transform(X_test)

print(X_train_scaled[:3])
print(X_test_scaled[:3])
```

**■図7-13：データの標準化**

```
[11] from sklearn.preprocessing import StandardScaler

     scaler = StandardScaler()
     X_train_scaled = scaler.fit_transform(X_train)
     X_test_scaled = scaler.transform(X_test)

     print(X_train_scaled[:3])
     print(X_test_scaled[:3])

     [[-0.74998027 -1.09978744]
      [-1.02821446 -0.1392617 ]
      [-0.53852228 -0.29934933]]
     [[-0.21855296  0.31710749]
      [-0.27141746  1.44727832]
      [-0.04604776 -0.84412512]]
```

## ⚾ ノック63： ロジスティック回帰モデルを構築しよう

　それでは、いよいよモデル構築に移っていきます。本章では、これまで以上に
たくさんのアルゴリズムを見ていきます。まずは、ロジスティック回帰について
見ていきましょう。

　**ロジスティック回帰**は、今回のような二値分類でよく使われる手法です。名前
に「回帰」と付いていますが、分類で使われるアルゴリズムです。「回帰」と付いて
いるのは、回帰分析のプロセスを経て分類予測を行っているためです。5章で扱っ
た**重回帰**は「説明変数に重み付けをした和」が予測結果となりましたが、ロジス
ティック回帰の基本的な考え方としては、重み付けされた説明変数の和から、一
方に分類される「確率」を算出し、閾値（50%）を上回るかどうかで最終的な分類を
決定します。良性に分類される確率が40%なら悪性に分類されることになります。
内部的に確率を目的変数としている点が重回帰とは大きく異なりますね。

　実際にモデルを構築して結果を見てみましょう。モデルにはscikit-learnの
LogisticRegressionクラスを使用します。

```
from sklearn.linear_model import LogisticRegression

log_reg = LogisticRegression(random_state=0).fit(X_train_scaled, y_train)
```

**▚図7-14：ロジスティック回帰モデルの構築**

```
[12] from sklearn.linear_model import LogisticRegression

     log_reg = LogisticRegression(random_state=0).fit(X_train_scaled, y_train)
```

これでモデルの構築は完了です。予測結果を出力してみましょう。

```
y_train_pred = log_reg.predict(X_train_scaled)
y_test_pred = log_reg.predict(X_test_scaled)

print(y_train_pred[:5])
print(y_test_pred[:5])
```

**▚図7-15：予測値の出力**

```
[13] y_train_pred = log_reg.predict(X_train_scaled)
     y_test_pred = log_reg.predict(X_test_scaled)

     print(y_train_pred[:5])
     print(y_test_pred[:5])

     [1 1 1 0 1]
     [1 1 1 1 1]
```

ラベルデータである0,1がしっかり出力されていますね。最後に予測結果を可視化してみましょう。

```
plt.scatter(X_train["mean radius"],X_train["mean texture"], c=y_train_pred)
plt.title("Pred_Train")
plt.xlabel("mean radius")
plt.ylabel("mean texture")
plt.show()
```

■ 図7-16：予測値の可視化（訓練データ）

```
[14] plt.scatter(X_train["mean radius"],X_train["mean texture"], c=y_train_pred)
     plt.title("Pred_Train")
     plt.xlabel("mean radius")
     plt.ylabel("mean texture")
     plt.show()
```

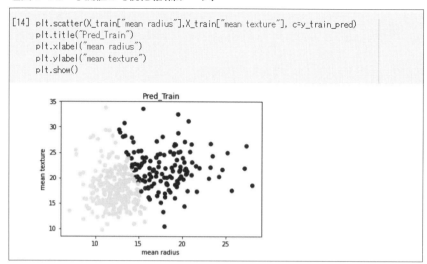

続けて、テストデータの結果も可視化しましょう。

```
plt.scatter(X_test["mean radius"],X_test["mean texture"], c=y_test_pred)
plt.title("Pred_Test")
plt.xlabel("mean radius")
plt.ylabel("mean texture")
plt.show()
```

**■図7-17：予測値の可視化(テストデータ)**

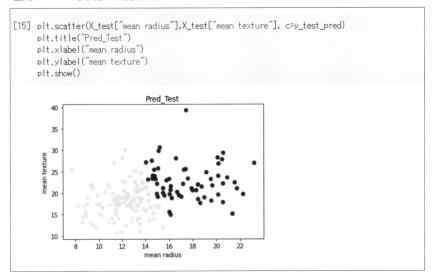

```
[15] plt.scatter(X_test["mean radius"],X_test["mean texture"], c=y_test_pred)
     plt.title("Pred_Test")
     plt.xlabel("mean radius")
     plt.ylabel("mean texture")
     plt.show()
```

ある直線を境にきれいにデータが2分割されています。次はこの直線に焦点を当てて可視化してみます。

## ノック64：ロジスティック回帰モデルの決定境界を可視化してみよう

先ほどの予測結果の可視化では、ある直線を基準に分類結果が分かれていました。このような、データの分類予測の基準となる境界線のことを**決定境界**と言います。今回のロジスティック回帰モデルではどのような決定境界が引かれているのか、可視化してみましょう。

決定境界の可視化にはmlxtendというライブラリを活用します。データとモデルを渡すだけで決定境界を可視化してくれる便利なライブラリです。

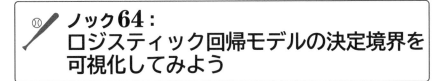

```
import numpy as np
from mlxtend.plotting import plot_decision_regions
```

```
plot_decision_regions(np.array(X_train_scaled), np.array(y_train), clf=lo
g_reg)
plt.show()
```

■図7-18：決定境界の可視化（ロジスティック回帰モデル）

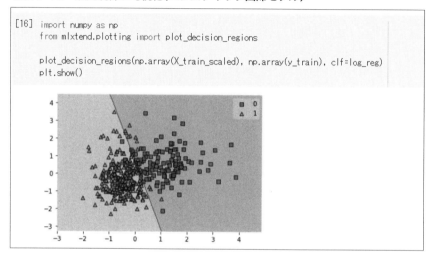

　ロジスティック回帰モデルでは、図のような直線で決定境界が引かれていることが分かりました。直線という制約上、決定境界周辺では正しく分類できていないデータが多いですね。

　このことから、ロジスティック回帰はデータをざっくりと直線で分類（線形分離）できるケースに適したアルゴリズムと言えます。また、他のアルゴリズムと比較して、単純かつ計算コストが低いといった特徴もあります。

## ノック65： 線形SVMモデルを構築し、決定境界を 可視化してみよう

　続いて、**線形SVM(サポートベクターマシン)**について見ていきましょう。線形SVMもロジスティック回帰と同様に、大まかに線形分離できるケースで高いパフォーマンスを発揮します。

　早速、モデル構築および決定境界を可視化して、ロジスティック回帰との比較をしてみましょう。線形SVMには、scikit-learnのLinearSVCクラスを使用します。

```
from sklearn.svm import LinearSVC
```

```
linear_svm = LinearSVC(random_state=0).fit(X_train_scaled, y_train)
```

```
plot_decision_regions(np.array(X_train_scaled), np.array(y_train), clf=linear_svm)
```

```
plt.show()
```

**■図7-19：線形SVMモデルの構築および決定境界の可視化**

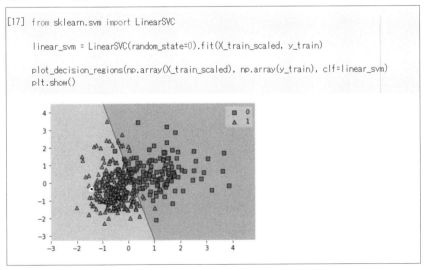

　ロジスティック回帰ととても似た結果になりましたね。このように、ロジスティック回帰と線形SVMは似た結果になることが多いです。ロジスティック回帰と線形SVMの使い分けのポイントとして、線形SVMはロジスティック回帰と比べてデータの外れ値の影響を受けにくいことが挙げられます。ロジスティック回帰は前述の通り、確率論に基づいたアルゴリズムでしたが、線形SVMは「マージンの最大化」に着目したアルゴリズムです。決定境界に最も近いデータ点のことを「サポートベクター」と呼びます。線形SVMは、そのサポートベクターとの距離（マージン）が最大になる決定境界を引くアルゴリズムです。

■ 図7-20：線形SVMのイメージ

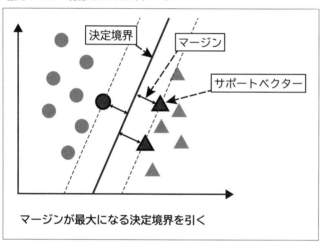

　上図のように、距離に着目した線形SVMでは決定境界に近いデータに注目していることが分かります。一方で、確率に着目したロジスティック回帰はデータ全体を見ています。これが、線形SVMがロジスティック回帰と比べて外れ値の影響を受けにくい理由です。

　なお、SVMは非線形の分類を行うこともできます。今回のデータセットのように、カテゴリが入り組んで散布しているデータでは、非線形SVMを用いた方がうまく分類できることも多いので、次はそちらを試してみましょう。

## ノック66：カーネルSVMモデルを構築し、決定境界を可視化してみよう

　SVMはカーネル法という手法を用いることで、線形分離できないデータも分類することができるようになります。**カーネル法**とは、線形分離できないデータを線形分離できる状態に変換する手法です。カーネル法により変換されたデータに線形SVMで決定境界を引いた後に、元の状態に逆変換します。こうすることで、非線形の決定境界を引くことができます。

■図7-21：カーネルSVMのイメージ

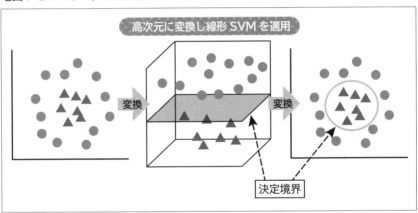

　それでは実際にモデルを構築しましょう。こちらはscikit-learnのSVCクラスを使用します。

```
from sklearn.svm import SVC

kernel_svm = SVC(kernel="rbf",random_state=0).fit(X_train_scaled, y_train)

plot_decision_regions(np.array(X_train_scaled), np.array(y_train), clf=kernel_svm)
plt.show()
```

■ 図7-22：カーネルSVMモデルの構築および決定境界の可視化

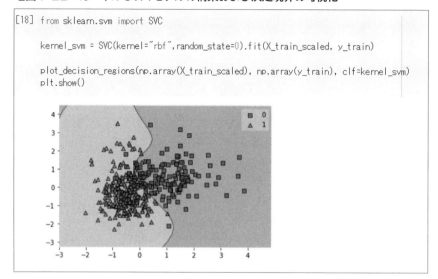

```
[18] from sklearn.svm import SVC

     kernel_svm = SVC(kernel="rbf",random_state=0).fit(X_train_scaled, y_train)

     plot_decision_regions(np.array(X_train_scaled), np.array(y_train), clf=kernel_svm)
     plt.show()
```

　このように、直線ではない決定境界が引かれました。今回は比較的線形分類しやすいデータであるため、線形SVMでもある程度の精度は出せますが、本章の終盤では、明らかに線形分離できないデータの分類についても扱っています。そちらを見ると線形系のアルゴリズムとの違いが一目瞭然なので、後ほど確認してみましょう。

　なお、SVMの精度はCやgammaなどのハイパーパラメータに大きく依存します。今回はハイパーパラメータチューニングについては扱いませんが、第6章でハイパーパラメータチューニングを取り扱いました。ハイパーパラメータチューニングに関しては、分類であってもやり方は基本的には変わりません。余裕がある方は試してみてください。

ノック67：<br/>
K近傍法モデルを構築し、決定境界を可視化してみよう

　続いてはK近傍法です。**K近傍法**の考え方は至ってシンプルで、予測対象データの分類予測の結果を、「周辺にあるK個の訓練データがどちらに分類されているか」の多数決で決定するというものです。これまで扱ってきたアルゴリズムのような特別な計算をして傾向を導き出すのではなく、単純に教師データを丸暗記している点が、これまでのアルゴリズムと大きく異なります。K近傍法のような学習のアプローチは**怠惰学習**とも呼ばれています。

■図7-23：K近傍法のイメージ

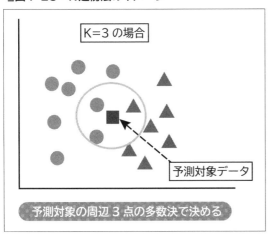

　実際にモデルを構築して動きを見てみましょう。こちらもscikit-learnからKNeighborsClassifierクラスを使用します。

```
from sklearn.neighbors import KNeighborsClassifier

kn_cls = KNeighborsClassifier(n_neighbors=5, p=2).fit(X_train_scaled, y_tr
ain)
```

### ■図7-24：K近傍法モデルの構築

```
[19] from sklearn.neighbors import KNeighborsClassifier

     kn_cls = KNeighborsClassifier(n_neighbors=5, p=2).fit(X_train_scaled, y_train)
```

n_neighborsで予測時に見る訓練データの数を指定しました。また、pで距離指標を指定しています。1がユークリッド距離、2がマンハッタン距離の指定となります。前述の通り、ここでは特に複雑な計算は行っていないため、学習のプロセスは高速に完了します。続いて決定境界を可視化してみましょう。

```
plot_decision_regions(np.array(X_train_scaled), np.array(y_train), clf=kn_
cls)
plt.show()
```

### ■図7-25：決定境界の可視化（K近傍法モデル）

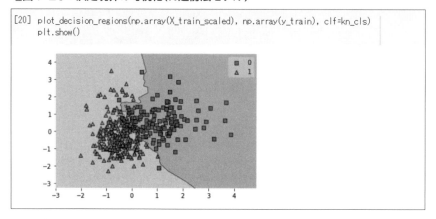

今回は予測の処理も行っているため、少し時間がかかったのではないでしょうか。K近傍法では、「暗記した教師データを予測時に参照する」という特徴から、学習は高速で終わりますが、予測には時間を要します。また、訓練データの数が多くなるほど、予測に要する時間が長くなる傾向があります。計算コストが高くなりやすい一方で、モデルの解釈が容易で、かつ、どのようなデータセットにも比較的柔軟に対応できるという長所もあります。

## ノック68：
決定木モデルを構築し、決定境界を可視化してみよう

　続いて、決定木について見ていきましょう。**決定木**は第6章の回帰問題でも扱いましたが、分類問題でもとても良く使われるアルゴリズムです。モデルの解釈性に優れていることや、過学習に陥りやすいといった特徴はいずれも同じです。ハイパーパラメータの種類も決定木回帰と共通する部分が多いです。

　それでは早速、モデルを構築しましょう。回帰ではDecisionTreeRegressorクラスを使いましたが、分類ではDecisionTreeClassifierを使用します。モデルが複雑になることを防ぐため、決定木の層の最大深さを表すmax_depthは3に指定します。

```
from sklearn.tree import DecisionTreeClassifier

tree_cls = DecisionTreeClassifier(max_depth=3,random_state=0).fit(X_train,
y_train)
```

**■図7-26：決定木モデルの構築**

```
[21] from sklearn.tree import DecisionTreeClassifier

     tree_cls = DecisionTreeClassifier(max_depth=3,random_state=0).fit(X_train, y_train)
```

　訓練データにはスケーリング前のデータを使用しています。第5章でも説明しましたが、決定木は単一の説明変数の大小関係に着目したアルゴリズムであるため、そもそもスケーリングは必須ではありません。もちろん、スケーリングしたデータを使用しても結果に影響はありませんが、モデルの解釈をするにあたっては、スケーリング前のデータの方が都合が良いです。

　続いて、決定境界を見てみましょう。

```
plot_decision_regions(np.array(X_train), np.array(y_train), clf=tree_cls)
plt.xlabel("mean radius")
plt.ylabel("mean texture")
plt.show()
```

### ■図7-27：決定境界の可視化（決定木モデル）

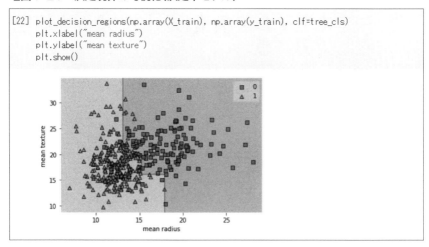

```
[22] plot_decision_regions(np.array(X_train), np.array(y_train), clf=tree_cls)
     plt.xlabel("mean radius")
     plt.ylabel("mean texture")
     plt.show()
```

　これまでとはまた違った形の決定境界になりましたね。なぜ、このような分類になったのか、それが分かりやすいのが決定木の最大の特徴です。今回の学習で実際に生成された決定木を可視化してみましょう。

```
from sklearn import tree

plt.figure(figsize=(20,8))

tree.plot_tree(tree_cls,feature_names=["mean radius","mean texture"],fille
d=True,proportion=True,fontsize=8)

plt.show()
```

**■図7-28：決定木の可視化**

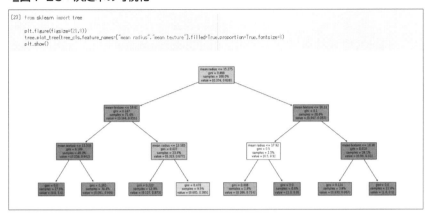

　視覚的に分かりやすくするため、各ノードをノード内のサンプルが占めるカテゴリの割合(value)に応じて色付けしています。また、サンプル数とvalueの値は割合で出しています。この決定木の各条件を上から順に散布図に当てはめていくと、先ほど可視化したものと同じカクカクした決定境界が引かれます。このように決定木を可視化することで、「どのような条件でどのカテゴリに分類されるのか」が説明可能になります。実際のビジネスの現場で機械学習モデルを使った意思決定を行う場合は、予測結果の根拠が求められることが多いため、決定木のような分かりやすいアルゴリズムは重宝されやすいです。しかし、決定木は過学習に陥りやすいなど、精度面での課題があることも事実です。

## ⚾ ノック69：ランダムフォレストモデルを構築し、決定境界を可視化してみよう

　最後にランダムフォレストについても見てみましょう。**ランダムフォレスト**は複数の異なる決定木を生成し、それらから予測結果を総合的に判断するアルゴリズムでしたね。回帰では各決定木から得られた結果の平均を予測値としていましたが、分類では各決定木の結果の多数決で予測値を決定します。単一の決定木と比較して、モデルの解釈性は劣るものの、過学習を抑えられ、精度の向上が期待できます。モデルの評価については次章に回しますが、どのような決定境界が引

かれるのか、ここで見ておきましょう。

```
from sklearn.ensemble import RandomForestClassifier

rf_cls = RandomForestClassifier(max_depth=3,random_state=0).fit(X_train,
y_train)
```

**■図7-29：ランダムフォレストモデルの構築**

```
[24] from sklearn.ensemble import RandomForestClassifier

     rf_cls = RandomForestClassifier(max_depth=3,random_state=0).fit(X_train, y_train)
```

　先ほどの決定木モデルと結果を比較するため、max_depthの値は3にしましたが、本来、ランダムフォレストのようなアンサンブル学習を行うアルゴリズムは、SVMや決定木などに比べて、ハイパーパラメータチューニングをそれほどシビアに行わなくても、ある程度高い精度が出やすいことが特徴です。次に決定境界を可視化しましょう。

```
plot_decision_regions(np.array(X_train), np.array(y_train), clf=rf_cls)
plt.show()
```

**■図7-30：決定境界の可視化（ランダムフォレストモデル）**

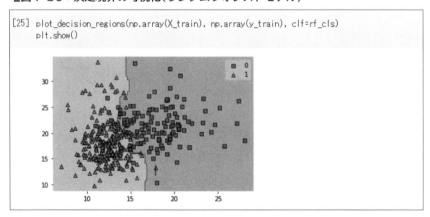

　ランダムフォレストでは複数の決定木の結果をもとに分類予測を行うため、先ほどの単一の決定木と比較して、複雑な決定境界が引かれます。今回は取り扱いませんが、回帰で使用できるアルゴリズムは分類でも使用できることが多いです。6章で扱った勾配ブースティングなどは、現場でも良く使用されるアルゴリズムですので試してみると良いでしょう。

　本章でこれまで構築してきたモデルも含め、精度面に関しては、次章で詳しく見ていきます。

　最後に、線形分離できないデータセットに対して、本章で扱ったアルゴリズムを適用するとどうなるかを確認して終わりにしましょう。

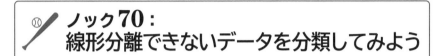

## ノック70：
## 線形分離できないデータを分類してみよう

　これまで扱ってきた乳癌データは、比較的線形分離しやすいデータセットであったため、どのアルゴリズムもそれなりに機能してきました。しかし、明らかに線形分離ができないデータに直面した時、それぞれのアルゴリズムはどのように機能するのでしょうか。実際にデータを使って確かめてみましょう。今回は現実のデータではなく、検証用に生成したデータを使用します。scikit-learnのmake_circlesを使えば、線形分離ができない、円形に散布するデータを生成することができます。

```
from sklearn.datasets import make_circles


X_circle, y_circle = make_circles(random_state=42, n_samples=100, nois
e=0.1, factor=0.3)


plt.scatter(X_circle[:, 0], X_circle[:, 1], c=y_circle)
plt.show()
```

## ■図7-31：円形データの生成

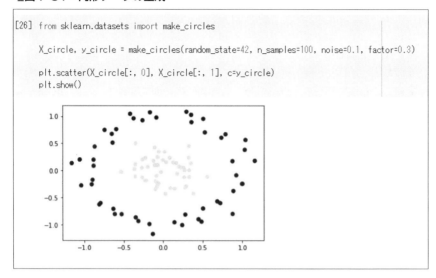

```
[26] from sklearn.datasets import make_circles

     X_circle, y_circle = make_circles(random_state=42, n_samples=100, noise=0.1, factor=0.3)

     plt.scatter(X_circle[:, 0], X_circle[:, 1], c=y_circle)
     plt.show()
```

　このデータを使ってそれぞれのアルゴリズムを試してみるのですが、これまで
のように一つ一つモデルを構築して、一つ一つ決定境界を可視化していては手間
がかかるので、今回は複数モデルの構築から決定境界の可視化までを一括で行い
ます。実際のビジネスの現場では、あるテーマに対してモデルを構築する際、複
数モデルの結果を比較することが通常です。ここで紹介するような、複数モデル
を一括で比較するテクニックも押さえておくと良いでしょう。

　まずは、それぞれのモデルを辞書型で定義していきます。

```
models = {"Logistic Regression":LogisticRegression(),
          "Linear SVM":LinearSVC(random_state=0),
          "Kernel SVM":SVC(kernel="rbf",random_state=0),
          "K Neighbors":KNeighborsClassifier(),
          "Decision Tree":DecisionTreeClassifier(max_depth=3,random_state=0),
          "Random Forest":RandomForestClassifier(max_depth=3,random_state=0)}
```

**▇図7-32：複数モデルの定義**

```
[27] models = ["Logistic Regression":LogisticRegression(),
              "Linear SVM":LinearSVC(random_state=0),
              "Kernel SVM":SVC(kernel="rbf",random_state=0),
              "K Neighbors":KNeighborsClassifier(),
              "Decision Tree":DecisionTreeClassifier(max_depth=3,random_state=0),
              "Random Forest":RandomForestClassifier(max_depth=3,random_state=0)]
```

　続いて、辞書の内容をもとに、for文でモデルの構築から決定境界の可視化までを行うプログラムを作ります。次章で評価について学んだら、評価を行うプログラムもこのfor文に組み込んでしまっても良いでしょう。

```
import matplotlib.gridspec as gridspec
import itertools

gs = gridspec.GridSpec(2, 3)
fig = plt.figure(figsize=(12, 6))

for model_name, num in zip(models.keys(), itertools.product([0, 1, 2],repeat=2)):

  model = models[model_name].fit(X_circle,y_circle)
  ax = plt.subplot(gs[num[0]], num[1]])
  fig = plot_decision_regions(X_circle, y_circle,clf=model)
  plt.title(model_name)

plt.tight_layout()
plt.show()
```

### ■図7-33：一括でのモデル構築および決定境界の可視化

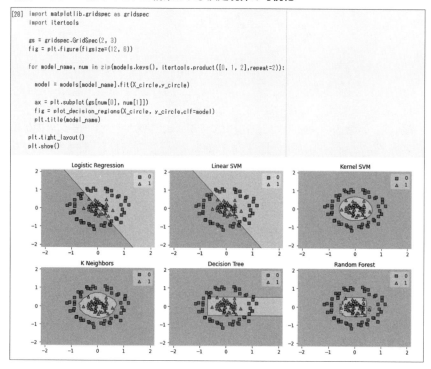

```
[28]  import matplotlib.gridspec as gridspec
      import itertools

      gs = gridspec.GridSpec(2, 3)
      fig = plt.figure(figsize=(12, 8))

      for model_name, num in zip(models.keys(), itertools.product([0, 1, 2],repeat=2)):

        model = models[model_name].fit(X_circle,y_circle)

        ax = plt.subplot(gs[num[0], num[1]])
        fig = plot_decision_regions(X_circle, y_circle,clf=model)
        plt.title(model_name)

      plt.tight_layout()
      plt.show()
```

これで、それぞれのモデルの決定境界を一括で可視化することができました。決定境界の内容を見てみると、やはり、ロジスティック回帰や線形SVMのような線形系のアルゴリズムでは、今回のデータセットに全く対応できていないことが分かります。アルゴリズムを選択する際は、まず初めに線形分離できそうか、データセットの散布状況にも目を配る必要がありそうですね。

以上で本章の内容は終わりです。お疲れ様でした。本章は、様々な分類アルゴリズムの違いを理解することにフォーカスして、線形系のアルゴリズムから決定木系のアルゴリズムまで幅広く扱ってきました。これまで以上に新しいアルゴリ

ズムがたくさん出てきて、とても濃い内容だったのではないでしょうか。本書の内容を復習したり、自分でデータを用意し試行錯誤しながらプログラムを書いてみるなどして、本章以外で扱ってきたアルゴリズムも含め、少しずつ自分のものにしていきましょう。その際に、どんなデータの時にどのような決定境界が引かれるのかを、アルゴリズムの理論的な部分と同時に押さえておくと、技術の引き出しが増えていくと思います。本書ではscikit-learnで用意されているデータを中心に扱っていますが、近年では国などが公開しているオープンデータも充実してきているので、データの入手はそれほど難しくないでしょう。

　なお、今回はハイパーパラメータチューニングについては扱いませんでしたが、ハイパーパラメータチューニングのノウハウについては第6章でまとめているため、そちらを参考に取り組んでみると良いでしょう。ハイパーパラメータの種類や意味については、これを機にscikit-learnなどの公式ドキュメントに目を通す習慣をつけておくのも良いかと思います。

　次章は分類モデルの評価手法にフォーカスしています。新たなアルゴリズムは出てきませんが、評価はモデル構築において最も重要なプロセスの一つなので、最後まで気を抜かず取り組みましょう！

# 第8章
# 分類モデルの評価を行う
# 10本ノック

　本章では、分類の評価方法について学びます。回帰でも分類でも教師あり学習には正解データがあります。教師なし学習とは違い、正解データがあるということは定量的な評価を行うことができます。どのようなデータの時に、どのアルゴリズムを選択すれば良いかという視点と同時に、最終的にはモデルを正しく評価するということが重要となります。実際の現場では、1度モデルを構築して終わりということはほぼ皆無です。正しい評価を行うことで、モデルの改善方針を検討し、精度向上に繋げられるようにしていきましょう。

　評価と言っても、分類には様々な評価指標が存在し、どの評価指標を重要視するかはモデル構築の目的やモデルの運用方法によっても異なります。本章では、基本的な評価指標を取り扱います。それぞれの評価指標の特徴や違いを理解し、ケースバイケースで使い分けができるようになりましょう。

---

ノック71：評価対象のモデルを用意しよう

ノック72：正解率を算出しよう

ノック73：混同行列を見てみよう

ノック74：適合率を算出しよう

ノック75：再現率を算出しよう

ノック76：F1値を算出しよう

ノック77：分類レポートを見てみよう

ノック78：予測結果の確信度を算出しよう

ノック79：PR曲線を見てみよう

ノック80：各モデルの評価結果を見てみよう

**前提条件**

本章は前章同様、分類問題を解くのに適した「乳癌の診断データ」を使用します。
各項目の説明については前章の内容を参照してください。

■表：データ一覧

| No. | 名称 | 概要 |
|-----|------|------|
| 1 | 乳癌の診断データ | 悪性か良性かを目的変数として、それに寄与する検査データが説明変数として用意されているデータ。 |

 **ノック71：
評価対象のモデルを用意しよう**

　まずは、今回の評価対象とするモデルの準備をしましょう。モデルには前章でも構築したランダムフォレストモデルを使用します。モデル構築の流れは基本的に前章と同じ内容なので、予測値の算出まで一気に進めてしまいましょう。
　まずはデータの読み込みから行います。

```
from sklearn.datasets import load_breast_cancer

load_data = load_breast_cancer()

import pandas as pd

df = pd.DataFrame(load_data.data, columns = load_data.feature_names)
df["y"] = load_data.target
```

■図8-1：データの読み込み

```
[1]  from sklearn.datasets import load_breast_cancer

     load_data = load_breast_cancer()

     import pandas as pd

     df = pd.DataFrame(load_data.data, columns = load_data.feature_names)
     df["y"] = load_data.target
```

次に、データを分割します。

```
from sklearn.model_selection import train_test_split

X= df[["mean radius","mean texture"]]
y = df["y"]
X_train, X_test, y_train, y_test = train_test_split(X, y,test_size=0.3,ran
dom_state=0)

print(len(X_test))
```

**■図8-2：データの分割**

```
[2]  from sklearn.model_selection import train_test_split

     X= df[["mean radius","mean texture"]]
     y = df["y"]
     X_train, X_test, y_train, y_test = train_test_split(X, y,test_size=0.3,random_state=0)

     print(len(X_test))

     171
```

　今回の評価フェーズで主に使用するのは、この171件のテストデータです。少し物足りない件数ではありますが、今回のように勉強目的で行う分には問題無いでしょう。最後にモデルを構築し、予測値を算出しておきます。

```
from sklearn.ensemble import RandomForestClassifier

rf_cls = RandomForestClassifier(max_depth=3,random_state=0).fit(X_train,
y_train)

y_train_pred = rf_cls.predict(X_train)
y_test_pred = rf_cls.predict(X_test)
```

**■図8-3：ランダムフォレストモデルの構築および予測値の算出**

```
[3]  from sklearn.ensemble import RandomForestClassifier

     rf_cls = RandomForestClassifier(max_depth=3,random_state=0).fit(X_train, y_train)

     y_train_pred = rf_cls.predict(X_train)
     y_test_pred = rf_cls.predict(X_test)
```

　これでモデルの構築は完了です。次のノックからは、このモデルを様々な角度から評価していきます。

## ノック72：
## 正解率を算出しよう

　まずは、一番オーソドックスな指標である正解率を見てみましょう。**正解率**は、サンプルの総数に対して何件予測を的中させたかを示す単純な指標です。正解率の式は以下のように表すことができます。

$$正解率 = \frac{正しく予測できたサンプル数}{全サンプル数}$$

　それでは、今回構築したモデルの正解率を見てみましょう。基本的には、学習に使用していないテストデータのスコアを参考に精度を測りますが、過学習や学習不足の傾向がないかを見るために、訓練データのスコアも併せて算出しましょう。scikit-learnのaccuracy_score()に実測値と予測値を渡すだけで、簡単に正解率を算出することができます。

```
from sklearn.metrics import accuracy_score

print(f"訓練データ正解率：{accuracy_score(y_train,y_train_pred)}")
print(f"テストデータ正解率：{accuracy_score(y_test,y_test_pred)}")
```

**■図8-4：正解率の算出**

```
[4]  from sklearn.metrics import accuracy_score

     print(f"訓練データ正解率：{accuracy_score(y_train,y_train_pred)}")
     print(f"テストデータ正解率：{accuracy_score(y_test,y_test_pred)}")

     訓練データ正解率：0.9195979899497487
     テストデータ正解率：0.8888888888888888
```

　訓練データにだけ過度に適合しているということも無く、両データとも比較的高いスコアを出していることから、過学習や学習不足の心配は無さそうですね。この正解率という指標ですが、あまり過信してはいけないということを前章でも少し触れました。今回のような癌検査モデルでは、「悪性をどれだけの精度で検出できるか」が重要であるはずです。しかし、正解率では、カテゴリごとの予測精度までは見ることができません。正解率は9割だったものの、蓋を開けてみれば悪性の検出率は7割程度だった、ということも考えられます。サンプルデータの偏りが大きい不均衡データを扱っている場合は特に注意が必要であることは前章でも述べた通りです。したがって、正解率は参考程度にとどめ、より深掘った精度評価が必要となります。

## ノック73：混同行列を見てみよう

　正解率には、個別のカテゴリに対しての精度が分からないという課題がありました。その課題を解消する手法の一つに、**混同行列**があります。
　混同行列の説明に入る前に、これから頻繁に使用する用語について補足しておきます。分類の評価では、検出したい対象のカテゴリを「**陽性**」、それ以外を「**陰性**」というように一般化した表現をすることが多いです。今回のケースでは、悪性を「陽性」、良性を「陰性」とするのが適しているでしょう。また、陽性・陰性と分類予測の正誤を絡めた表現として、以下が使用されます。

・ 真陽性（TP：True Positive）
　 実際に陽性で正しく陽性と予測されたサンプル

- 偽陽性（FP：False Positive）
  実際には陰性だが陽性と予測されたサンプル

- 真陰性（TN：True Negative）
  実際に陰性で正しく陰性と予測されたサンプル

- 偽陰性（FN：False Negative）
  実際には陽性だが陰性と予測されたサンプル

　さて、上記を踏まえて**混同行列**の中身を見ていきましょう。二値分類における混同行列は、**真陽性・偽陽性・真陰性・偽陰性**のそれぞれのサンプル件数を可視化したマトリックス表です。混同行列を可視化することで、個別のカテゴリごとの予測精度を俯瞰して見ることができ、どの部分での予測が弱いのか等も含め、直観的に把握することができます。混同行列は多値分類でも使用することができ、カテゴリ数が多くなればなるほど、視覚に訴える混同行列のメリットを享受できるでしょう。

　それでは、実際の混同行列を見てみましょう。混同行列には、scikit-learnのconfusion_matrix()を使用します。分かりやすくヒートマップにするため、seabornも使用しましょう。

```python
from sklearn.metrics import confusion_matrix
import matplotlib.pyplot as plt
import seaborn as sns


matrix = confusion_matrix(y_test,y_test_pred)


sns.heatmap(matrix.T, square=True,annot=True)
plt.xlabel("True Label")
plt.ylabel("Pred Label")
plt.show()
```

**図8-5：混同行列の可視化**

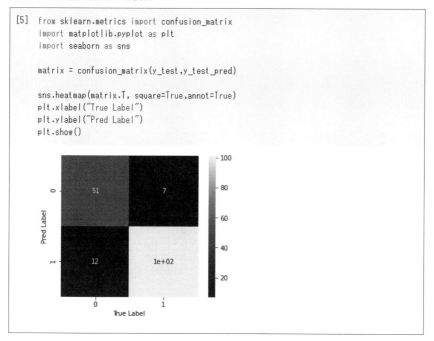

```
[5]  from sklearn.metrics import confusion_matrix
     import matplotlib.pyplot as plt
     import seaborn as sns

     matrix = confusion_matrix(y_test,y_test_pred)

     sns.heatmap(matrix.T, square=True,annot=True)
     plt.xlabel("True Label")
     plt.ylabel("Pred Label")
     plt.show()
```

　confusion_matrixでマトリックスの元となるデータを作成し、seabornとmatplotlibでそれをヒートマップにしています。結果を見る限り、概ね正しく予測できていることが分かりますが、陽性サンプル数63件に対し、偽陰性が12件と少し多いように見受けられますね。このように、混同行列はモデル精度の概観を把握するのに役立ちますが、モデルの改善や、モデルの構築目的に合った評価を行うには、混同行列で算出した結果を別の方法で解釈する必要性があります。

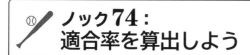

# ノック74：
# 適合率を算出しよう

　混同行列の結果を数値化したものの一つに適合率があります。**適合率**とは、モデルが「どれだけ正確に予測できているか」を示す指標で、以下の式で表すことができます。

$$適合率 = \frac{正しく陽性と予測できたサンプル数}{陽性と予測したサンプル数} = \frac{TP}{TP + FP}$$

適合率では、計算に使用する分母が「陽性と予測したサンプル数」であることがポイントです。これはすなわち、偽陽性件数を減らすことが、適合率の向上につながることを意味します。例えば、今回の癌検査モデルで、悪性を漏れなく検出することよりも、偽陽性により追加検査などの無駄なコストをかけないこと重要視する場合は、適合率を最適化することに努めるのが良いでしょう。

それでは、実際に適合率を見てみましょう。適合率の算出にはprecision_score()を使用します。

```
from sklearn.metrics import precision_score

print(f"訓練データ適合率：{precision_score(y_train,y_train_pred,pos_label=0)}")
print(f"テストデータ適合率：{precision_score(y_test,y_test_pred,pos_label=0)}")
```

**■図8-6：適合率の算出**

```
[6]  from sklearn.metrics import precision_score

     print(f"訓練データ適合率：{precision_score(y_train,y_train_pred,pos_label=0)}")
     print(f"テストデータ適合率：{precision_score(y_test,y_test_pred,pos_label=0)}")

     訓練データ適合率：0.9534883720930233
     テストデータ適合率：0.8793103448275862
```

pos_labelは陽性ラベルを指定する引数です。今回は悪性を陽性として扱うため、悪性のラベルである0を指定しています。テストデータの適合率は約88%と出ました。**ノック73**の混同行列で見ると、悪性と予測し実際に悪性であった実際0予測0である左上の51件に、悪性と予測したが実際には良性であった実際1予測0である右上の7件を足すと、58件となり、こちらが分母になります。58件のうち、正しく予測できた51件を分子として計算すると、今回のテストデータ適合率0.879と一致します。つまり、適合率は今回の混同行列の上部の合計に対して、正解がどのくらいだったのかを示しています。

　通常、適合率を用いたモデルの評価は、次に紹介する再現率を併用して行われます。再現率の指標の意味と、適合率との関係性についても理解しておきましょう。

## ノック75：
## 再現率を算出しよう

　**再現率**とは、モデルが「どれだけ網羅的に予測できているか」を示す指標です。再現率の式は以下のように表すことができます。

$$再現率 = \frac{正しく陽性と予測できたサンプル数}{実際に陽性であるサンプル数} = \frac{TP}{TP + FN}$$

　分母が「実際に陽性であるサンプル件数」であることから、偽陽性の件数は考慮されません。ここが「正確性」を測る適合率と大きく異なる点です。例えば今回の癌検査モデルのケースで、最終的な判断は人間が行うため、多少偽陽性が増えてでも多くの悪性を検出したい、ということであれば、再現率を重視したほうが良いでしょう。ただし、基本的に再現率を上げようとするほど、偽陽性の件数は増えてしまうため、適合率は下がることになります。このことから、再現率と適合率はトレードオフの関係と言われています。

　再現率の算出には、recall_score()を使用します。使用方法はprecision_score()と変わりません。

```
from sklearn.metrics import recall_score

print(f"訓練データ再現率：{recall_score(y_train,y_train_pred,pos_label=0)}")
print(f"テストデータ再現率：{recall_score(y_test,y_test_pred,pos_label=0)}")
```

**■図8-7：再現率の算出**

```
[7]  from sklearn.metrics import recall_score

     print(f"訓練データ再現率：{recall_score(y_train,y_train_pred,pos_label=0)}")
     print(f"テストデータ再現率：{recall_score(y_test,y_test_pred,pos_label=0)}")

     訓練データ再現率：0.825503355704698
     テストデータ再現率：0.8095238095238095
```

　ノック73の混同行列で見ると、悪性と予測し実際に悪性であった実際0予測0である左上の51件に、良性と予測したが実際には悪性であった実際0予測1である左下の12件を足すと、63件となり、こちらが分母になります。63件のうち、正しく予測できた51件を分子として計算すると、今回のテストデータ再現率0.809と一致します。つまり、再現率は今回の混同行列の左部の合計に対して、正解がどのくらいだったのかを示しています。

　再現率は適合率と比較して低い結果になっていますね。これまで説明してきたように、適合率と再現率はそれぞれ異なった特徴を持っています。そのため、それぞれの指標を個別に見ても、モデルとしての精度の全体像が見えにくいです。この問題を解消するために使用されるのが、次に紹介するF1値です。

## ⚾🏏 ノック76： F1値を算出しよう

　**F1値**は適合率と再現率の双方のバランスを考慮した指標です。具体的には、適合率と再現率の調和平均をとったものが、F1値となります。

$$F1値 = 2 \times \frac{適合率 \times 再現率}{適合率 + 再現率}$$

　早速、F1値を算出しましょう。F1値の算出にはf1_score()を使用します。

```
from sklearn.metrics import f1_score


print(f"訓練データF1値：{f1_score(y_train,y_train_pred,pos_label=0)}")

print(f"テストデータF1値：{f1_score(y_test,y_test_pred,pos_label=0)}")
```

**■図8-8：F1値の算出**

```
[8]  from sklearn.metrics import f1_score

     print(f"訓練データF1値: {f1_score(y_train,y_train_pred,pos_label=0)}")
     print(f"テストデータF1値: {f1_score(y_test,y_test_pred,pos_label=0)}")

     訓練データF1値: 0.8848920863309353
     テストデータF1値: 0.8429752066115702
```

　ちょうど適合率と再現率の間をとったような結果となりましたね。F1値はその特徴から、分類モデルの総合的な評価指標として使用されることが多いです。しかし、実際の運用で使えるモデルかどうかを測るためには、F1値だけでなく、適合率や再現率などの個別の指標にも目を向ける必要があります。

## ⚾ ノック77： 分類レポートを見てみよう

　ここまで、正解率やF1値などの評価指標を個別に出力してきましたが、実はscikit-learnにはそれらの指標をまとめて出力してくれる関数があります。それが、classification_report()です。classification_reportを使って分類レポートを出力してみましょう。

```
from sklearn.metrics import classification_report

print("Train Score Report")
print(classification_report(y_train,y_train_pred))
print("Test Score Report")
print(classification_report(y_test,y_test_pred))
```

**■図8-9：分類レポートの出力**

```
[9]  from sklearn.metrics import classification_report

     print("Train Score Report")
     print(classification_report(y_train,y_train_pred))
     print("Test Score Report")
     print(classification_report(y_test,y_test_pred))

     Train Score Report
                   precision    recall  f1-score   support

                0       0.95      0.83      0.88       149
                1       0.90      0.98      0.94       249

         accuracy                           0.92       398
        macro avg       0.93      0.90      0.91       398
     weighted avg       0.92      0.92      0.92       398

     Test Score Report
                   precision    recall  f1-score   support

                0       0.88      0.81      0.84        63
                1       0.89      0.94      0.91       108

         accuracy                           0.89       171
        macro avg       0.89      0.87      0.88       171
     weighted avg       0.89      0.89      0.89       171
```

　悪性を陽性としたケースだけでなく、良性を陽性としたケースでの各スコアも算出しています。また、カテゴリごとの指標のマクロ平均(macro avg)や、サンプル数(support)に応じて重み付けを行った平均(weighted avg)も出力してくれます。多値分類問題でカテゴリが多数ある場合は一つ一つのカテゴリの評価を見ていくのは大変なので、これらの平均値はモデルの精度の全体像を見るのに役立ちます。

　分類レポートは、分類の評価フェーズで積極的に活用していきたい関数の一つなので、ぜひ覚えておきましょう。

## ノック78：
## 予測結果の確信度を算出しよう

　これまで扱ってきた分類予測では、陽性or陰性という最終的な予測結果のみを見てきましたが、実際のビジネスの現場では、「その予測がどれだけの確信度をもって行われたのか」という情報も重要になります。例えば、今回の癌検査モデルで悪

性と予測されたケースでも、その確率(確信度)が60%なのか90%なのか、実際の対処内容も変わってくることでしょう。そのようなケースに備え、scikit-learnのモデルには分類予測結果の確信度を出力するメソッドが用意されています。predict_probaメソッドに予測対象データを渡すことで、確率の形式で予測結果を出力することができます。

```
pred_proba_train = rf_cls.predict_proba(X_train)
pred_proba_test = rf_cls.predict_proba(X_test)

print(pred_proba_train[:5])
print(pred_proba_test[:5])
```

**■図8-10：確信度の算出**

```
[10]  pred_proba_train = rf_cls.predict_proba(X_train)
      pred_proba_test = rf_cls.predict_proba(X_test)

      print(pred_proba_train[:5])
      print(pred_proba_test[:5])

      [[0.02592192 0.97407808]
       [0.09656751 0.90343249]
       [0.09158286 0.90841714]
       [0.89796431 0.10203569]
       [0.01416888 0.98583112]]
      [[0.4094982  0.5905018 ]
       [0.43246982 0.56753018]
       [0.15599818 0.84400182]
       [0.20438491 0.79561509]
       [0.10739119 0.89260881]]
```

　配列には、陽性に分類される確率と、陰性に分類される確率がそれぞれ格納されています。デフォルトでは50%を上回っているカテゴリを最終的な予測結果とするようになっていますが、このように確率を算出することで、60%以上であれば陽性とするなど、新たな閾値を設けることも可能です。また、説明変数が2つであるケース限定の手法ですが、以下のように、領域ごとの確信度を可視化することもできます。

```
import numpy as np
```

```
x_min, x_max = X["mean radius"].min() - 0.5, X["mean radius"].max() + 0.5
y_min, y_max = X["mean texture"].min() - 0.5, X["mean texture"].max() +
0.5

step = 0.5
x_range = np.arange(x_min, x_max, step)
y_range = np.arange(y_min, y_max, step)
xx, yy = np.meshgrid(x_range, y_range)

Z = rf_cls.predict_proba(np.c_[xx.ravel(), yy.ravel()])[:, 0]
Z = Z.reshape(xx.shape)

plt.figure(figsize=(10,7))
plt.contourf(xx, yy, Z, alpha=0.8,cmap=plt.cm.coolwarm)
plt.colorbar()
plt.scatter(X_train["mean radius"], X_train["mean texture"], c=y_train,mar
ker="o", edgecolors="k", cmap=plt.cm.coolwarm_r, label="Train")
plt.scatter(X_test["mean radius"], X_test["mean texture"], c=y_test, marke
r="^",edgecolors="k", cmap=plt.cm.coolwarm_r, label="Test")
plt.xlabel("mean radius")
plt.ylabel("mean texture")
plt.legend()
plt.show()
```

**■図8-11：確信度の可視化**

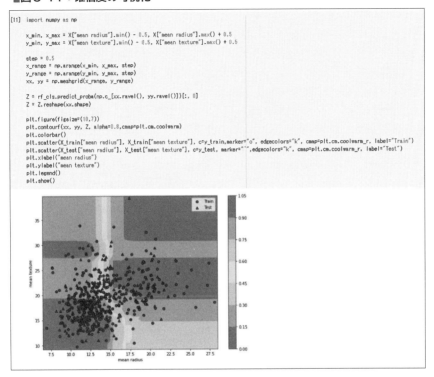

```
[11] import numpy as np

     x_min, x_max = X["mean radius"].min() - 0.5, X["mean radius"].max() + 0.5
     y_min, y_max = X["mean texture"].min() - 0.5, X["mean texture"].max() + 0.5

     step = 0.5
     x_range = np.arange(x_min, x_max, step)
     y_range = np.arange(y_min, y_max, step)
     xx, yy = np.meshgrid(x_range, y_range)

     Z = rf_cls.predict_proba(np.c_[xx.ravel(), yy.ravel()])[:, 0]
     Z = Z.reshape(xx.shape)

     plt.figure(figsize=(10,7))
     plt.contourf(xx, yy, Z, alpha=0.8,cmap=plt.cm.coolwarm)
     plt.colorbar()
     plt.scatter(X_train["mean radius"], X_train["mean texture"], c=y_train,marker="o", edgecolors="k", cmap=plt.cm.coolwarm_r, label="Train")
     plt.scatter(X_test["mean radius"], X_test["mean texture"], c=y_test, marker="^",edgecolors="k", cmap=plt.cm.coolwarm_r, label="Test")
     plt.xlabel("mean radius")
     plt.ylabel("mean texture")
     plt.legend()
     plt.show()
```

　このグラフの背景のメッシュ部分が陽性に分類される確信度を表しています。
仕組みとしては、各変数(mean radius, mean texture)の最小値から最大値の
範囲内で、それぞれ0.5刻みでデータを新たに生成し、それらのデータを説明変
数としてpredict_probaで算出した確信度を可視化しています。このように確信
度を可視化することで、どの領域で誤分類が起こりやすいかを把握することがで
きます。

## ノック79：
## PR曲線を見てみよう

　最後に、PR曲線について理解しましょう。**PR曲線(Precision-Recall
Curve)**は、モデルの精度評価に使用されるのと同時に、最適な閾値を探索する

際にも用いられる手法です。PR曲線は縦軸に**適合率**、横軸に**再現率**の値をとり、閾値の変化による適合率と再現率のトレードオフ関係を表現しています。閾値を上げることは、陽性の判定をより厳しく行うことを意味します。つまり、閾値が上がればそれだけ予測の正確性が上がりますし(適合率の向上)、逆に、閾値を下げれば偽陽性は増えますが、予測の網羅性は上がります(再現率の向上)。この関係性を可視化したものがPR曲線です。

PR曲線と似たものにROC曲線があります。**ROC曲線**は、閾値の変化による再現率と偽陽性率の関係をプロットした曲線です。偽陽性率を使用している点でPR曲線と異なりますが、モデルの精度評価や閾値の探索に用いる点はPR曲線と変わりません。今回はROC曲線について詳細には扱いませんが、PR曲線と近い考え方なので、PR曲線について理解した後に余裕がある方はROC曲線についても調べてみてください。

それでは、実際にPR曲線を引いてみましょう。precision_recall_curve()を使うことで、PR曲線を引くための素材となる適合率、再現率、閾値をそれぞれ取得することができます。

```
from sklearn.metrics import precision_recall_curve
from sklearn.metrics import auc

precision, recall, thresholds = precision_recall_curve(y_test,pred_proba_test[:,0], pos_label=0)

print(precision[:3])
print(recall[:3])
print(thresholds[:3])
```

**■図8-12：適合率・再現率・閾値の取得**

```
[12] from sklearn.metrics import precision_recall_curve
     from sklearn.metrics import auc

     precision, recall, thresholds = precision_recall_curve(y_test,pred_proba_test[:,0], pos_label=0)

     print(precision[:3])
     print(recall[:3])
     print(thresholds[:3])

     [0.60576923 0.60194175 0.60784314]
     [1.         0.98412698 0.98412698]
     [0.13356286 0.13510329 0.15190111]
```

　これにより、各閾値における適合率と再現率を取得することができました。続いて、これらの値をmatplotlibで可視化してみましょう。

```python
plt.plot(recall, precision,label="PR Curve")


tg_thres = [0.3,0.5,0.8]
for thres in tg_thres:
  tg_index = np.argmin(np.abs(thresholds - thres))
  plt.plot(recall[tg_index], precision[tg_index], marker = "o",markersiz
e=10, label=f"Threshold = {thres}")


plt.plot([0,1], [1,1], linestyle="--", color="red", label="Ideal Line")


plt.legend()
plt.title("PR curve")
plt.xlabel("Recall")
plt.ylabel("Precision")
plt.grid()
plt.show()
```

**■図8-13：PR曲線の可視化**

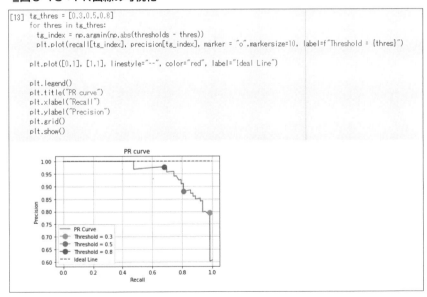

　PR曲線のプロット自体は1行目で行っていますが、参考として、3点だけ閾値をプロットしています。基本的に、閾値が上がるほど適合率が上がり、再現率が下がっていることが分かりますね。

　冒頭でPR曲線がモデルの精度評価に使用されると述べましたが、PR曲線からモデルの性能を測るための指標として、**AUC(Area Under the Curve)**があります。文字通り、PR曲線より下の部分の面積を表す指標で、AUCが1に近いほどモデルの性能が良いとされています。グラフ上部の点線(赤点線)は、AUCが1である最も理想的なPR曲線です。AUCについても、scikit-learnで算出のための関数が用意されているので、値を見てみましょう。

```
from sklearn.metrics import auc

auc(recall, precision)
```

**■図8-14：AUCの算出**

```
[14] from sklearn.metrics import auc

     auc(recall, precision)

     0.9543523166632815
```

　precision_recall_curve()で取得した再現率と適合率をauc()に渡すことで、簡単にAUCを求めることができます。

　次に、最適な閾値を探索しやすくするため、グラフの形式を少し変えてみましょう。

```
plt.plot(np.append(thresholds, 1), recall, label = "Recall")
plt.plot(np.append(thresholds, 1), precision, label = "Precision")
plt.xlabel("Thresholds")
plt.ylabel("Score")
plt.grid()
plt.legend()
plt.show()
```

### ■図8-15：閾値を切り口とした可視化

```
[15] plt.plot(np.append(thresholds, 1), recall, label = "Recall")
     plt.plot(np.append(thresholds, 1), precision, label = "Precision")
     plt.xlabel("Thresholds")
     plt.ylabel("Score")
     plt.grid()
     plt.legend()
     plt.show()
```

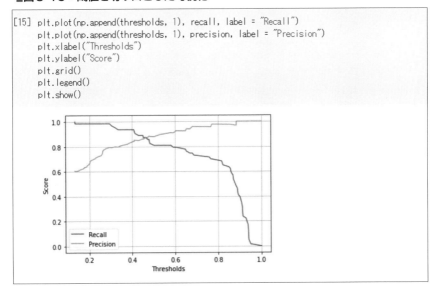

　横軸に閾値をとることで、閾値の切り口で再現率、適合率の変化を確認しやすくしました。どの閾値を最適とするかは、どの程度の偽陽性や陽性未検出を許容できるかにもよるのでケースバイケースですが、いざという時のために、このような探索の手法は引き出しとして持っておきましょう。

　最後に、PR曲線の可視化は次のノックでも使用するため、関数化しておきましょう。

```
def plot_pr_curve(y_true,proba):
  precision, recall, thresholds = precision_recall_curve(y_true, prob
a[:,0], pos_label=0)
  auc_score = auc(recall, precision)

  plt.figure(figsize=(12, 4))
  plt.subplot(1,2,1)

  plt.plot(recall, precision,label=f"PR Curve (AUC = {round(auc_scor
e,3)})")
  plt.plot([0,1], [1,1], linestyle="--", color="red", label="Ideal Line")
```

```
tg_thres = [0.3,0.5,0.8]
for thres in tg_thres:
    tg_index = np.argmin(np.abs(thresholds - thres))
    plt.plot(recall[tg_index], precision[tg_index], marker = "o",markersiz
e=10, label=f"Threshold = {thres}")

plt.legend()
plt.title("PR curve")
plt.xlabel("Recall")
plt.ylabel("Precision")
plt.grid()

plt.subplot(1,2,2)

plt.plot(np.append(thresholds, 1), recall, label = "Recall")
plt.plot(np.append(thresholds, 1), precision, label = "Precision")
plt.xlabel("Thresholds")
plt.ylabel("Score")
plt.grid()
plt.legend()

plt.show()
```

■図8-16：可視化の関数化

```
[16]  def plot_pr_curve(y_true,proba):
          precision, recall, thresholds = precision_recall_curve(y_true, proba[:,0], pos_label=0)
          auc_score = auc(recall, precision)

          plt.figure(figsize=(12, 4))
          plt.subplot(1,2,1)

          plt.plot(recall, precision,label=f"PR Curve (AUC = {round(auc_score,3)})")
          plt.plot([0,1], [1,1], linestyle="--", color="red", label="Ideal Line")

          tg_thres = [0.3,0.5,0.8]
          for thres in tg_thres:
              tg_index = np.argmin(np.abs(thresholds - thres))
              plt.plot(recall[tg_index], precision[tg_index], marker = "o",markersize=10, label=f"Threshold = {thres}")

          plt.legend()
          plt.title("PR curve")
          plt.xlabel("Recall")
          plt.ylabel("Precision")
          plt.grid()

          plt.subplot(1,2,2)

          plt.plot(np.append(thresholds, 1), recall, label = "Recall")
          plt.plot(np.append(thresholds, 1), precision, label = "Precision")
          plt.xlabel("Thresholds")
          plt.ylabel("Score")
          plt.grid()
          plt.legend()

          plt.show()
```

## ノック80：
## 各モデルの評価結果を見てみよう

　ここまでで学んできた手法を用いて、前章で構築した各モデルの評価をまとめて行ってみましょう。各モデルの特徴やそれぞれの違いについては前章を参照してください。

　今回は決定木系以外のアルゴリズムも使用するため、まずはデータのスケーリングを行います。

```
from sklearn.preprocessing import StandardScaler

scaler = StandardScaler()
X_train_scaled = scaler.fit_transform(X_train)
X_test_scaled = scaler.transform(X_test)
```

### ■図8-17：データのスケーリング（標準化）

```
[17]  from sklearn.preprocessing import StandardScaler

      scaler = StandardScaler()
      X_train_scaled = scaler.fit_transform(X_train)
      X_test_scaled = scaler.transform(X_test)
```

　次に、各モデルの構築から評価までの処理を一括で行うため、辞書型でモデル
を定義をします。なお、前章では線形SVMモデルにLinearSVCクラスを使用し
ていましたが、LinearSVCクラスには確信度を算出する機能がないため、今回は
SVCクラスのハイパーパラメータであるkernelにlinearを指定する方法で代用
します。いずれも、線形SVMであることに変わりはありません。

```
from sklearn.linear_model import LogisticRegression

from sklearn.svm import SVC

from sklearn.neighbors import KNeighborsClassifier

from sklearn.tree import DecisionTreeClassifier

from sklearn.ensemble import RandomForestClassifier


models = {"Logistic Regression":LogisticRegression(),
         "Linear SVM":SVC(kernel="linear",probability=True,random_state=0),
         "Kernel SVM":SVC(kernel="rbf",probability=True,random_state=0),
         "K Neighbors":KNeighborsClassifier(),
         "Decision Tree":DecisionTreeClassifier(max_depth=3,random_state=0),
         "Random Forest":RandomForestClassifier(max_depth=3,random_state=0)}
```

### ■図8-18：各モデルの定義

```
[18]  from sklearn.linear_model import LogisticRegression
      from sklearn.svm import SVC
      from sklearn.neighbors import KNeighborsClassifier
      from sklearn.tree import DecisionTreeClassifier
      from sklearn.ensemble import RandomForestClassifier

      models = ["Logistic Regression":LogisticRegression(),
               "Linear SVM":SVC(kernel="linear",probability=True,random_state=0),
               "Kernel SVM":SVC(kernel="rbf",probability=True,random_state=0),
               "K Neighbors":KNeighborsClassifier(),
               "Decision Tree":DecisionTreeClassifier(max_depth=3,random_state=0),
               "Random Forest":RandomForestClassifier(max_depth=3,random_state=0)]
```

SVCクラスでpredict_probaを使用するには、probabilityをTrueにする必要があります。次に、訓練データとテストデータの処理を一括で回すため、こちらも辞書型で定義しておきます。

```
data_set = {"Train":[X_train_scaled,y_train],"Test":[X_test_scaled,y_test]}
```

**■図8-19：データセットの定義**

```
[19] data_set = ["Train":[X_train_scaled,y_train],"Test":[X_test_scaled,y_test]]
```

これで事前準備は完了です。ここからは実際の処理に移ります。まずはモデル構築を行い、その後、データセットごとに分類レポートの出力を行います。また、テストデータについてはPR曲線の可視化も併せて行います。

```
for model_name in models.keys():

  print(f"{model_name} Score Report")
  model = models[model_name].fit(X_train_scaled,y_train)

  for data_set_name in data_set.keys():

    X_data = data_set[data_set_name][0]
    y_true = data_set[data_set_name][1]

    y_pred = model.predict(X_data)

    score_df = pd.DataFrame(classification_report(y_true,y_pred,output_dict=True))
    score_df["model"] = model_name
    score_df["type"] = data_set_name
    display(score_df)


    if data_set_name == "Test":
```

```
proba = model.predict_proba(X_data)

plot_pr_curve(y_true,proba)
```

### ▰◤図8-20：評価結果の一括出力（コード部分）

```
[20] for model_name in models.keys():

        print(f"[model_name] Score Report")
        model = models[model_name].fit(X_train_scaled,y_train)

        for data_set_name in data_set.keys():

          X_data = data_set[data_set_name][0]
          y_true = data_set[data_set_name][1]

          y_pred = model.predict(X_data)

          score_df = pd.DataFrame(classification_report(y_true,y_pred,output_dict=True))
          score_df["model"] = model_name
          score_df["type"] = data_set_name
          display(score_df)


          if data_set_name == "Test":
            proba = model.predict_proba(X_data)
            plot_pr_curve(y_true,proba)
```

### ▰◤図8-21：評価結果の一括出力（ロジスティック回帰）

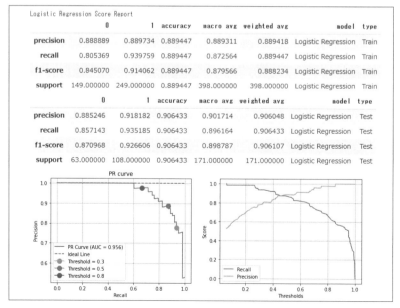

Logistic Regression Score Report

|  | 0 | 1 | accuracy | macro avg | weighted avg | model | type |
|---|---|---|---|---|---|---|---|
| precision | 0.888889 | 0.889734 | 0.889447 | 0.889311 | 0.889418 | Logistic Regression | Train |
| recall | 0.805369 | 0.939759 | 0.889447 | 0.872564 | 0.889447 | Logistic Regression | Train |
| f1-score | 0.845070 | 0.914062 | 0.889447 | 0.879566 | 0.888234 | Logistic Regression | Train |
| support | 149.000000 | 249.000000 | 0.889447 | 398.000000 | 398.000000 | Logistic Regression | Train |

|  | 0 | 1 | accuracy | macro avg | weighted avg | model | type |
|---|---|---|---|---|---|---|---|
| precision | 0.885246 | 0.918182 | 0.906433 | 0.901714 | 0.906048 | Logistic Regression | Test |
| recall | 0.857143 | 0.935185 | 0.906433 | 0.896164 | 0.906433 | Logistic Regression | Test |
| f1-score | 0.870968 | 0.926606 | 0.906433 | 0.898787 | 0.906107 | Logistic Regression | Test |
| support | 63.000000 | 108.000000 | 0.906433 | 171.000000 | 171.000000 | Logistic Regression | Test |

## ■図8-22：評価結果の一括出力（線形SVM）

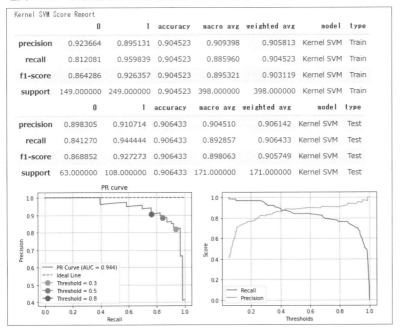

## ■図8-23：評価結果の一括出力（カーネルSVM）

■図8-24：評価結果の一括出力（K近傍法）

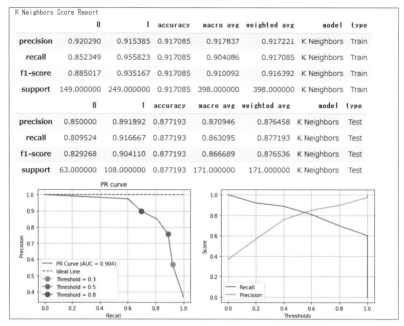

K Neighbors Score Report

| | 0 | 1 | accuracy | macro avg | weighted avg | model | type |
|---|---|---|---|---|---|---|---|
| precision | 0.920290 | 0.915385 | 0.917085 | 0.917837 | 0.917221 | K Neighbors | Train |
| recall | 0.852349 | 0.955823 | 0.917085 | 0.904086 | 0.917085 | K Neighbors | Train |
| f1-score | 0.885017 | 0.935167 | 0.917085 | 0.910092 | 0.916392 | K Neighbors | Train |
| support | 149.000000 | 249.000000 | 0.917085 | 398.000000 | 398.000000 | K Neighbors | Train |
| | 0 | 1 | accuracy | macro avg | weighted avg | model | type |
| precision | 0.850000 | 0.891892 | 0.877193 | 0.870946 | 0.876458 | K Neighbors | Test |
| recall | 0.809524 | 0.916667 | 0.877193 | 0.863095 | 0.877193 | K Neighbors | Test |
| f1-score | 0.829268 | 0.904110 | 0.877193 | 0.866689 | 0.876536 | K Neighbors | Test |
| support | 63.000000 | 108.000000 | 0.877193 | 171.000000 | 171.000000 | K Neighbors | Test |

■図8-25：評価結果の一括出力（決定木）

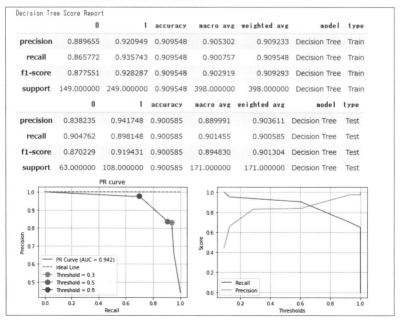

Decision Tree Score Report

| | 0 | 1 | accuracy | macro avg | weighted avg | model | type |
|---|---|---|---|---|---|---|---|
| precision | 0.889655 | 0.920949 | 0.909548 | 0.905302 | 0.909233 | Decision Tree | Train |
| recall | 0.865772 | 0.935743 | 0.909548 | 0.900757 | 0.909548 | Decision Tree | Train |
| f1-score | 0.877551 | 0.928287 | 0.909548 | 0.902919 | 0.909293 | Decision Tree | Train |
| support | 149.000000 | 249.000000 | 0.909548 | 398.000000 | 398.000000 | Decision Tree | Train |
| | 0 | 1 | accuracy | macro avg | weighted avg | model | type |
| precision | 0.838235 | 0.941748 | 0.900585 | 0.889991 | 0.903611 | Decision Tree | Test |
| recall | 0.904762 | 0.898148 | 0.900585 | 0.901455 | 0.900585 | Decision Tree | Test |
| f1-score | 0.870229 | 0.919431 | 0.900585 | 0.894830 | 0.901304 | Decision Tree | Test |
| support | 63.000000 | 108.000000 | 0.900585 | 171.000000 | 171.000000 | Decision Tree | Test |

**■図8-26：評価結果の一括出力（ランダムフォレスト）**

```
Random Forest Score Report
```

|  | 0 | 1 | accuracy | macro avg | weighted avg | model | type |
|---|---|---|---|---|---|---|---|
| precision | 0.953488 | 0.903346 | 0.919598 | 0.928417 | 0.922118 | Random Forest | Train |
| recall | 0.825503 | 0.975904 | 0.919598 | 0.900703 | 0.919598 | Random Forest | Train |
| f1-score | 0.884892 | 0.938224 | 0.919598 | 0.911558 | 0.918258 | Random Forest | Train |
| support | 149.000000 | 249.000000 | 0.919598 | 398.000000 | 398.000000 | Random Forest | Train |
|  | 0 | 1 | accuracy | macro avg | weighted avg | model | type |
| precision | 0.879310 | 0.893805 | 0.888889 | 0.886558 | 0.888465 | Random Forest | Test |
| recall | 0.809524 | 0.935185 | 0.888889 | 0.872354 | 0.888889 | Random Forest | Test |
| f1-score | 0.842975 | 0.914027 | 0.888889 | 0.878501 | 0.887850 | Random Forest | Test |
| support | 63.000000 | 108.000000 | 0.888889 | 171.000000 | 171.000000 | Random Forest | Test |

これで一括処理が完了です。分類レポートはoutput_dictをTrueにすることで辞書型で出力し、データフレームに格納しています。スコアを見る限り、各アルゴリズムで大きな差は無いようですね。決定木やロジスティック回帰のF1値が高く出ており、今回のデータセットに対しては、シンプルなアルゴリズムでも比較的うまく分類できているようです。ただし、分類レポートのスコアは全て、閾値が50％の前提で出されているものなので、PR曲線などを見て閾値に調整の余地がないかも見る必要があります。閾値の選択は、モデル構築の目的や運用方法に応じて、臨機応変に行えるようにしましょう。

本章は以上となります。また、本章をもって第二部の内容は終わりです。お疲れ様でした。

　第二部は、アルゴリズムの引き出しを増やすことを重視しつつも、データの前処理やパラメータチューニング、そして本章で扱ったような評価手法など、モデル構築の一連の流れをイメージしやすい構成にしたつもりです。途中からは見飽きたコードも繰り返し出てきたかもしれませんが、第二部を通じて、モデル構築の流れが頭にしみついたのではないでしょうか。

　これまで学んできたように、機械学習には数多くのアルゴリズムが存在し、また、日々新しいアルゴリズムは生まれています。ここまでアルゴリズムの違い中心に学んできましたが、昨今の現場では、第10章で扱うAutoMLをはじめとした、アルゴリズムを意識しなくても良いような、モデル構築の自動化も注目されています。ただし、モデル構築が自動化されても、どのようなデータを使用して、何を予測するのか、そしてそのモデルの精度評価結果からどのモデルを選択するべきなのかは、引き続き人間が重要な役割を担っていくと思います。今回学んだことで、どのようなデータでどのような傾向のモデルが出来上がるのかを感覚として捉え、評価を設計、実施できるスキルが身についたのではないでしょうか。そのスキルは、今後、機械学習が自動化されていくからこそ重要なスキルだと思います。

# 第3部
# 機械学習発展編

　第1部では、様々な特徴的なデータに対して、教師なし学習のクラスタリングや次元削減を取り扱い、適切なアルゴリズムの選定基準や効果的な可視化方法を身に付けてきました。第2部では、正解データをもとにモデルを構築する教師あり学習の回帰、分類を学びました。ここまでは手法の引き出しを増やす部分に力を入れ、どのような種類のデータがきても、適切なアルゴリズムを選定できるようになることを意識してノックを行ってきました。実際、ここまでの知識と技術を身に付けていれば、現場に出てもそれほど慌てることはないでしょう。

　さて、ここからは一歩踏み込んで、身につけたことを最大限に活用するための手法を学んでいきます。

　まずは第9章で、「説明可能なAI」の実装を行います。AIをビジネスに適用するうえで、利用者が納得できる予測根拠を説明することは非常に重要であるため、これから機械学習のモデルを開発する上で必須の知識となってきています。ここをしっかり抑えておくことが、今後の皆さんの活躍に直結すると言っても過言ではありません。

　第10章では、総仕上げとして、自動でモデルを構築する技術である「AutoML」の実装を行います。昨今、モデル構築の自動化はかなり進んでおり、自動化された機械学習の可能性と代表的な手法について学んでいきましょう。

　いよいよ、AIモデル構築100本ノックも大詰めです。このノックを無事に乗り越えて、さらに一歩進んだ知識と技術を身に付けましょう。

## 第3部で取り扱うPythonライブラリ

データ加工：pandas, numpy
可視化：matplotlib
機械学習：scikit-learn, shap, pycaret

# 第9章
# AIを説明可能にする
# 10本ノック

　本章では、機械学習モデルの判定根拠を人間にも分かる形で提示する「説明可能なAI(Explainable AI: XAI)」の代表的な手法であるSHAP(SHapley Additive exPlanations)を取り扱います。

　機械学習モデルの解釈性については、しばしば問題になり、モデルの精度は高いが、なぜその予測を行ったのか説明できず、実用に至らないケースがあります。SHAPを利用することで、各説明変数がどうのように作用して予測したか各データごとに説明することができます。第2部で実装した回帰、分類モデルをベースに、SHAPの利用方法を学んでいきます。回帰、分類ごとにSHAPの出力結果の違いに関して意識して臨んでいきましょう。

---

　ノック81：SHAPモデルを構築してみよう
　ノック82：回帰系モデルのSHAP値を確認してみよう
　ノック83：回帰系モデルをsummary_plotで解釈してみよう
　ノック84：回帰系モデルをdependence_plotで解釈してみよう
　ノック85：回帰系モデルをforce_plotで解釈してみよう
　ノック86：回帰系モデルをwaterfall_plotで解釈してみよう
　ノック87：分類系モデルのSHAP値を確認してみよう
　ノック88：分類系モデルをsummary_plotで解釈してみよう
　ノック89：分類系モデルをdependence_plotで解釈してみよう
　ノック90：分類系モデルをforce_plotで解釈してみよう

## 前提条件

　本章のノックでは、SHAPを用いて、説明可能なAIを実装していきます。データについては、第2部で利用したボストンの住宅価格、乳癌データセットを扱っていきます。

ノック81：
SHAPモデルを構築してみよう

　SHAP は、学習済みモデルにおいて、各説明変数が予測値にどのような影響を与えたかを「**貢献度**」と定義して算出するモデルで、各データごとに結果を出力して、可視化することができます。

■図9-1：SHAPの概要図

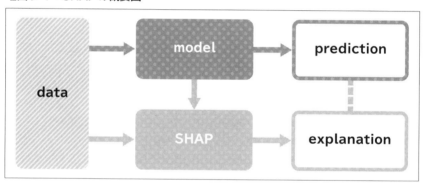

　まず、冒頭でも述べたようにボストンデータセットを用いた回帰系モデルの決定木を作成して、SHAPを利用しないで結果を解釈してみましょう。前章までで実装しているため、モデルの構築までは一気に実行しましょう。

```python
import pandas as pd
from sklearn.datasets import load_boston
from sklearn.model_selection import train_test_split
from sklearn.tree import DecisionTreeRegressor


boston = load_boston()
```

```
df = pd.DataFrame(boston.data,columns=boston.feature_names)
df["MEDV"] = boston.target
X= df[boston.feature_names]
y = df[["MEDV"]]
X_train, X_test, y_train, y_test = train_test_split(X, y,test_size=0.3,ran
dom_state=0)


print(len(X_train))
display(X_train.head(1))
print(len(X_test))
display(X_test.head(1))


tree_reg = DecisionTreeRegressor(max_depth=3, random_state=0).fit(X_train,
y_train)
```

■図9-2：回帰系モデルの作成

```
[1]  import pandas as pd
     from sklearn.datasets import load_boston
     from sklearn.model_selection import train_test_split
     from sklearn.tree import DecisionTreeRegressor

     boston = load_boston()
     df = pd.DataFrame(boston.data,columns=boston.feature_names)
     df["MEDV"] = boston.target
     X= df[boston.feature_names]
     y = df[["MEDV"]]
     X_train, X_test, y_train, y_test = train_test_split(X, y,test_size=0.3,random_state=0)

     print(len(X_train))
     display(X_train.head(1))
     print(len(X_test))
     display(X_test.head(1))

     tree_reg = DecisionTreeRegressor(max_depth=3, random_state=0).fit(X_train,y_train)

     354
```

| | CRIM | ZN | INDUS | CHAS | NOX | RM | AGE | DIS | RAD | TAX | PTRATIO | B | LSTAT |
|---|---|---|---|---|---|---|---|---|---|---|---|---|---|
| 141 | 1.62864 | 0.0 | 21.89 | 0.0 | 0.624 | 5.019 | 100.0 | 1.4394 | 4.0 | 437.0 | 21.2 | 396.9 | 34.41 |

```
     152
```

| | CRIM | ZN | INDUS | CHAS | NOX | RM | AGE | DIS | RAD | TAX | PTRATIO | B | LSTAT |
|---|---|---|---|---|---|---|---|---|---|---|---|---|---|
| 329 | 0.06724 | 0.0 | 3.24 | 0.0 | 0.46 | 6.333 | 17.2 | 5.2146 | 4.0 | 430.0 | 16.9 | 375.21 | 7.34 |

　これで、回帰系の決定木モデルが作成できました。次に、作成したモデルの説明変数ごとの重要度を表示してみましょう。

```
import matplotlib.pyplot as plt
import numpy as np

features = X_train.columns
importances = tree_reg.feature_importances_
indices = np.argsort(importances)

plt.figure(figsize=(6,6))
plt.barh(range(len(indices)), importances[indices], color="b", align="center")
plt.yticks(range(len(indices)), features[indices])
plt.show()
```

**◼️図9-3:説明変数ごとの重要度**

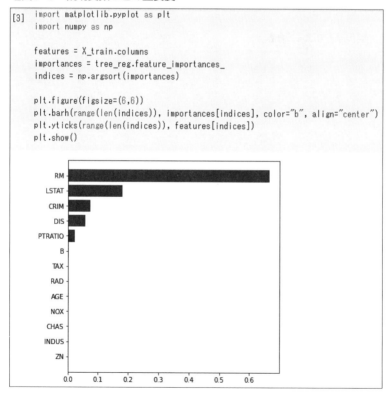

5行目のfeature_importancesで説明変数ごとの重要度を取得しています。このモデルではRM、LSTATなどが重要度が高く、予測に強く影響していることがわかりますね。次に、予測値を算出してみましょう。

```
X_test_pred = X_test.copy()
X_test_pred["pred"] = np.round(tree_reg.predict(X_test), 2)
X_test_pred.describe()[["RM","LSTAT","CRIM","DIS","PTRATIO","pred"]]
```

■図9-4：予測値の算出

```
[4]  X_test_pred = X_test.copy()
     X_test_pred["pred"] = np.round(tree_reg.predict(X_test), 2)
     X_test_pred.describe()[["RM","LSTAT","CRIM","DIS","PTRATIO","pred"]]
```

|  | RM | LSTAT | CRIM | DIS | PTRATIO | pred |
|---|---|---|---|---|---|---|
| count | 152.000000 | 152.000000 | 152.000000 | 152.000000 | 152.000000 | 152.000000 |
| mean | 6.229224 | 13.147763 | 4.207962 | 3.870929 | 18.413816 | 22.185592 |
| std | 0.703222 | 7.284263 | 9.154813 | 2.196886 | 2.025142 | 8.839852 |
| min | 3.863000 | 1.920000 | 0.013110 | 1.129600 | 12.600000 | 12.040000 |
| 25% | 5.878000 | 7.777500 | 0.093500 | 2.032100 | 16.975000 | 16.870000 |
| 50% | 6.157000 | 12.000000 | 0.229225 | 3.142300 | 18.700000 | 22.650000 |
| 75% | 6.514500 | 17.280000 | 4.950015 | 5.491700 | 20.200000 | 22.650000 |
| max | 8.725000 | 37.970000 | 73.534100 | 10.710300 | 21.200000 | 50.000000 |

2行目で、テストデータで予測値を算出して、結果を説明変数とマージしています。3行目で重要度の高い説明変数の上位5項目と、予測値(pred)のdescribeを表示しています。RMは8.7付近が最大で、predの最大は50になっていますね。それでは、最も重要度の高い説明変数であるRMでソートして、結果を解釈してみましょう。

```
X_test_pred.sort_values("RM")
```

## 📕 図9-5：予測値の表示

```
[8]  X_test_pred.sort_values("RM")

          CRIM   ZN  INDUS  CHAS   NOX    RM    AGE     DIS  RAD   TAX  PTRATIO      B  LSTAT   pred
367  13.52220  0.0  18.10   0.0  0.631  3.863  100.0  1.5106  24.0  666.0     20.2  131.42  13.33  22.65
374  18.49820  0.0  18.10   0.0  0.668  4.138  100.0  1.1370  24.0  666.0     20.2  396.90  37.97  12.04
386  24.39380  0.0  18.10   0.0  0.700  4.652  100.0  1.4672  24.0  666.0     20.2  396.90  28.28  12.04
144   2.77974  0.0  19.58   0.0  0.871  4.903   97.8  1.3459   5.0  403.0     14.7  396.90  29.29  16.87
366   3.69695  2.0  18.10   0.0  0.718  4.963   91.4  1.7523  24.0  666.0     20.2  316.03  14.00  22.65
 ..       ...  ...    ...   ...    ...    ...    ...     ...   ...   ...      ...     ...    ...    ...
 97   0.12083  0.0   2.89   0.0  0.445  8.069   76.0  3.4952   2.0  276.0     18.0  396.90   4.21  46.25
233   0.33147  0.0   6.20   0.0  0.507  8.247   70.4  3.6519   8.0  307.0     17.4  378.95   3.95  46.25
253   0.36894 22.0   5.86   0.0  0.431  8.259    8.4  8.9067   7.0  330.0     19.1  396.90   3.54  28.55
224   0.31533  0.0   6.20   0.0  0.504  8.266   78.3  2.8944   8.0  307.0     17.4  385.05   4.14  46.25
225   0.52693  0.0   6.20   0.0  0.504  8.725   83.0  2.8944   8.0  307.0     17.4  382.00   4.63  46.25

152 rows × 14 columns
```

　RMの昇順ソートで結果を表示しています。predの最大値が50だったので、RMが高いほどpredも高く、RMが低いほどpredも低く出ているような傾向が確認できますね。2番目に重要度が高かったLSTATはその逆で、LSTATが高いとpredは低く、LSTATが低ければpredが高くなっているようです。全体の傾向はそのように解釈できそうですが、例えば下から3行目のインデックス253はRMが高く、LSTATも低いですが、predが28.55と低くなっています。重要度は高くない説明変数ですが、ZNが22.0と突出して高くなっているため、一見これが影響しているような気がしますね。

　このように、feature_importancesで予測結果を解釈しようとすると、推測でしか解釈できない状況になる場合が多々あり、現場での説明で納得感が得られにくい要因になります。

　feature_importancesは、モデル作成中に、どの説明変数が重要であるかを知るための大域的な指標であるのに対して、SHAPは、作成したモデルの各説明変数が、どのように予測に寄与しているかを知るための局所的な指標であるため、使う場面は分けて考える必要があります。では、前置きが長くなりましたが、次ノックからSHAPを実装して予測結果を解釈していきましょう。

> ⚾ **ノック82：**
> **回帰系モデルのSHAP値を確認してみ**
> **よう**

まずは、SHAPライブラリをインストールしましょう。

```
!pip install shap
```

**■図9-6：SHAPライブラリのインストール**

```
[9] !pip install shap

    Collecting shap
      Downloading shap-0.39.0.tar.gz (356 kB)
      |████████████████████████████████| 356 kB 5.2 MB/s
    Requirement already satisfied: numpy in /usr/local/lib/python3.7/dist-packages (from shap) (1.19.5)
    Requirement already satisfied: scipy in /usr/local/lib/python3.7/dist-packages (from shap) (1.4.1)
    Requirement already satisfied: scikit-learn in /usr/local/lib/python3.7/dist-packages (from shap) (0.22.2.post1)
    Requirement already satisfied: pandas in /usr/local/lib/python3.7/dist-packages (from shap) (1.1.5)
    Requirement already satisfied: tqdm>4.25.0 in /usr/local/lib/python3.7/dist-packages (from shap) (4.41.1)
    Collecting slicer==0.0.7
      Downloading slicer-0.0.7-py3-none-any.whl (14 kB)
    Requirement already satisfied: numba in /usr/local/lib/python3.7/dist-packages (from shap) (0.51.2)
    Requirement already satisfied: cloudpickle in /usr/local/lib/python3.7/dist-packages (from shap) (1.3.0)
    Requirement already satisfied: setuptools in /usr/local/lib/python3.7/dist-packages (from numba->shap) (57.2.0)
    Requirement already satisfied: llvmlite<0.35,>=0.34.0.dev0 in /usr/local/lib/python3.7/dist-packages (from numba->shap) (0.34.0)
    Requirement already satisfied: pytz>=2017.2 in /usr/local/lib/python3.7/dist-packages (from pandas->shap) (2018.9)
    Requirement already satisfied: python-dateutil>=2.7.3 in /usr/local/lib/python3.7/dist-packages (from pandas->shap) (2.8.1)
    Requirement already satisfied: six>=1.5 in /usr/local/lib/python3.7/dist-packages (from python-dateutil>=2.7.3->pandas->shap) (1.15.0)
    Requirement already satisfied: joblib>=0.11 in /usr/local/lib/python3.7/dist-packages (from scikit-learn->shap) (1.0.1)
    Building wheels for collected packages: shap
      Building wheel for shap (setup.py) ... done
      Created wheel for shap: filename=shap-0.39.0-cp37-cp37m-linux_x86_64.whl size=491630 sha256=773940955c0adc55dabe1962a640a6a8bae4f9b866b602dacdea2e82eb1cfd3a
      Stored in directory: /root/.cache/pip/wheels/ca/25/9f/6ae5df62c32651cd719e972e738a8aaa4a87414c4d2b14c9c0
    Successfully built shap
    Installing collected packages: slicer, shap
    Successfully installed shap-0.39.0 slicer-0.0.7
```

問題なくインストールが完了したら、早速、SHAPモデルを作成しましょう。

```
import shap
explainer = shap.TreeExplainer(tree_reg)
explainer
```

**■図9-7：SHAPモデルの作成（回帰）**

```
[10] import shap
     explainer = shap.TreeExplainer(tree_reg)
     explainer

     <shap.explainers._tree.Tree at 0x7fd955f2a510>
```

　2行目で元になる回帰系モデルを引数にして、SHAPモデルを作成しています。今回は元になるモデルが決定木なので、決定木系のモデルを解釈するために

shap.TreeExplainer というクラスを使っています。決定木以外にも、ランダムフォレストやXgBoostなどで利用できます。

　SHAPモデルが作成できたので、続いて、SHAP値を確認してみましょう。

```
shap_values = explainer.shap_values(X_test)
shap_values
```

**■図9-8：SHAP値の確認**

```
[11]  shap_values = explainer.shap_values(X_test)
      shap_values

      array([[ 0.47158564,  0.         ,  0.         , ...,   0.04999327,
               0.         ,  2.57406335],
             [-1.59632303,  0.         ,  0.         , ...,  -0.52492938,
               0.         ,  8.7650647 ],
             [ 0.47158564,  0.         ,  0.         , ...,   0.04999327,
               0.         ,  2.57406335],
             ...,
             [-2.88802113,  0.         ,  0.         , ...,  -0.52492938,
               0.         , -12.51081884],
             [ 0.47158564,  0.         ,  0.         , ...,  -0.52492938,
               0.         ,  2.57406335],
             [ 0.47158564,  0.         ,  0.         , ...,  -0.52492938,
               0.         ,  2.57406335]])
```

　1行目でSHAP値を作成しています。SHAP値 は、入力したデータセットと同じ次元と要素数になり、値が大きいほど予測への影響が大きくなります。つまり、行方向に見れば「特定の予測に、各説明変数がどれくらい貢献したか」と解釈できます。列方向に見れば「予測全体で、その説明変数がどれくらい貢献したか」と解釈できます。SHAP値は自分で可視化することもできますが、いくつかグラフを描画する仕組みが用意されているので、次は各グラフで解釈を進めましょう。

## ノック83：回帰系モデルをsummary_plotで解釈してみよう

　summary_plotでは、どの説明変数が大きく影響していたかを図示してくれるので、大局的に結果を見たい場合に便利です。さっそく表示してみましょう。

```
shap.summary_plot(
    shap_values=shap_values
    , features=X_test
    , plot_type="bar"
    , max_display=5)
```

### ■図9-9：summary_plot(bar)

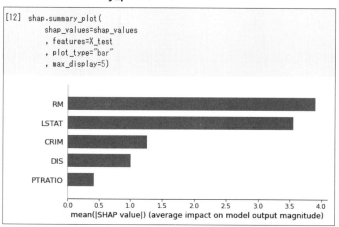

4行目でplot_typeにbarに指定することで、各説明変数を貢献度順に確認できます。横軸は平均SHAP値、縦軸が説明変数の項目になります。5行目のmax_displayは上位項目の表示数で、今回は上位5項目まで表示しています。縦軸の上位項目ほどモデルへの貢献度が高いことを表しており、今回のモデルではRM、LSTATなどが貢献度が高いことがわかりますね。前回確認した学習済みモデルから取得可能な説明変数の重要度（feature_importances）に似た結果になりますが、算出方法が違うため、結果が一致しないこともあります。次にplot_typeをdotにして実行してみましょう。

### ▪️図9-10：summary_plot(dot)

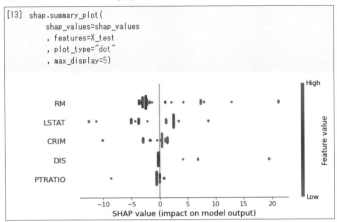

各点がデータで、横軸にSHAP値、縦軸に説明変数の項目、色は説明変数の大小を表しています。例えば、RMは高ければ予測値も高くなる傾向にあり、低ければ予測値も低くなる傾向で、LSTATは逆に、高ければ予測値は低くなり、低ければ予測値は高くなる傾向にあることが直感的に分かりますね。

> ## ノック84：
> ## 回帰系モデルをdependence_plotで
> ## 解釈してみよう

dependence_plotは特定の説明変数とSHAP値の散布図で、相関関係を確認する場合に便利です。先ほど上位に表示された、RM、LSTATをdependence_plotで確認してみましょう。

```
shap.dependence_plot(
    ind="LSTAT",
    interaction_index=None,
    shap_values=shap_values,
    features=X_test,
)
```

## ■図9-11：dependence_plot

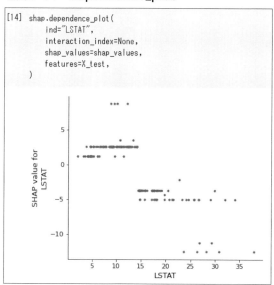

```
[14]  shap.dependence_plot(
          ind="LSTAT",
          interaction_index=None,
          shap_values=shap_values,
          features=X_test,
      )
```

　2行目で確認したい説明変数を指定しています。横軸に説明変数、縦軸に同じ説明変数のSHAP値をプロットしています。説明変数のSHAP値と、値に相関関係がみられるほど、予測への影響度も高くなります。このグラフからはLSTATが低いほどSHAP値が高く、予測の結果に大きく影響を与えることがわかりますね。また、interaction_indexを指定することで、色を別の説明変数を指定できます。RMを指定してみましょう。

```
shap.dependence_plot(
    ind="LSTAT",
    interaction_index="RM",
    shap_values=shap_values,
    features=X_test,
)
```

## ■図9-12：dependence_plot

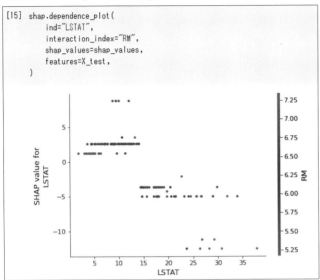

```
[15]  shap.dependence_plot(
          ind="LSTAT",
          interaction_index="RM",
          shap_values=shap_values,
          features=X_test,
      )
```

このグラフからは、LSTAT が高くなるとRMが低くなる傾向が見て取れますね。

このように各説明変数の関係性や、どのように予測に影響しているか確認する場合はdependence_plotを利用しましょう。

## ノック85：
## 回帰系モデルをforce_plotで解釈してみよう

force_plotは、各サンプルごとの説明変数について、具体的な貢献度を可視化してくれます。与えられたSHAP値と特徴量の貢献度を視覚化します。**ノック81**で問題になった、インデックス253について、確認してみましょう。

```
shap.initjs()
row_index = X_test.index.get_loc(253)
shap.force_plot(
    base_value=explainer.expected_value,
```

```
    shap_values=shap_values[row_index,:],
    features=X_test.iloc[row_index,:])
```

**■図9-13：force_plot**

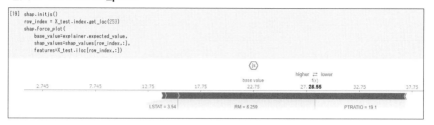

　1行目はforce_plotを表示するために必要な前処理メソッドで、2行目はデータの何行目を確認するか指定しています。ここではインデックス253の行番号を取得しています。表示されたグラフのbase valueは与えられたX_testにおける予測値の平均で、全データ共通の指標です。それに対して、各説明変数のSHAP値を足し引きした結果、最終的に予測した結果がf(x)になるという見方になり、赤色が価格の上昇に貢献、青色が価格の減少に貢献した説明変数になります。今回はbase valueは22.75で、各説明変数のSHAP値を足し引きした結果、28.55に予測したことが確認できますね。インデックス253については、RMが高くLSTATが低いので、その点は価格の上昇に貢献していますが、PTRATIOが価格の減少に貢献した結果、最終的な予測値が低くなったことがわかりました。**ノック81**では、ZNが22.0と突出して高くなっているためと、見当違いな解釈で結論づけるところでしたが、SHAPを利用することで推測なく解釈ができるようになりましたね。

モデルの予測結果 ＝ モデルの基礎スコア ＋ 説明変数毎の SHAP 値の合計
（base value）　　　　　　　　　（shap_values）

⚾ **ノック86：**
**回帰系モデルをwaterfall_plotで**
**解釈してみよう**

waterfall_plotは、基本的にはforce_plotと同じ使いかたになります。早速、確認してみましょう。

```
row_index = X_test.index.get_loc(253)
shap.plots._waterfall.waterfall_legacy(
    expected_value=explainer.expected_value[0],
    shap_values=shap_values[row_index,:],
    features=X_test.iloc[row_index,:])
```

🔖**図9-14：waterfall_plot**

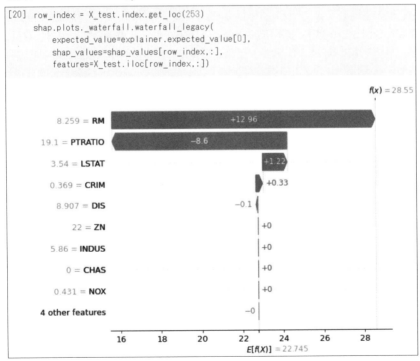

force_plotでのbase valueはここではE[f(X)]で表示されています。E[f(X)]を基点に下から上へSHAP値を足し引きして、最終的にf(x)になることが確認できますね。force_plotとは、表現方法が違うだけなので、好みの方を利用すればよいでしょう。

## ノック87：分類系モデルのSHAP値を確認してみよう

　ここまでは回帰系モデルについて、SHAPを使って解釈してきましたが、同じように分類系モデルでも確認していきましょう。基本的には同じ要領で利用できます。

　それでは**分類系モデル**を元に、SHAPモデルを作成して、SHAP値まで確認してみましょう。ここでは第7章で実装した、乳癌の診断データセットを用いた分類系モデルのランダムフォレストを利用しましょう。ここでも前章までで実装しているため、モデルの構築まで一気に実行しましょう。第7章と一点だけ変更して、説明変数はすべて利用するようにします。

```
import pandas as pd
from sklearn.datasets import load_breast_cancer
from sklearn.model_selection import train_test_split
from sklearn.ensemble import RandomForestClassifier
load_data = load_breast_cancer()
tg_df = pd.DataFrame(load_data.data, columns = load_data.feature_names)
tg_df["y"] = load_data.target
X = tg_df[tg_df.columns[tg_df.columns != "y"]]
y = tg_df["y"]
X_train, X_test, y_train, y_test = train_test_split(X, y, test_size=0.3, random_state=0)
print(len(X_train))
display(X_train.head(1))
print(len(X_test))
display(X_test.head(1))
print(len(tg_df))
```

```
print(tg_df["y"].unique())
```

```
rf_cls = RandomForestClassifier(max_depth=3,random_state=0).fit(X_train,
y_train)
```

### ■図9-15：分類系モデルの作成

```
[1]  import pandas as pd
     from sklearn.datasets import load_breast_cancer
     from sklearn.model_selection import train_test_split
     from sklearn.ensemble import RandomForestClassifier
     load_data = load_breast_cancer()
     tg_df = pd.DataFrame(load_data.data, columns = load_data.feature_names)
     tg_df["y"] = load_data.target
     X = tg_df[tg_df.columns[tg_df.columns != "y"]]
     y = tg_df["y"]
     X_train, X_test, y_train, y_test = train_test_split(X, y, test_size=0.3, random_state=0)
     print(len(X_train))
     display(X_train.head(1))
     print(len(X_test))
     display(X_test.head(1))
     print(len(tg_df))
     print(tg_df["y"].unique())

     rf_cls = RandomForestClassifier(max_depth=3,random_state=0).fit(X_train, y_train)

     398
```

| | mean radius | mean texture | mean perimeter | mean area | mean smoothness | mean compactness | mean concavity | mean concave points |
|---|---|---|---|---|---|---|---|---|
| **478** | 11.49 | 14.59 | 73.99 | 404.9 | 0.1046 | 0.08228 | 0.05308 | 0.01969 |

```
171
```

| | mean radius | mean texture | mean perimeter | mean area | mean smoothness | mean compactness | mean concavity | mean concave points |
|---|---|---|---|---|---|---|---|---|
| **512** | 13.4 | 20.52 | 88.64 | 556.7 | 0.1106 | 0.1469 | 0.1445 | 0.08172 |

```
569
[0 1]
```

　8行目で説明変数をすべて取得しています。これで、分類系のランダムフォレストモデルが作成できました。次にSHAPモデルを作成しましょう。

```
explainer = shap.TreeExplainer(rf_cls)
explainer
```

## ■ 図9-16：SHAPモデルの作成（分類）

```
[4]  explainer = shap.TreeExplainer(rf_cls)
     explainer

     <shap.explainers._tree.Tree at 0x7fb9fc21bf90>
```

　1行目で先ほど作成した、分類系モデルを引数にして、SHAPモデルを作成しています。今回も決定木系のモデルであるランダムフォレストなので、shap.TreeExplainer を利用しています。続いて、SHAP値を確認してみましょう。

```
shap_values = explainer.shap_values(X_test)
print(len(shap_values))
print(shap_values)
```

## ■ 図9-17：分類系モデルベースのSHAP値

```
[5]  shap_values = explainer.shap_values(X_test)
     print(len(shap_values))
     print(shap_values)

     2
     [array([[-0.00204042,  0.00885012, -0.01388   , ...,  0.15536879,
              0.01326914,  0.0218135 ],
            [-0.00573586,  0.00549368, -0.01736674, ..., -0.06183954,
             -0.00312969, -0.00273925],
            [-0.00284455, -0.0068685 , -0.01560846, ..., -0.05823875,
             -0.00325783, -0.00273925],
            ...,
            [-0.00631842,  0.00104957, -0.01727813, ..., -0.02886242,
             -0.00069931, -0.00362251],
            [-0.006364  ,  0.00549368, -0.01871594, ..., -0.06327393,
             -0.00258547, -0.00273925],
            [-0.01347132,  0.0053884 , -0.0230231 , ..., -0.0559037 ,
             -0.00350363, -0.00186549]]), array([[ 0.00204042, -0.00885012,  0.01388   , ..., -0.15536879,
             -0.01326914, -0.0218135 ],
            [ 0.00573586, -0.00549368,  0.01736674, ...,  0.06183954,
              0.00312969,  0.00273925],
            [ 0.00284455,  0.0068685 ,  0.01560846, ...,  0.05823875,
              0.00325783,  0.00273925],
            ...,
            [ 0.00631842, -0.00104957,  0.01727813, ...,  0.02886242,
              0.00069931,  0.00362251],
            [ 0.006364  , -0.00549368,  0.01871594, ...,  0.06327393,
              0.00258547,  0.00273925],
            [ 0.01347132, -0.0053884 ,  0.0230231 , ...,  0.0559037 ,
              0.00350363,  0.00186549]])]
```

　分類系モデルをベースにした場合、SHAP値は各カテゴリごとの配列になり、各カテゴリに対するSHAP値を出力します。乳癌の診断データセットは二値分類

なので要素が2つのSHAP値の配列が出力されます。回帰系と同じく、グラフを
描画する仕組みが利用できるので確認していきましょう。

ノック88：
分類系モデルをsummary_plotで解釈
してみよう

　分類系モデルをベースにした場合でも、同じように各プロットで解釈していき
ましょう。まずはsummary_plotを表示してみましょう。

```
shap.summary_plot(
    shap_values=shap_values
    , features=X_train
    , plot_type="bar"
    , max_display=5)
```

■図9-18：summary_plot

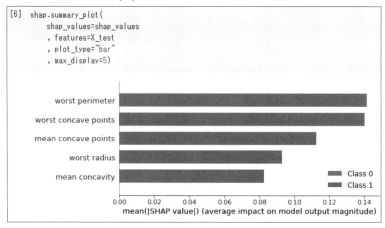

　worst concave points（輪郭の凹部の数の最悪値）などの貢献度が高いです
ね。また、分類系モデルのsummary_plotでは、色で「どのカテゴリに対する貢
献が大きかったのか」まで確認できます。ここでは、二値分類なので、2色で表示

されており、どの説明変数もほぼ均等に貢献していることがわかりますね。なお、分類系のモデルではplot_typeはdotは対応していないため、指定するとエラーになるため注意しましょう。

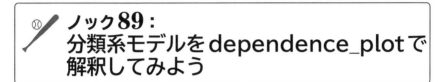

ノック89：
分類系モデルをdependence_plotで
解釈してみよう

　dependence _plotも回帰系モデルベースの時と基本的に同じ見方になりますが、今回のデータセットでは各カテゴリごとに２つのスコアが可視化されます。確認してみましょう。

```
for i in range(2):
    print("Class ", i)
    shap.dependence_plot(
        ind="worst concave points",
        interaction_index=None,
        shap_values=shap_values[i],
        features=X_test)
```

## ■図9-19：dependence _plot

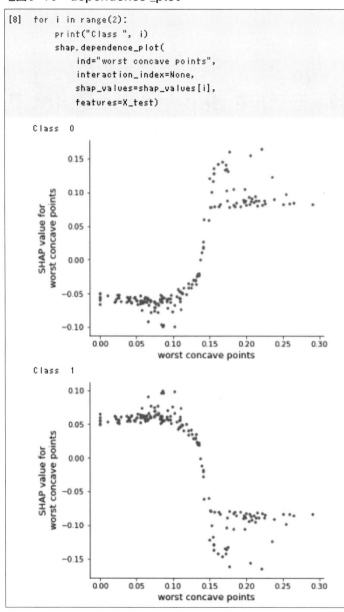

　今回の乳癌の診断データセットは二値分類なので、ループさせて各カテゴリごとのSHAP値でdependence _plotを表示しています。これは同じデータに対して陽性か、陰性という2つのカテゴリに対するスコアが表示されています。ここではworst concave pointsが高ければカテゴリ0である陽性に分類するSHAP値が高くなり、カテゴリ1である陰性はその逆になっていることがわかります。

## ノック90：
## 分類系モデルをforce_plotで解釈してみよう

　force_plotも回帰系モデルの時と基本的に同じ見方になります。dependence _plotと同じく今回のデータセットでは、各カテゴリごとに2つのスコアが可視化されます。確認してみましょう。

```
shap.initjs()
row_index = 2
for i in range(2):
    print("Class ", i)
    display(shap.force_plot(explainer.expected_value[i], shap_values[i][row_index,:], X_test.iloc[row_index,:]))
```

■図9-20：force_plot

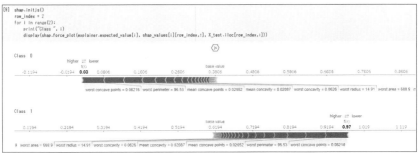

　前回と同じように、3行目でループさせて、各カテゴリごとのSHAP値でforce_plotを表示しています。同じデータに対して陽性か、陰性という2つの分

類クラスに対するスコアと、そのスコアに対する各説明変数の貢献度を示しています。陰性が1.0付近、陽性が0.0付近になっていますね。waterfall_plotも同じように利用できるので、見やすい方を利用しましょう。

　本章の内容は以上になります。お疲れ様でした。

　ここまでの内容を通じて、SHAPを利用した説明可能なAIの基本的な実装の流れをおさえました。今回はshap.TreeExplainerを利用した実装になりましたが、shap.KernelExplainerを利用することでSVMを含めた任意のモデルで実装可能です。AIをビジネスに適用するうえで、利用者が納得できる予測根拠を説明できることは非常に重要であるため、学習済みモデルを差し替えて試行錯誤して、使いこなせるようになることで強力なツールになるかと思います。また、TableauやPower BIに代表されるBI(ビジネスインテリジェンス)ツールとの相性がよく、予測値、説明変数、SHAP値をあわせてダッシュボード化することで、Pythonが使えない利用者の解釈性の向上に繋がるので、手法の組み合わせとして、あわせて押さえておくとよいでしょう。一方で、あくまでも学習済みモデルの振る舞いを解釈しているので、モデル自体の精度が良くない場合は予期せぬ結果が出力されます。ここまでで学んできた評価方法でモデルの精度を最適化して、SHAPを最大限に活用しましょう。

# 第10章
# AutoMLでモデル構築評価を
# 行う10本ノック

　さて、残すところ10本となりました。最後の10章では、自動で簡単に機械学習モデルを構築してくれるAutoMLを扱っていきます。これまで様々なアルゴリズムを学んできたみなさんであれば、最強のアルゴリズムなど存在せず、複数のアルゴリズムでモデル構築および評価を行い、多角的に判断していく必要性を感じているかと思います。しかし、これまでに登場したアルゴリズム以外にも数多くのアルゴリズムが存在し、これまでのような形で全てのコードを記載するのには無理があります。そこで、AutoMLを活用することで、たった数行のコードで、複数のアルゴリズムでのモデル構築や評価が可能となります。厳密に言うと、AutoMLでは、データの前処理、複数のアルゴリズムでのモデル構築、ハイパーパラメータチューニング、精度評価、SHAPによるモデル解釈まで非常に簡単に行うことができます。その敷居の低さから、AIモデル構築の分野でさらに存在感を示していく技術なのでしっかりと押さえていきましょう。

---

ノック91：PyCaretで回帰モデルの前処理を実施しよう
ノック92：PyCaretでtrain_sizeを変更してみよう
ノック93：PyCaretで回帰モデルを構築しよう
ノック94：PyCaretでハイパーパラメータをチューニングしよう
ノック95：PyCaretで回帰モデルを評価しよう
ノック96：PyCaretで回帰モデルを完成させて再利用しよう
ノック97：PyCaretで回帰モデルを解釈しよう
ノック98：PyCaretで分類モデルを構築しよう
ノック99：PyCaretで分類モデルを評価しよう
ノック100：PyCaretでクラスタリングを実施してPCAで可視化しよう

## 前提条件

本章のノックでは、PyCaretを用いて、AutoMLを実装していきます。データについては、第2部で利用したボストンの住宅価格、乳癌データセットを扱っていきます。

### ノック91：
### PyCaretで回帰モデルの前処理を実施しよう

ここでは、機械学習を自動化(AutoML)するPythonのライブラリとしてPyCaretを使います。

PyCaretは、代表的な機械学習ライブラリ(scikit-learn、XgBoostなど)をラップしており、ここまで実践してきた、回帰、分類、クラスタリング、次元削減はもちろんのこと、異常検知や自然言語処理などにも対応可能です。

モデル構築に留まらず、機械学習の前処理やモデルの比較もほとんど自動化できます。さらに、可視化プロットも豊富で、前章で扱ったSHAPの機能も内包しています。

**■図10-1：PyCaretの概要図**

それでは、冒頭でも述べたようにボストンデータセットを用いて、PyCaretで回帰系モデルを構築していきます。まずはPyCaretライブラリをインストールしましょう。

```
!pip install pycaret
from pycaret.utils import enable_colab
enable_colab()
```

### ■図10-2：PyCaretライブラリのインストール

```
[1]  !pip install pycaret
     from pycaret.utils import enable_colab
     enable_colab()

     Stored in directory: /root/.cache/pip/w
     Building wheel for pyod (setup.py) ...
     Created wheel for pyod: filename=pyod-0
     Stored in directory: /root/.cache/pip-w
     Building wheel for umap-learn (setup.py
     Created wheel for umap-learn: filename=
     Stored in directory: /root/.cache/pip/w
     Building wheel for pynndescent (setup.p
     Created wheel for pynndescent: filename
```

　1行目でPyCaretをインストールしており、2行目はGoogleColab上で
PyCaretを利用する際に必要な関数を実行しています。
　問題なくインストールが完了したら、次にデータを取得しましょう。

```
from pycaret.datasets import get_data
boston_data_all = get_data("boston")
```

### ■図10-3：ボストンの住宅価格データセットを取得

```
[5]  from pycaret.datasets import get_data
     boston_data_all = get_data("boston")
```

|   | crim | zn | indus | chas | nox | rm | age | dis | rad | tax | ptratio | black | lstat | medv |
|---|------|-----|-------|------|-------|-------|------|--------|-----|-----|---------|--------|-------|------|
| 0 | 0.00632 | 18.0 | 2.31 | 0 | 0.538 | 6.575 | 65.2 | 4.0900 | 1 | 296 | 15.3 | 396.90 | 4.98 | 24.0 |
| 1 | 0.02731 | 0.0 | 7.07 | 0 | 0.469 | 6.421 | 78.9 | 4.9671 | 2 | 242 | 17.8 | 396.90 | 9.14 | 21.6 |
| 2 | 0.02729 | 0.0 | 7.07 | 0 | 0.469 | 7.185 | 61.1 | 4.9671 | 2 | 242 | 17.8 | 392.83 | 4.03 | 34.7 |
| 3 | 0.03237 | 0.0 | 2.18 | 0 | 0.458 | 6.998 | 45.8 | 6.0622 | 3 | 222 | 18.7 | 394.63 | 2.94 | 33.4 |
| 4 | 0.06905 | 0.0 | 2.18 | 0 | 0.458 | 7.147 | 54.2 | 6.0622 | 3 | 222 | 18.7 | 396.90 | 5.33 | 36.2 |

　ここまでで慣れ親しんだ、ボストンの住宅価格データセットを取得しています。
次に、訓練データには利用しない、未見データを取り分けておきましょう。

```
boston_data = boston_data_all.sample(frac =0.90, random_state = 0).reset_i
ndex(drop=True)
boston_data_unseen = boston_data_all.drop(boston_data.index).reset_index(d
rop=True)
print("All Data: " + str(boston_data_all.shape))
print("Data for Modeling: " + str(boston_data.shape))
print("Unseen Data For Predictions: " + str(boston_data_unseen.shape))
```

### ■図10-4：未見データの取得

```
[3]  boston_data = boston_data_all.sample(frac =0.90, random_state = 0).reset_index(drop=True)
     boston_data_unseen = boston_data_all.drop(boston_data.index).reset_index(drop=True)
     print("All Data: " + str(boston_data_all.shape))
     print("Data for Modeling: " + str(boston_data.shape))
     print("Unseen Data For Predictions: " + str(boston_data_unseen.shape))

     All Data: (506, 14)
     Data for Modeling: (455, 14)
     Unseen Data For Predictions: (51, 14)
```

今回は90%を訓練データ、10%はPyCaretに公開しない未見データ（Unseen Data）として取り分けておき、学習済みモデルの仕上げの評価時に利用します。それでは前処理を実施していきましょう。

```
from pycaret.regression import *
ret = setup(boston_data
        , target = "medv"
        , normalize = False
        , session_id=0)
```

**■図10-5：setup関数の実行**

```
from pycaret.regression import *
ret = setup(boston_data
        , target = "medv"
        , session_id=0
        , normalize = False)
```

```
***    Processing: ██████████████
```

| Initiated | ................ | 23:54:17 |
| Status | ................ | Preprocessing Data |

Following data types have been inferred automatically, if they are correct press enter to continue or type 'quit' otherwise.

| | Data Type |
|---|---|
| crim | Numeric |
| zn | Numeric |
| indus | Numeric |
| chas | Categorical |
| nox | Numeric |
| rm | Numeric |
| age | Numeric |
| dis | Numeric |
| rad | Categorical |
| tax | Numeric |
| ptratio | Numeric |
| black | Numeric |
| lstat | Numeric |
| medv | Label |

```
quit
```

　1行目でPyCaretの回帰系ライブラリをインポートすることで、PyCaretが提供する関数が利用できるようになります。2行目でsetup関数はデータを分析し、必要な前処理を自動的に行ってくれます。引数にデータセットとtarget（目的変数）を指定して初期化します。session_idはPyCaretの実行時の識別子で、内部的には乱数のseedとして使っており、指定しないとランダムに決定されます。scikit-learnにおけるrandom_stateになります。normalizeは標準化するかどうかです。

　setup関数を実行すると、PyCaretは各変数の型を推定して、ダイアログを表

示して、ユーザに推定結果の確認と、処理の続行を促します。型の推定結果が正しければ、ダイアログのエディットボックスでEnterキーを押下することで処理を続行します。推定された型がおかしな場合は、「quit」と入力することで処理を中断できます。例えば、chas 列はCategoricalとして認識されていますが、一度「quit」で処理を中断して、Numericとして扱うように変更してみましょう。

```
from pycaret.regression import *
ret = setup(boston_data
        , target = "medv"
        , session_id=0
        , normalize = False
        , numeric_features = ["chas"]
        , categorical_features = ["rad"])
```

■図10-6：setupダイアログで変数型の確認

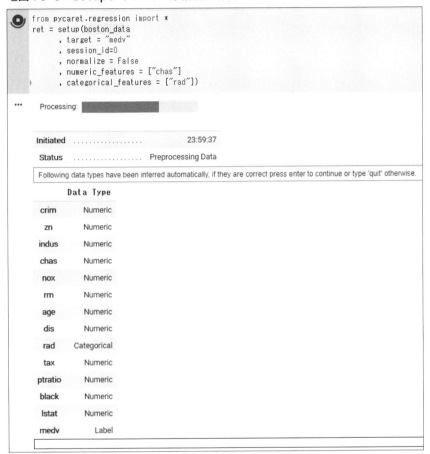

numeric_featuresにchasを指定して実行したことで、chasの型がNumericに変更されましたね。setup関数が自動で型推定してくれますが、引数「numeric_features」および「categorical_features」で明示的に指定できます。ダイアログのエディットボックス上でEnterキーを押下して処理を完了すると、setupダイアログに前処理の結果が表示されます。

**■図10-7：setupダイアログで前処理結果の確認**

```
[5]  from pycaret.regression import *
     ret = setup(boston_data
           , target = "medv"
           , session_id=0
           , normalize = False
           , numeric_features = ["chas"]
           , categorical_features = ["rad"])
```

|    | Description | Value |
|----|---|---|
| 0 | session_id | 0 |
| 1 | Target | medv |
| 2 | Original Data | (455, 14) |
| 3 | Missing Values | False |
| 4 | Numeric Features | 12 |
| 5 | Categorical Features | 1 |
| 6 | Ordinal Features | False |
| 7 | High Cardinality Features | False |
| 8 | High Cardinality Method | None |
| 9 | Transformed Train Set | (318, 21) |
| 10 | Transformed Test Set | (137, 21) |
| 11 | Shuffle Train-Test | True |
| 12 | Stratify Train-Test | False |
| 13 | Fold Generator | KFold |
| 14 | Fold Number | 10 |
| 15 | CPU Jobs | -1 |
| 16 | Use GPU | False |
| 17 | Log Experiment | False |
| 18 | Experiment Name | reg-default-name |
| 19 | USI | c06e |

　setupでは欠損値処理，データの分割(train_test_split)などを実施しており、完了すると結果が表示されます。この表から、データサイズや説明変数の数や、各種前処理の指定の有無などを確認ができます。代表的な項目は以下になります。

・Missing Values
　元のデータに欠損値がある場合、Trueが表示されます。今回はFalseになっているので、欠損値がないことを示しています。

・Transformed Train Set 、Transformed Test Set

デフォルトで訓練データは70%、テストデータを30%になっています。また、元のデータセット（Original Data）の説明変数は14ですが、21に増えていますね。これは、PyCaretが前処理でカテゴリ変数に変換してくれているからです。Categorical Featuresが1となっており、1つの説明変数がカテゴリ変数に変換されたことがわかります。

このように、PyCaretは加工を含む前処理を自動で実施してくれます。次に訓練データとテストデータの割合を変更してみましょう。

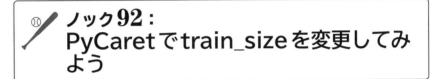

## ノック92：
## PyCaretでtrain_sizeを変更してみよう

訓練データの分割の割合はsetup関数で自由に変更可能です。それでは実施してみましょう。

```
ret = setup(boston_data
      , target = "medv"
      , session_id=0
      , normalize = False
      , numeric_features = ["chas"]
      , categorical_features = ["rad"]
      , train_size = 0.8
      , silent=True)
```

**■図10-8：train_sizeの変更**

```
[6]  ret = setup(boston_data
          , target = "medv"
          , session_id=0
          , normalize = False
          , numeric_features = ["chas"]
          , categorical_features = ["rad"]
          , train_size = 0.8
          , silent=True)
```

| | Description | Value |
|---|---|---|
| 0 | session_id | 0 |
| 1 | Target | medv |
| 2 | Original Data | (455, 14) |
| 3 | Missing Values | False |
| 4 | Numeric Features | 12 |
| 5 | Categorical Features | 1 |
| 6 | Ordinal Features | False |
| 7 | High Cardinality Features | False |
| 8 | High Cardinality Method | None |
| 9 | Transformed Train Set | (364, 21) |
| 10 | Transformed Test Set | (91, 21) |

　訓練データの分割の割合はsetup関数のtrain_sizeに指定することで変更可能
です。今回は0.8に指定したので 訓練データが80%、テストデータは20%に
なり、Transformed Train Set 、Transformed Test Setが変わっていますね。
また、型の確認は完了しているので、silentにTrueを指定することで、ダイア
ログの型確認をスキップしています。

## ノック93：
# PyCaretで回帰モデルを構築しよう

　それではモデルを構築していきたいと思いますが、まずはPyCaretが対応して
いるモデル一覧を確認してみましょう。

```
models()
```

### ■図10-9：PyCaret対応の回帰モデル一覧

```
[7] models()
```

| ID | Name | Reference | Turbo |
|---|---|---|---|
| lr | Linear Regression | sklearn.linear_model._base.LinearRegression | True |
| lasso | Lasso Regression | sklearn.linear_model._coordinate_descent.Lasso | True |
| ridge | Ridge Regression | sklearn.linear_model._ridge.Ridge | True |
| en | Elastic Net | sklearn.linear_model._coordinate_descent.Elast... | True |
| lar | Least Angle Regression | sklearn.linear_model._least_angle.Lars | True |
| llar | Lasso Least Angle Regression | sklearn.linear_model._least_angle.LassoLars | True |
| omp | Orthogonal Matching Pursuit | sklearn.linear_model._omp.OrthogonalMatchingPu... | True |
| br | Bayesian Ridge | sklearn.linear_model._bayes.BayesianRidge | True |
| ard | Automatic Relevance Determination | sklearn.linear_model._bayes.ARDRegression | False |
| par | Passive Aggressive Regressor | sklearn.linear_model._passive_aggressive.Passi... | True |
| ransac | Random Sample Consensus | sklearn.linear_model._ransac.RANSACRegressor | False |
| tr | TheilSen Regressor | sklearn.linear_model._theil_sen.TheilSenRegressor | False |
| huber | Huber Regressor | sklearn.linear_model._huber.HuberRegressor | True |
| kr | Kernel Ridge | sklearn.kernel_ridge.KernelRidge | False |
| svm | Support Vector Regression | sklearn.svm._classes.SVR | False |
| knn | K Neighbors Regressor | sklearn.neighbors._regression.KNeighborsRegressor | True |
| dt | Decision Tree Regressor | sklearn.tree._classes.DecisionTreeRegressor | True |
| rf | Random Forest Regressor | sklearn.ensemble._forest.RandomForestRegressor | True |
| et | Extra Trees Regressor | sklearn.ensemble._forest.ExtraTreesRegressor | True |
| ada | AdaBoost Regressor | sklearn.ensemble._weight_boosting.AdaBoostRegr... | True |
| gbr | Gradient Boosting Regressor | sklearn.ensemble._gb.GradientBoostingRegressor | True |
| mlp | MLP Regressor | sklearn.neural_network._multilayer_perceptron.... | False |
| lightgbm | Light Gradient Boosting Machine | lightgbm.sklearn.LGBMRegressor | True |

models関数でモデル一覧を確認できます。ここまで扱ってきたアルゴリズム
に加えて、様々なアルゴリズムが提供されていますね。PyCaretでは、このアル
ゴリズム群で評価した結果を一覧で提示してくれる機能があります。それではモ
デルを構築していきましょう。

```
compare_models(sort = "R2", fold = 10)
```

### ■図10-10：各モデルの評価一覧

```
[8]  compare_models(sort = "R2", fold = 10)
```

| | Model | MAE | MSE | RMSE | R2 | RMSLE | MAPE | TT (Sec) |
|---|---|---|---|---|---|---|---|---|
| et | Extra Trees Regressor | 2.1839 | 9.5456 | 3.0433 | 0.8761 | 0.1401 | 0.1107 | 0.461 |
| gbr | Gradient Boosting Regressor | 2.1968 | 9.3363 | 3.0085 | 0.8746 | 0.1395 | 0.1109 | 0.096 |
| lightgbm | Light Gradient Boosting Machine | 2.3779 | 11.9894 | 3.4159 | 0.8436 | 0.1505 | 0.1185 | 0.085 |
| ada | AdaBoost Regressor | 2.6713 | 12.6488 | 3.5252 | 0.8343 | 0.1708 | 0.1432 | 0.094 |
| rf | Random Forest Regressor | 2.4777 | 13.1299 | 3.5434 | 0.8311 | 0.1585 | 0.1257 | 0.529 |
| lr | Linear Regression | 3.4096 | 23.6076 | 4.7780 | 0.7074 | 0.2249 | 0.1714 | 0.288 |
| ridge | Ridge Regression | 3.3909 | 23.8042 | 4.7885 | 0.7055 | 0.2287 | 0.1714 | 0.013 |
| br | Bayesian Ridge | 3.4111 | 24.4277 | 4.8448 | 0.6996 | 0.2331 | 0.1726 | 0.013 |
| lar | Least Angle Regression | 3.5619 | 24.9114 | 4.9069 | 0.6911 | 0.2308 | 0.1774 | 0.016 |
| huber | Huber Regressor | 3.3176 | 26.8915 | 5.0054 | 0.6771 | 0.2447 | 0.1646 | 0.040 |
| en | Elastic Net | 3.7411 | 28.6580 | 5.2347 | 0.6632 | 0.2401 | 0.1819 | 0.013 |
| lasso | Lasso Regression | 3.7372 | 29.0086 | 5.2582 | 0.6608 | 0.2414 | 0.1824 | 0.014 |
| dt | Decision Tree Regressor | 3.4523 | 27.9222 | 5.1502 | 0.6517 | 0.2225 | 0.1738 | 0.019 |
| omp | Orthogonal Matching Pursuit | 4.2817 | 34.6187 | 5.7817 | 0.5882 | 0.3069 | 0.2136 | 0.012 |
| knn | K Neighbors Regressor | 4.5713 | 44.4640 | 6.5753 | 0.4332 | 0.2481 | 0.2097 | 0.064 |
| par | Passive Aggressive Regressor | 6.5403 | 78.9600 | 8.7544 | 0.0046 | 0.4219 | 0.3282 | 0.014 |
| llar | Lasso Least Angle Regression | 6.7711 | 87.2345 | 9.1953 | -0.0331 | 0.3913 | 0.3672 | 0.012 |

```
ExtraTreesRegressor(bootstrap=False, ccp_alpha=0.0, criterion='mse',
           max_depth=None, max_features='auto', max_leaf_nodes=None,
           max_samples=None, min_impurity_decrease=0.0,
           min_impurity_split=None, min_samples_leaf=1,
           min_samples_split=2, min_weight_fraction_leaf=0.0,
           n_estimators=100, n_jobs=-1, oob_score=False,
           random_state=0, verbose=0, warm_start=False)
```

　このとおり、compare_modelsを実行するだけで、対応している各モデルの
評価を一覧で表示してくれます。交差検証を実施しており、データの分割数は
fold引数で指定可能です。今回は、sort引数にR2をしているので、R2の降順
で表示されており、「Extra Trees Regressor」モデルの評価が一番高いことがわ
かりますね。この時点ではハイパーパラメータの最適化までは行われていないた
め、ここである程度、精度の高いモデルを複数選定して、それぞれチューニング
して評価していくことが、モデル構築していく一連の流れになります。

## ノック94：
# PyCaretでハイパーパラメータをチューニングしよう

　ここではランダムフォレスト(rf)をベースにチューニングを進めていきましょう。まずはモデルを作成しましょう。

```
rf = create_model("rf", fold = 10)
```

■図10-11：回帰モデルの作成

```
[9]  rf = create_model("rf", fold = 10)
```

|  | MAE | MSE | RMSE | R2 | RMSLE | MAPE |
|---|---|---|---|---|---|---|
| 0 | 2.6951 | 17.7577 | 4.2140 | 0.8038 | 0.1707 | 0.1078 |
| 1 | 2.4529 | 11.0652 | 3.3264 | 0.9005 | 0.1622 | 0.1285 |
| 2 | 2.5246 | 11.3592 | 3.3703 | 0.8075 | 0.1525 | 0.1193 |
| 3 | 2.7081 | 22.7144 | 4.7660 | 0.6342 | 0.1783 | 0.1355 |
| 4 | 2.8522 | 21.2313 | 4.6077 | 0.7764 | 0.1977 | 0.1620 |
| 5 | 2.5445 | 11.2662 | 3.3565 | 0.9245 | 0.1736 | 0.1454 |
| 6 | 2.0312 | 6.8169 | 2.6109 | 0.8758 | 0.1411 | 0.1199 |
| 7 | 2.6908 | 14.6318 | 3.8252 | 0.8657 | 0.1668 | 0.1330 |
| 8 | 2.0722 | 5.9796 | 2.4453 | 0.9177 | 0.1153 | 0.0979 |
| 9 | 2.2050 | 8.4769 | 2.9115 | 0.8045 | 0.1271 | 0.1076 |
| Mean | 2.4777 | 13.1299 | 3.5434 | 0.8311 | 0.1585 | 0.1257 |
| SD | 0.2705 | 5.5197 | 0.7578 | 0.0825 | 0.0236 | 0.0183 |

　create_model関数にランダムフォレストのIDであるrfを引数にして、モデルを作成しています。ここでもfold引数で指定しているとおり、交差検証を10回実施しており、Mean(平均値)、SD(標準偏差)もあわせて結果に表示されていますね。R2の平均は0.8311になっています。これをベースにハイパーパラメータの最適化を実施してみましょう。

```
tuned_rf = tune_model(rf, optimize = "r2", fold = 10)
tuned_rf
```

## ■図10-12：ハイパーパラメータチューニング

```
[10]  tuned_rf = tune_model(rf, optimize = "r2", fold = 10)
      tuned_rf
```

|      | MAE    | MSE     | RMSE   | R2     | RMSLE  | MAPE   |
|------|--------|---------|--------|--------|--------|--------|
| 0    | 3.0067 | 24.7128 | 4.9712 | 0.7270 | 0.1684 | 0.1143 |
| 1    | 2.6783 | 13.3939 | 3.6598 | 0.8796 | 0.1554 | 0.1315 |
| 2    | 2.1061 | 6.9402  | 2.6344 | 0.8824 | 0.1195 | 0.1020 |
| 3    | 2.3236 | 9.8265  | 3.1347 | 0.8417 | 0.1271 | 0.1076 |
| 4    | 3.4036 | 34.1707 | 5.8456 | 0.6401 | 0.2276 | 0.1853 |
| 5    | 2.9022 | 13.4361 | 3.6655 | 0.9100 | 0.1628 | 0.1463 |
| 6    | 2.0842 | 6.3144  | 2.5128 | 0.8850 | 0.1483 | 0.1268 |
| 7    | 3.1428 | 20.3447 | 4.5105 | 0.8132 | 0.1911 | 0.1512 |
| 8    | 2.2145 | 8.1430  | 2.8536 | 0.8879 | 0.1199 | 0.0996 |
| 9    | 2.1484 | 7.7533  | 2.7845 | 0.8211 | 0.1366 | 0.1107 |
| Mean | 2.6010 | 14.5036 | 3.6573 | 0.8288 | 0.1557 | 0.1275 |
| SD   | 0.4628 | 8.7160  | 1.0621 | 0.0807 | 0.0323 | 0.0256 |

```
RandomForestRegressor(bootstrap=False, ccp_alpha=0.0, criterion='mse',
                      max_depth=7, max_features='sqrt', max_leaf_nodes=None,
                      max_samples=None, min_impurity_decrease=0.05,
                      min_impurity_split=None, min_samples_leaf=4,
                      min_samples_split=9, min_weight_fraction_leaf=0.0,
                      n_estimators=60, n_jobs=-1, oob_score=False,
                      random_state=0, verbose=0, warm_start=False)
```

　ハイパーパラメータの最適化も1行で実施できます。tune_model関数の第1引数にモデルを指定して実行しています。optimaze引数で対象指標を指定できて、今回はR2を指定しています。結果を見るとR2の平均が0.8311から0.8288に下がってしまっていますね。引き続きチューニングしてみましょう。

```
tuned_rf = tune_model(rf, optimize = "r2", fold = 10, n_iter = 50)
tuned_rf
```

## ▄▪図10-13：ハイパーパラメータチューニング

```
[11] tuned_rf = tune_model(rf, optimize = "r2", fold = 10, n_iter = 50)
     tuned_rf
```

|      | MAE    | MSE     | RMSE   | R2     | RMSLE  | MAPE   |
|------|--------|---------|--------|--------|--------|--------|
| 0    | 2.6705 | 17.5881 | 4.1938 | 0.8057 | 0.1576 | 0.1073 |
| 1    | 2.6953 | 13.2585 | 3.6412 | 0.8808 | 0.1559 | 0.1325 |
| 2    | 2.0749 | 6.7700  | 2.6019 | 0.8853 | 0.1212 | 0.1030 |
| 3    | 2.3891 | 10.1788 | 3.1904 | 0.8361 | 0.1330 | 0.1136 |
| 4    | 3.1798 | 27.4997 | 5.2440 | 0.7104 | 0.2158 | 0.1802 |
| 5    | 2.7368 | 11.4151 | 3.3786 | 0.9235 | 0.1550 | 0.1404 |
| 6    | 2.0337 | 5.9824  | 2.4459 | 0.8910 | 0.1445 | 0.1230 |
| 7    | 3.0874 | 19.6551 | 4.4334 | 0.8196 | 0.1879 | 0.1477 |
| 8    | 2.1652 | 7.3241  | 2.7063 | 0.8992 | 0.1150 | 0.0972 |
| 9    | 2.1644 | 7.5394  | 2.7458 | 0.8261 | 0.1322 | 0.1105 |
| Mean | 2.5197 | 12.7211 | 3.4581 | 0.8478 | 0.1518 | 0.1255 |
| SD   | 0.3952 | 6.5987  | 0.8731 | 0.0590 | 0.0292 | 0.0240 |

```
RandomForestRegressor(bootstrap=False, ccp_alpha=0.0, criterion='mse',
                      max_depth=7, max_features='sqrt', max_leaf_nodes=None,
                      max_samples=None, min_impurity_decrease=0,
                      min_impurity_split=None, min_samples_leaf=2,
                      min_samples_split=5, min_weight_fraction_leaf=0.0,
                      n_estimators=290, n_jobs=-1, oob_score=False,
                      random_state=0, verbose=0, warm_start=False)
```

n_iter引数を追加して50を指定しています（デフォルト10）。結果を見るとR2の平均が0.8311から0.8478に精度が上がりましたね。PyCaretではチューニングにランダムグリッド検索が採用されており、n_iterでパラメータ探索の繰り返し回数の指定が可能です。今回は50に増やしたので、前回より精度は上がりましたが、その分、時間がかかりました。

# ノック95：
# PyCaretで回帰モデルを評価しよう

　ここでは、モデルを評価するために、PyCaretで用意されている様々な評価指標グラフを確認していきましょう。

```
evaluate_model(tuned_rf)
```

**■図10-14：evaluate_modelダイアログ**

　evaluate_model関数に、モデルを渡して実行すると、ダイアログが表示されて、PlotTypeを切り替えることで、様々な評価指標が確認できます。初期表示ではハイパーパラメータが表示されていますね。plot_model関数では、個別にグラフを表示できるので、そちらで代表的な指標を確認していきましょう。

```
plot_model(tuned_rf, "feature")
```

## ■図10-15：Feature Importance

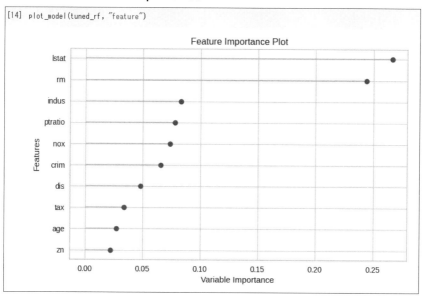

```
[14]  plot_model(tuned_rf, "feature")
```

　Feature Importance です。説明変数の重要度ですね。目的変数に及ぼす影響が大きい順に、上から表示されます。前章までで見てきた通り、RMとLSTATが高くなっていますね。

```
plot_model(tuned_rf, "residuals")
```

### ■図10-16：Residuals Plot

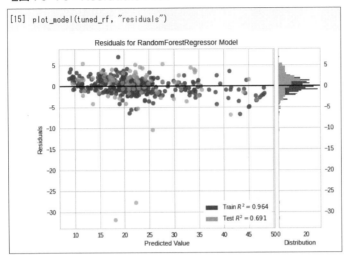

残差プロットです。右側にはヒストグラムも表示されており、非常に分かりやすくなっていますね。

```
plot_model(tuned_rf, "error")
```

### ■図10-17：Prediction Error Plot

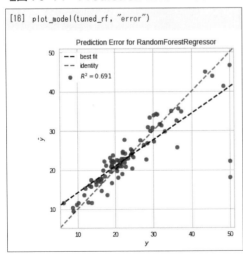

　Prediction Error Plotです。予測精度を確認できる指標で、identity に対するズレ（予測と実測の誤差）からR2が計算されています。予測と実測がイコールになる場合、分布が y=x の直線の付近に近づきます。

```
plot_model(tuned_rf, "learning")
```

**■図10-18：Learing Curve**

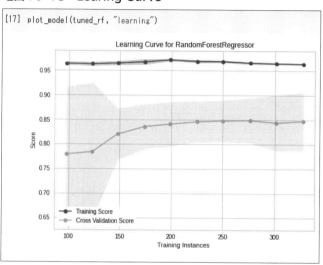

　Learing Curveです。学習曲線を確認できる項目です。訓練データとテストデータの予測精度が、データ数に対してどのように推移しているかが分かります。Cross Validation Score により、交差検証による精度の幅を示しています。訓練データを増やすと、テストデータの予測精度が上がっていきますが、感度が鈍っていく様子などが分かります。

## ノック96：
## PyCaretで回帰モデルを完成させて再利用しよう

　では、いよいよPyChretで作成したモデルを完成させて、再利用可能な状態で保存しましょう。まずはモデルを完成させましょう。

```
final_rf = finalize_model(tuned_rf)
final_rf
```

### ■図10-19：モデルの確定

```
[20]  final_rf = finalize_model(tuned_rf)
      final_rf

RandomForestRegressor(bootstrap=False, ccp_alpha=0.0, criterion='mse',
                      max_depth=7, max_features='sqrt', max_leaf_nodes=None,
                      max_samples=None, min_impurity_decrease=0,
                      min_impurity_split=None, min_samples_leaf=2,
                      min_samples_split=5, min_weight_fraction_leaf=0.0,
                      n_estimators=290, n_jobs=-1, oob_score=False,
                      random_state=0, verbose=0, warm_start=False)
```

　finalize_model関数は、create_modelの時には使われていなかったホールドアウトも使用して、モデルのパフォーマンスを確定させます。次に、作成されたモデルで推論を実施してみましょう。

```
predict_model(final_rf)
```

### ■図10-20：確定モデルで推論

```
[21]  predict_model(final_rf)
```

|   | Model | MAE | MSE | RMSE | R2 | RMSLE | MAPE |
|---|---|---|---|---|---|---|---|
| 0 | Random Forest Regressor | 1.4521 | 3.8375 | 1.9589 | 0.9561 | 0.0882 | 0.0719 |

|   | crim | zn | indus | chas | nox | rm | age | dis | tax |
|---|---|---|---|---|---|---|---|---|---|
| 0 | 0.117470 | 12.5 | 7.87 | 0.0 | 0.524 | 6.009 | 82.900002 | 6.2267 | 311.0 |
| 1 | 0.072440 | 60.0 | 1.69 | 0.0 | 0.411 | 5.884 | 18.500000 | 10.7103 | 411.0 |
| 2 | 0.614700 | 0.0 | 6.20 | 0.0 | 0.507 | 6.618 | 80.800003 | 3.2721 | 307.0 |
| 3 | 0.071650 | 0.0 | 25.65 | 0.0 | 0.581 | 6.004 | 84.099998 | 2.1974 | 188.0 |
| 4 | 0.130580 | 0.0 | 10.01 | 0.0 | 0.547 | 5.872 | 73.099998 | 2.4775 | 432.0 |
| ... | ... | ... | ... | ... | ... | ... | ... | ... | ... |
| 86 | 4.812130 | 0.0 | 18.10 | 0.0 | 0.713 | 6.701 | 90.000000 | 2.5975 | 666.0 |
| 87 | 0.013600 | 75.0 | 4.00 | 0.0 | 0.410 | 5.888 | 47.599998 | 7.3197 | 469.0 |
| 88 | 18.811001 | 0.0 | 18.10 | 0.0 | 0.597 | 4.628 | 100.000000 | 1.5539 | 666.0 |
| 89 | 1.232470 | 0.0 | 8.14 | 0.0 | 0.538 | 6.142 | 91.699997 | 3.9769 | 307.0 |
| 90 | 0.028990 | 40.0 | 1.25 | 0.0 | 0.429 | 6.939 | 34.500000 | 8.7921 | 335.0 |

　predict_model関数で推論を実行しています。ここではテストデータを使って推論され、評価指標が表示されます。結果、R2は0.9074になっており、finalize_model関数を実行する前よりも精度が良くなっていますね。それではモデルが出来上がったので、取り分けておいた未見データで推論を実施してみましょう。

```
predictions = predict_model(final_rf, data = boston_data_unseen)
print(predictions)
```

### ■図10-21：未見データで推論

```
[22]  predictions = predict_model(final_rf, data = boston_data_unseen)
      print(predictions)

            crim   zn  indus  chas    nox  ...  ptratio   black  lstat  medv      Label
      0   4.75237  0.0  18.10     0  0.713  ...     20.2   50.92  18.13  14.1  15.209421
      1   4.66883  0.0  18.10     0  0.713  ...     20.2   10.48  19.01  12.7  14.967431
      2   8.20058  0.0  18.10     0  0.713  ...     20.2    3.50  16.94  13.5  14.108571
      3   7.75223  0.0  18.10     0  0.713  ...     20.2  272.21  16.23  14.9  15.317036
      4   6.80117  0.0  18.10     0  0.713  ...     20.2  396.90  14.70  20.0  18.092477
      5   4.81213  0.0  18.10     0  0.713  ...     20.2  255.23  16.42  16.4  16.409644
      6   3.69311  0.0  18.10     0  0.713  ...     20.2  391.43  14.65  17.7  18.412431
      7   6.65492  0.0  18.10     0  0.713  ...     20.2  396.90  13.99  19.5  18.845325
      8   5.82115  0.0  18.10     0  0.713  ...     20.2  393.82  10.29  20.2  20.064201
      9   7.83362  0.0  18.10     0  0.655  ...     20.2  396.90  13.22  21.4  20.300518
      10  3.16360  0.0  18.10     0  0.655  ...     20.2  334.40  14.13  19.9  20.175202
      11  3.77498  0.0  18.10     0  0.655  ...     20.2   22.01  17.15  19.0  17.727792
      12  4.42228  0.0  18.10     0  0.584  ...     20.2  331.29  21.32  19.1  17.414715
      13  15.57570  0.0  18.10    0  0.580  ...     20.2  368.74  18.13  19.1  17.879081
      14  13.07510  0.0  18.10    0  0.580  ...     20.2  396.90  14.76  20.1  18.891600
      15  4.34879  0.0  18.10     0  0.580  ...     20.2  396.90  16.29  19.9  18.839092
      16  4.03841  0.0  18.10     0  0.532  ...     20.2  395.33  12.87  19.6  20.089245
      17  3.56868  0.0  18.10     0  0.580  ...     20.2  393.37  14.36  23.2  19.800087
      18  4.64689  0.0  18.10     0  0.614  ...     20.2  374.68  11.66  29.8  26.072939
      19  8.05579  0.0  18.10     0  0.584  ...     20.2  352.58  18.14  13.8  15.726636
      20  6.39312  0.0  18.10     0  0.584  ...     20.2  302.76  24.10  13.3  15.672915
      21  4.87141  0.0  18.10     0  0.614  ...     20.2  396.21  18.68  16.7  17.659343
      22  15.02340  0.0  18.10    0  0.614  ...     20.2  349.48  24.91  12.0  14.355467
      23  10.23300  0.0  18.10    0  0.614  ...     20.2  379.70  18.03  14.6  16.021638
```

　predict_model関数に、未見データである、boston_data_unseenを指定して推論を実施しています。予測値がLabelとして追加されていますね。ここまでがPyCaretでモデルを構築して推論するまでの流れになります。次に、学習済みモデルを保存しましょう。

```
save_model(final_rf, model_name="final_rf_model")
%ls
```

### ■図10-22：モデルの保存

```
[24]  save_model(final_rf, model_name="final_rf_model")
      %ls

      Transformation Pipeline and Model Successfully Saved
      final_rf_model.pkl   logs.log   sample_data/
```

save_model関数で任意のmodel_nameを指定して保存が可能です。
「final_rf_model.pkl」というファイル名でPickleとして保存されていますね。
次に、保存したモデルを読み込んで再利用してみましょう。

```
load_tuned_rf_model = load_model(model_name="final_rf_model")
load_tuned_rf_model
```

### ■図10-23：モデルの読み込み

```
[25]  load_tuned_rf_model = load_model(model_name="final_rf_model")
      load_tuned_rf_model

      Transformation Pipeline and Model Successfully Loaded
      Pipeline(memory=None,
              steps=[('dtypes',
                      DataTypes_Auto_infer(categorical_features=['rad'],
                                           display_types=False, features_todrop=[],
                                           id_columns=[], ml_usecase='regression',
                                           numerical_features=['chas'],
                                           target='medv', time_features=[])),
                     ('imputer',
                      Simple_Imputer(categorical_strategy='not_available',
                                     fill_value_categorical=None,
                                     fill_value_numerical=None,
                                     numeric...
                      RandomForestRegressor(bootstrap=False, ccp_alpha=0.0,
                                            criterion='mse', max_depth=7,
                                            max_features='sqrt', max_leaf_nodes=None,
                                            max_samples=None,
                                            min_impurity_decrease=0,
                                            min_impurity_split=None,
                                            min_samples_leaf=2, min_samples_split=5,
                                            min_weight_fraction_leaf=0.0,
                                            n_estimators=290, n_jobs=-1,
                                            oob_score=False, random_state=0,
                                            verbose=0, warm_start=False)]],
              verbose=False)
```

load_model関数にmodel_nameを指定して読み込んでいます。学習済みモ
デルだけでなく、前処理の定義等、パイプラインごと保存されているため、すぐ
に再利用可能です。推論を実施してみましょう。

```
predictions = predict_model(load_tuned_rf_model, data = boston_data_unsee
n)
```
```
print(predictions)
```

**■図10-24：モデルの再利用**

```
[26]  predictions = predict_model(load_tuned_rf_model, data = boston_data_unseen)
      print(predictions)

            crim   zn  indus  chas    nox  ...  ptratio   black   lstat  medv       Label
      0   4.75237  0.0  18.10     0  0.713  ...     20.2   50.92  18.13  14.1   15.209421
      1   4.66883  0.0  18.10     0  0.713  ...     20.2   10.48  19.01  12.7   14.967431
      2   8.20058  0.0  18.10     0  0.713  ...     20.2    3.50  16.94  13.5   14.108571
      3   7.75223  0.0  18.10     0  0.713  ...     20.2  272.21  16.23  14.9   15.317036
      4   6.80117  0.0  18.10     0  0.713  ...     20.2  396.90  14.70  20.0   18.092477
      5   4.81213  0.0  18.10     0  0.713  ...     20.2  255.23  16.42  16.4   16.409644
      6   3.69311  0.0  18.10     0  0.713  ...     20.2  391.43  14.65  17.7   18.412431
      7   6.65492  0.0  18.10     0  0.713  ...     20.2  396.90  13.99  19.5   18.845325
      8   5.82115  0.0  18.10     0  0.713  ...     20.2  393.82  10.29  20.2   20.064201
      9   7.83932  0.0  18.10     0  0.655  ...     20.2  396.90  13.22  21.4   20.300518
      10  3.16360  0.0  18.10     0  0.655  ...     20.2  334.40  14.13  19.9   20.175202
```

保存したモデルで実施したときと同じ未見データで推論を実施しています。結果、同じ予測値になっていますね。このように、PyCaretではパイプラインごと保存されて、再利用が可能なので、前処理をPyCaretで完結させておけば、モデルとの差分が発生しないようになっています。

## ノック97：
# PyCaretで回帰モデルを解釈しよう

PyCaretはSHAPをサポートしており、決定木系のモデルに関しては、9章で実施したSHAPによるモデル解釈が可能です。利用方法を確認していきましょう。

```
!pip install shap
```
```
import shap
```
```
interpret_model(final_rf)
```

## ■図10-25：summary_plot

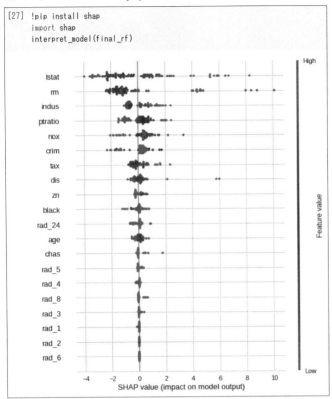

```
[27] !pip install shap
     import shap
     interpret_model(final_rf)
```

interpret_model 関数にモデルを渡すことで、summary_plotが表示されます。どの説明変数が大きく影響していたかを図示してくれるので、大局的に結果を見たい場合に便利です。

```
interpret_model(final_rf, plot="correlation")
```

## ■図10-26：dependence_plot

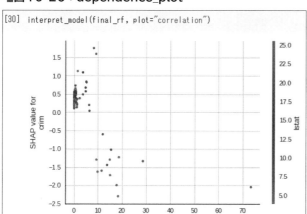

```
[30]  interpret_model(final_rf, plot="correlation")
```

interpret_model 関数 の plot 引 数 に correlation を 指 定 す る こ と で、dependence_plotが表示されます。特定の説明変数とSHAP値の散布図で、相関関係を確認する場合に便利です。

```
interpret_model(final_rf, plot="reason", observation=1)
```

## ■図10-27：force_plot

```
[32]  interpret_model(final_rf, plot="reason", observation=1)
```

interpret_model 関数のplot引数にreasonを指定することで、force_plotが表示されます。個々のデータに対するSHAP値を確認する場合に便利です。observation引数で対象データのインデックスを指定します。

## ノック98：
## PyCaretで分類モデルを構築しよう

　ここからは、分類モデルを構築していきましょう。基本的に前回までに実施した回帰モデルと同じ要領で利用できます。まずはデータを取得しましょう。

```
import pandas as pd
from sklearn.datasets import load_breast_cancer
load_data = load_breast_cancer()
tg_df_all = pd.DataFrame(load_data.data, columns = load_data.feature_names)
tg_df_all["y"] = load_data.target
tg_df_all
```

**■図10-28：データの取得**

```
[4]  import pandas as pd
     from sklearn.datasets import load_breast_cancer
     load_data = load_breast_cancer()
     tg_df_all = pd.DataFrame(load_data.data, columns = load_data.feature_names)
     tg_df_all["y"] = load_data.target
     tg_df_all
```

　乳癌のデータセットを利用します。今回もPyCaretに前処理を任せるため、ここで加工は実施しません。次に、訓練データには利用しない、未見データを取り分けておきましょう。

```
tg_df = tg_df_all.sample(frac =0.90, random_state = 0).reset_index(drop=True)
tg_df_unseen = tg_df_all.drop(tg_df.index).reset_index(drop=True)
print("All Data: " + str(tg_df.shape))
print("Data for Modeling: " + str(tg_df.shape))
print("Unseen Data For Predictions: " + str(tg_df_unseen.shape))
```

### ■図10-29：前処理

```
[5]  tg_df = tg_df_all.sample(frac =0.90, random_state = 0).reset_index(drop=True)
     tg_df_unseen = tg_df_all.drop(tg_df.index).reset_index(drop=True)
     print("All Data: " + str(tg_df.shape))
     print("Data for Modeling: " + str(tg_df.shape))
     print("Unseen Data For Predictions: " + str(tg_df_unseen.shape))

     All Data: (512, 31)
     Data for Modeling: (512, 31)
     Unseen Data For Predictions: (57, 31)
```

回帰モデル構築時と同様に未見データを作成しておきます。それでは前処理を実施していきましょう。

```
from pycaret.classification import *
ret = setup(data = tg_df
       , target = "y"
       , session_id=0
       , normalize = False
       , train_size = 0.6
       , silent=True)
```

## ■図10-30：前処理

```
[6]  from pycaret.classification import *
     ret = setup(data = tg_df
          , target = "y"
          , session_id=0
          , normalize = False
          , train_size = 0.6
          , silent=True)
```

| | Description | Value |
|---|---|---|
| 0 | session_id | 0 |
| 1 | Target | y |
| 2 | Target Type | Binary |
| 3 | Label Encoded | 0: 0, 1: 1 |
| 4 | Original Data | (512, 31) |
| 5 | Missing Values | False |
| 6 | Numeric Features | 30 |
| 7 | Categorical Features | 0 |
| 8 | Ordinal Features | False |
| 9 | High Cardinality Features | False |
| 10 | High Cardinality Method | None |
| 11 | Transformed Train Set | (307, 29) |
| 12 | Transformed Test Set | (205, 29) |

　1行目でPyCaretの分類系ライブラリをインポートしています。setup関数の使い方も回帰と同じです。今回は引数として「silent=True」を渡すことで、型推定の確認をスキップしています。それではモデルを構築していきましょう。まず、PyCaretが提供している分類モデル一覧を確認してみましょう。

```
models()
```

**■図10-31：分類モデル一覧**

```
[7]  models()
```

| ID | Name | Reference | Turbo |
|---|---|---|---|
| lr | Logistic Regression | sklearn.linear_model._logistic.LogisticRegression | True |
| knn | K Neighbors Classifier | sklearn.neighbors._classification.KNeighborsCl... | True |
| nb | Naive Bayes | sklearn.naive_bayes.GaussianNB | True |
| dt | Decision Tree Classifier | sklearn.tree._classes.DecisionTreeClassifier | True |
| svm | SVM - Linear Kernel | sklearn.linear_model._stochastic_gradient.SGDC... | True |
| rbfsvm | SVM - Radial Kernel | sklearn.svm._classes.SVC | False |
| gpc | Gaussian Process Classifier | sklearn.gaussian_process._gpc.GaussianProcessC... | False |
| mlp | MLP Classifier | sklearn.neural_network._multilayer_perceptron.... | False |
| ridge | Ridge Classifier | sklearn.linear_model._ridge.RidgeClassifier | True |
| rf | Random Forest Classifier | sklearn.ensemble._forest.RandomForestClassifier | True |
| qda | Quadratic Discriminant Analysis | sklearn.discriminant_analysis.QuadraticDiscrim... | True |
| ada | Ada Boost Classifier | sklearn.ensemble._weight_boosting.AdaBoostClas... | True |
| gbc | Gradient Boosting Classifier | sklearn.ensemble._gb.GradientBoostingClassifier | True |
| lda | Linear Discriminant Analysis | sklearn.discriminant_analysis.LinearDiscrimina... | True |
| et | Extra Trees Classifier | sklearn.ensemble._forest.ExtraTreesClassifier | True |
| lightgbm | Light Gradient Boosting Machine | lightgbm.sklearn.LGBMClassifier | True |

　分類モデルについても、ここまで扱ってきたアルゴリズムに加えて、様々なアルゴリズムが提供されていますね。それではモデルを構築していきましょう。ここも回帰モデルのときと同じようにcompare_modelsを使います。

```
compare_models(sort = "F1", fold = 10)
```

## ■図10-32：モデル評価一覧

```
[34]  compare_models(sort = "F1", fold = 10)
```

| | Model | Accuracy | AUC | Recall | Prec. | F1 | Kappa | MCC | TT (Sec) |
|---|---|---|---|---|---|---|---|---|---|
| et | Extra Trees Classifier | 0.9673 | 0.9946 | 0.985 | 0.9669 | 0.9754 | 0.9265 | 0.9291 | 0.470 |
| ridge | Ridge Classifier | 0.9575 | 0.0000 | 0.990 | 0.9495 | 0.9686 | 0.9027 | 0.9079 | 0.022 |
| dt | Decision Tree Classifier | 0.9575 | 0.9518 | 0.970 | 0.9659 | 0.9675 | 0.9060 | 0.9076 | 0.023 |
| lightgbm | Light Gradient Boosting Machine | 0.9542 | 0.9895 | 0.980 | 0.9525 | 0.9656 | 0.8968 | 0.8997 | 0.082 |
| rf | Random Forest Classifier | 0.9542 | 0.9918 | 0.975 | 0.9571 | 0.9655 | 0.8972 | 0.8997 | 0.515 |
| qda | Quadratic Discriminant Analysis | 0.9545 | 0.9922 | 0.965 | 0.9657 | 0.9649 | 0.9001 | 0.9020 | 0.020 |
| lda | Linear Discriminant Analysis | 0.9512 | 0.9893 | 0.980 | 0.9487 | 0.9635 | 0.8897 | 0.8932 | 0.023 |
| ada | Ada Boost Classifier | 0.9478 | 0.9900 | 0.960 | 0.9611 | 0.9600 | 0.8848 | 0.8872 | 0.156 |
| gbc | Gradient Boosting Classifier | 0.9411 | 0.9915 | 0.955 | 0.9572 | 0.9553 | 0.8680 | 0.8714 | 0.241 |
| nb | Naive Bayes | 0.9413 | 0.9896 | 0.960 | 0.9524 | 0.9550 | 0.8695 | 0.8741 | 0.018 |
| lr | Logistic Regression | 0.9346 | 0.9887 | 0.965 | 0.9385 | 0.9511 | 0.8524 | 0.8551 | 0.295 |
| knn | K Neighbors Classifier | 0.9317 | 0.9572 | 0.970 | 0.9330 | 0.9495 | 0.8439 | 0.8530 | 0.123 |
| svm | SVM - Linear Kernel | 0.9017 | 0.0000 | 0.900 | 0.9547 | 0.9170 | 0.7954 | 0.8128 | 0.019 |

```
ExtraTreesClassifier(bootstrap=False, ccp_alpha=0.0, class_weight=None,
                     criterion='gini', max_depth=None, max_features='auto',
                     max_leaf_nodes=None, max_samples=None,
                     min_impurity_decrease=0.0, min_impurity_split=None,
                     min_samples_leaf=1, min_samples_split=2,
                     min_weight_fraction_leaf=0.0, n_estimators=100, n_jobs=-1,
                     oob_score=False, random_state=0, verbose=0,
                     warm_start=False)
```

　各モデルの評価が一覧で表示されました。分類モデルの評価指標になっていますね。F1基準で「Extra Trees Classifier」モデルの評価が1番高いことがわかりました。2番目に精度が良くて、速度の速い「Ridge Classifier」のチューニングを実施してみましょう。

```
ridge = create_model("ridge", fold = 10)
```

### ■図10-33：Ridge Classifier

```
[9]  ridge = create_model("ridge", fold = 10)
```

| | Accuracy | AUC | Recall | Prec. | F1 | Kappa | MCC |
|---|---|---|---|---|---|---|---|
| 0 | 1.0000 | 0.0 | 1.00 | 1.0000 | 1.0000 | 1.0000 | 1.0000 |
| 1 | 0.9355 | 0.0 | 1.00 | 0.9091 | 0.9524 | 0.8531 | 0.8624 |
| 2 | 0.9355 | 0.0 | 0.95 | 0.9500 | 0.9500 | 0.8591 | 0.8591 |
| 3 | 0.9677 | 0.0 | 1.00 | 0.9524 | 0.9756 | 0.9281 | 0.9305 |
| 4 | 0.9677 | 0.0 | 0.95 | 1.0000 | 0.9744 | 0.9310 | 0.9332 |
| 5 | 0.9355 | 0.0 | 1.00 | 0.9091 | 0.9524 | 0.8531 | 0.8624 |
| 6 | 1.0000 | 0.0 | 1.00 | 1.0000 | 1.0000 | 1.0000 | 1.0000 |
| 7 | 0.9000 | 0.0 | 1.00 | 0.8696 | 0.9302 | 0.7568 | 0.7802 |
| 8 | 0.9667 | 0.0 | 1.00 | 0.9524 | 0.9756 | 0.9231 | 0.9258 |
| 9 | 0.9667 | 0.0 | 1.00 | 0.9524 | 0.9756 | 0.9231 | 0.9258 |
| Mean | 0.9575 | 0.0 | 0.99 | 0.9495 | 0.9686 | 0.9027 | 0.9079 |
| SD | 0.0296 | 0.0 | 0.02 | 0.0416 | 0.0212 | 0.0702 | 0.0645 |

　Ridge ClassifierのIDであるridgeを引数にしてcreate_modelを実行しています。F1の平均は0.9686になっています。次にハイパーパラメータの最適化を実施してみましょう。

```
tuned_ridge = tune_model(ridge, optimize = "F1", fold = 10, n_iter = 100)
tuned_ridge
```

■図10-34:ハイパーパラメータの最適化

```
[10]  tuned_ridge = tune_model(ridge, optimize = "F1", fold = 10, n_iter = 100)
      tuned_ridge
```

|  | Accuracy | AUC | Recall | Prec. | F1 | Kappa | MCC |
|---|---|---|---|---|---|---|---|
| 0 | 1.0000 | 0.0 | 1.00 | 1.0000 | 1.0000 | 1.0000 | 1.0000 |
| 1 | 0.9355 | 0.0 | 1.00 | 0.9091 | 0.9524 | 0.8531 | 0.8624 |
| 2 | 0.9355 | 0.0 | 0.95 | 0.9500 | 0.9500 | 0.8591 | 0.8591 |
| 3 | 0.9677 | 0.0 | 1.00 | 0.9524 | 0.9756 | 0.9281 | 0.9305 |
| 4 | 0.9677 | 0.0 | 0.95 | 1.0000 | 0.9744 | 0.9310 | 0.9332 |
| 5 | 0.9677 | 0.0 | 1.00 | 0.9524 | 0.9756 | 0.9281 | 0.9305 |
| 6 | 1.0000 | 0.0 | 1.00 | 1.0000 | 1.0000 | 1.0000 | 1.0000 |
| 7 | 0.9000 | 0.0 | 1.00 | 0.8696 | 0.9302 | 0.7568 | 0.7802 |
| 8 | 0.9667 | 0.0 | 1.00 | 0.9524 | 0.9756 | 0.9231 | 0.9258 |
| 9 | 0.9667 | 0.0 | 1.00 | 0.9524 | 0.9756 | 0.9231 | 0.9258 |
| Mean | 0.9608 | 0.0 | 0.99 | 0.9538 | 0.9709 | 0.9102 | 0.9148 |
| SD | 0.0287 | 0.0 | 0.02 | 0.0394 | 0.0206 | 0.0685 | 0.0629 |

```
RidgeClassifier(alpha=0.65, class_weight=None, copy_X=True, fit_intercept=True,
                max_iter=None, normalize=False, random_state=0, solver='auto',
                tol=0.001)
```

　ハイパーパラメータ最適化前後で比較すると、F1が「0.9686」から「0.9709」
と精度が向上したことが確認できましたね。また、速度が速いため、n_iterを増
やしても完了が早いです。

---

## ⚾ ノック99:
## PyCaretで分類モデルを評価しよう

　それでは、モデルを評価するために、PyCaretで用意されている様々な評価指
標グラフを確認していきましょう。

```
evaluate_model(tuned_ridge)
```

## ■図10-35：evaluate_modelダイアログ

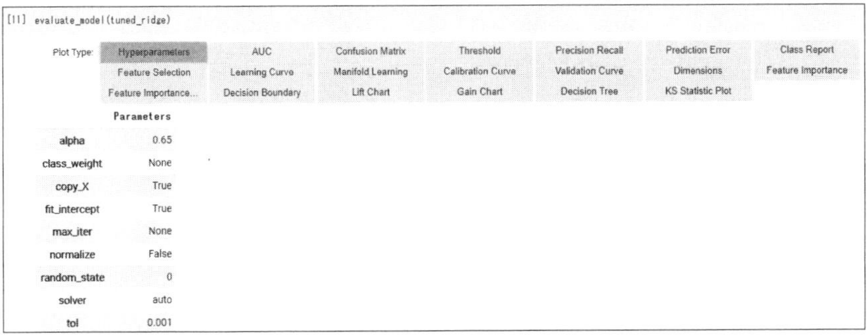

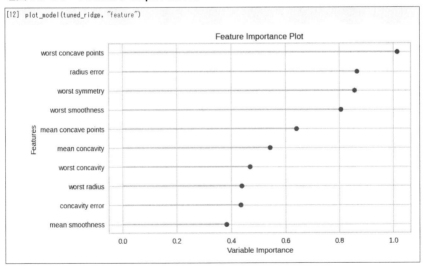

evaluate_modelを実行すると、様々な評価指標が確認できます。分類側にしかないグラフもあり、こちらもplot_model関数で同じものを表示できるので、代表的な指標を確認していきましょう。

```
plot_model(tuned_ridge, "feature")
```

## ■図10-36：Feature Importance

```
[12] plot_model(tuned_ridge, "feature")
```

Feature Importanceです。こちらも前章までで見てきた通り、worst concave pointsが高くなっていますね。

```
plot_model(tuned_ridge, plot = "confusion_matrix")
```

### ■図10-37：Confusion Matrix

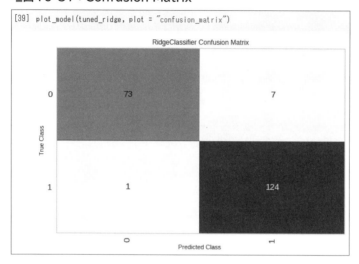

Confusion Matrixです。精度よく分類できていることが確認できますね。

```
plot_model(tuned_ridge, "error")
```

### ■図10-38：Class Prediction Error Plot

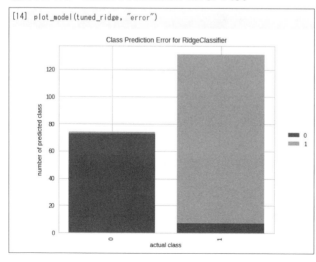

**Class Prediction Error**です。横軸に実際のカテゴリ、予測を積み上げて棒で表現しています。モデルがどのカテゴリで問題を抱えているか、さらに重要なのは、カテゴリごとにどのような不正解を与えているか確認できます。これにより、異なるモデルの長所と短所、およびデータセットに特有の課題の発見に役立ちます。今回はほぼ綺麗に分類されていますね。

確認した結果、問題なさそうなので、モデルを確定させて推論を実施してみましょう。

```
final_ridge = finalize_model(tuned_ridge)
predict_model(final_ridge)
predictions = predict_model(final_ridge, data = tg_df_unseen)
print(predictions)
```

**■図10-39：確定モデルでの推論**

```
[16] final_ridge = finalize_model(tuned_ridge)
     predict_model(final_ridge)
     predictions = predict_model(final_ridge, data = tg_df_unseen)
     print(predictions)

     1      14.580      13.66  ...  1    1
     2      15.050      19.07  ...  0    1
     3      11.340      18.61  ...  1    1
     4      18.310      20.58  ...  0    0
     5      19.890      20.26  ...  0    0
     6      12.880      18.22  ...  1    1
     7      12.750      16.70  ...  1    1
     8       9.295      13.90  ...  1    1
     9      24.630      21.60  ...  0    0
    10      11.260      19.83  ...  1    1
```

1行目でモデルを確定させて、3行目で取り分けておいた未見データで推論を実施しています。予測値がLabelとして追加されていますね。ここまでがPyCaretで分類モデルを構築して推論するまでの流れになります。モデルの再利用は、回帰モデルと同じ手順で実施可能です。

## ノック100：
## PyCaretでクラスタリングを実施して
## PCAで可視化しよう

いよいよ最後のノックになりました。最後は教師なし学習をPyCaretで実施していきます。まずはデータを取得しましょう。

```python
import pandas as pd
from sklearn.datasets import load_iris
iris = load_iris()
df_iris = pd.DataFrame(iris.data, columns = iris.feature_names)
```

**■図10-40：最後のアイリスデータ取得**

```
[16]  import pandas as pd
      from sklearn.datasets import load_iris
      iris = load_iris()
      df_iris = pd.DataFrame(iris.data, columns = iris.feature_names)
```

アイリスデータを取得しています。それでは前処理を実施していきましょう。

```python
from pycaret.clustering import *
data_clust = setup(data = df_iris
                   , normalize = False
                   , session_id = 0
                   , silent=True)
```

**■図10-41：setup関数の実行**

```
[43]  from pycaret.clustering import *
      data_clust = setup(data = df_iris
                         , normalize = False
                         , session_id = 0
                         , silent=True)
```

|   | Description | Value |
|---|---|---|
| 0 | session_id | 0 |
| 1 | Original Data | (150, 4) |
| 2 | Missing Values | False |
| 3 | Numeric Features | 4 |
| 4 | Categorical Features | 0 |
| 5 | Ordinal Features | False |
| 6 | High Cardinality Features | False |
| 7 | High Cardinality Method | None |
| 8 | Transformed Data | (150, 4) |
| 9 | CPU Jobs | -1 |
| 10 | Use GPU | False |

　1行目でPyCaretのクラスタリングライブラリをインポートしています。今回もsetup関数の引数として「silent=True」を渡すことで、型推定の確認をスキップしています。それでは、Pycaretが提供しているクラスタリング一覧を確認してみましょう。

```
models()
```

### ■図10-42：クラスタリング一覧

```
[6]  models()
```

| | Name | Reference |
|---|---|---|
| **ID** | | |
| kmeans | K-Means Clustering | sklearn.cluster._kmeans.KMeans |
| ap | Affinity Propagation | sklearn.cluster._affinity_propagation.Affinity... |
| meanshift | Mean Shift Clustering | sklearn.cluster._mean_shift.MeanShift |
| sc | Spectral Clustering | sklearn.cluster._spectral.SpectralClustering |
| hclust | Agglomerative Clustering | sklearn.cluster._agglomerative.AgglomerativeCl... |
| dbscan | Density-Based Spatial Clustering | sklearn.cluster._dbscan.DBSCAN |
| optics | OPTICS Clustering | sklearn.cluster._optics.OPTICS |
| birch | Birch Clustering | sklearn.cluster._birch.Birch |
| kmodes | K-Modes Clustering | kmodes.kmodes.KModes |

　クラスタリングについても、ここまで扱ってきたアルゴリズムに加えて、様々なアルゴリズムが提供されていますね。それではモデルを作成してみましょう。

```
kmeans = create_model("kmeans", num_clusters=3)
print(kmeans)
```

### ■図10-43：クラスタリングモデルの作成

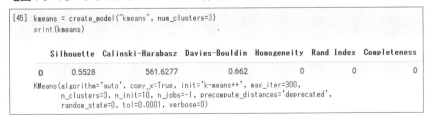

```
[45]  kmeans = create_model("kmeans", num_clusters=3)
      print(kmeans)
```

| | Silhouette | Calinski-Harabasz | Davies-Bouldin | Homogeneity | Rand Index | Completeness |
|---|---|---|---|---|---|---|
| 0 | 0.5528 | 561.6277 | 0.662 | 0 | 0 | 0 |

```
KMeans(algorithm='auto', copy_x=True, init='k-means++', max_iter=300,
       n_clusters=3, n_init=10, n_jobs=-1, precompute_distances='deprecated',
       random_state=0, tol=0.0001, verbose=0)
```

create_model 関数に kmeans を指定して、モデルを作成しました。
Silhouetteなどの評価指数が表示されていますね。次にPyCaretが提供してい
るグラフを確認しましょう。

```
plot_model(kmeans)
```

### ■図10-44：2D Cluster PCA Plot

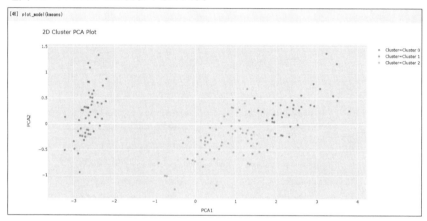

クラスタリング結果をPCAで可視化しています。綺麗に分かれていますね。

```
plot_model(kmeans, plot = "elbow")
```

### ■図10-45：エルボー図

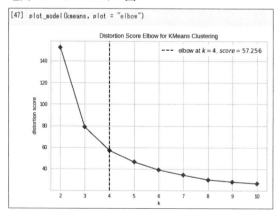

　エルボー図が表示できます。急激に変化している点を最適なクラスタ数として判断できます。

```
plot_model(kmeans, plot = "silhouette")
```

**■図10-46：シルエット図**

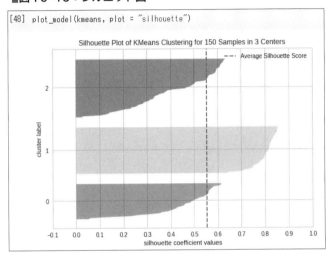

　シルエット図も1行で表示できます。各バーの縦幅が同じくらいになっていれば均等に分割ができていると判断できます。

```
ret = predict_model(kmeans, data=df_iris)
ret
```

**█図10-47：クラスタリングの実施**

```
[49]  ret = predict_model(kmeans, data=df_iris)
      ret
```

|  | sepal length (cm) | sepal width (cm) | petal length (cm) | petal width (cm) | Cluster |
|---|---|---|---|---|---|
| 0 | 5.1 | 3.5 | 1.4 | 0.2 | Cluster 1 |
| 1 | 4.9 | 3.0 | 1.4 | 0.2 | Cluster 1 |
| 2 | 4.7 | 3.2 | 1.3 | 0.2 | Cluster 1 |
| 3 | 4.6 | 3.1 | 1.5 | 0.2 | Cluster 1 |
| 4 | 5.0 | 3.6 | 1.4 | 0.2 | Cluster 1 |
| ... | ... | ... | ... | ... | ... |
| 145 | 6.7 | 3.0 | 5.2 | 2.3 | Cluster 0 |
| 146 | 6.3 | 2.5 | 5.0 | 1.9 | Cluster 2 |
| 147 | 6.5 | 3.0 | 5.2 | 2.0 | Cluster 0 |
| 148 | 6.2 | 3.4 | 5.4 | 2.3 | Cluster 0 |
| 149 | 5.9 | 3.0 | 5.1 | 1.8 | Cluster 2 |

150 rows × 5 columns

　predict_model関数に、作成したモデルとデータを渡すとクラスタリングを実行できます。クラスタ番号がClusterとして追加されていますね。このように、第1部で扱ったクラスタリングに関しても、複数のアルゴリズムでのモデル構築や、エルボー法などの評価まで簡単に行えることが確認できましたね。

　これで、本章の内容は以上になります。また、これにて、第3部および本書の全100本のノックが終了しました。長い間お疲れ様でした。
　AutoMLの威力はいかがでしたか。非常に短いコードでモデル構築や評価を行うことができて、驚いた方もいらっしゃるのではないでしょうか。このように、ますます、AIモデル構築の分野は便利になっていき、誰にでもモデル構築ができる時代がやってきています。しかし、それを最大限使いこなしていくためには、どんなデータを使って、どのようなモデルを構築し、適切に評価を行うスキルが重要になってきます。だからこそ、第1部、2部のように、アルゴリズムの違いを直感的に押さえておくことこそが非常に重要だと確信しています。AutoMLの

ノックを最後に持ってきたのも、教師あり学習、教師なし学習のアルゴリズムを理解した上で、ツールとしての便利なAutoMLに触れてほしかった為です。あくまでもAutoMLは、コーディングのわずらわしさを軽減してくれるツールであり、それを使うのは私達人間であることを覚えておきましょう。

　第3部では、「説明可能なAI」、「AutoML」という昨今の2つの重要な技術トレンドに触れてきました。AIに説明可能性を求められる一方で、機械学習などのコーディング作業は自動化されていく流れです。この2つのトレンドは、人間がAIを上手く使いこなし、設計や解釈等の人間がやるべき仕事に注力していく流れを示しているように思います。

　我々データサイエンティストの役割もどんどん変わっていき、コーディング等ではなく、運用を見据えたAIモデル設計や使用するモデルの解釈および判断等が重要視されていくでしょう。今の実際の現場でも、精度が高いモデルよりも、納得できるAIモデルを選択する場合が多々あり、精度の高いモデルを理解してもらうための説明力が重要です。しかし、本書の100本ノックをこなした皆さんであれば、どのようなデータの時にどのアルゴリズムを選択するべきか、そしてなぜこのモデルが良いのかをしっかりと説明できると思います。

# おわりに

AIモデル構築100本ノック、如何でしたか？

　第1部では、教師なし学習のクラスタリング、次元削減を、第2部では、教師あり学習の回帰、分類に関して取り扱いました。どちらにおいても、様々な特徴的なデータに対して、アルゴリズムや評価手法の違いにフォーカスして直感的に理解できるようにノックを作成したつもりです。教師なし学習のクラスタリング一つとっても、K-meansのように距離をベースにグルーピングをするものと、DBSCANのように密度をベースにグルーピングするものでは、対象とするデータや用途が変わってくるのが理解できたのではないでしょうか。また、教師あり学習においても、線形回帰やロジスティック回帰のようなアルゴリズムと、決定木のようなアルゴリズムでは、回帰や分類の仕方に違いがあることが見えたのではないでしょうか。難解な数学を理解しなくても、今回のように違いを直感的に押さえておくことで、アルゴリズムの選択に役立つと思います。さらに、深く学びたい方は数学もしっかりと理解するのが良いと思います。取っ掛かりとしては数学を理解しなくても良いのですが、数式と合わせて理解することでさらに応用力が身に付きます。是非、挑戦してみてください。

　第3部では、第1部、2部とは違い、昨今のトレンドである「説明可能なAI」、「AutoML」に関して触れてきました。AIの解釈性は、現場で真っ先に挙がる課題ですが、SHAP等を用いて予測した理由を可視化することで、現場で使えるモデルに昇華できることでしょう。また、AutoMLのように、自動でモデル構築をする技術も取り扱いました。昨今では、モデル構築の自動化はかなり進んでおり、しっかりと押さえておくと良いでしょう。

　AutoMLがあるなら、第1部、第2部のようなことの理解は必要ないじゃないか、と感じた方もいらっしゃるのではないでしょうか。しかし、それは全くの逆です。AutoMLのような技術があるからこそ、アルゴリズムや評価手法の違いをしっかりと理解し、使いこなすことが重要です。そして、それこそが本書でお伝えしたかった全てです。アルゴリズムは、日々進化していきますが、使い方を考えたりするのはあくまでも人間です。アルゴリズムだけが独り歩きしないように、人間がしっかりとコントロールして、必要とされるAIシステムを提供できるようにしていくことが重要だと思います。本書をやり終えた読者の皆さんであれば、新しいアルゴリズムが出てきても、本書のようにデータとアルゴリズムの特徴を押さえるこ

とができるのではないでしょうか。引き続き、知識をアップデートしつつ、技術の引き出しを増やしていくイメージを持っていきましょう。

　本書の執筆にあたり、多くの方々のご支援をいただきました。普段から株式会社Iroribiに適切なアドバイスやご支援をしてくださる、赤尾広明さん、岡本初穂さん、小笠原わみさん（合同会社HirameQ）、菊池亮さん（aili合同会社）、残間大地さん、鈴木浩さん、松田雄馬さん（株式会社オンギガンツ）、三木孝行さんには、この本の査読にご協力くださり、専門的な知見から深いアドバイスをいただきました。そしてプロジェクトをご一緒してくださっている皆さまには、現場の声を聞かせていただくとともに、普段から一緒に考え、作り上げていくことがどれほど有効かということを教わりました。また、日々、一緒に奮闘している株式会社Iroribiのメンバー、伊藤淳二さん、露木宏志さん、佐藤百子さん、森將さんには、この本の査読にもご協力いただきました。皆さんとの日々の試行錯誤が基礎となり、この本が企画/刊行されるに至ったと思っています。そして最後に、本書出版にあたって、皆様のご理解、ご協力により完成することができました。心より感謝申し上げます。

# 索引

## 下山　輝昌 (しもやま　てるまさ)

　日本電気株式会社(NEC)の中央研究所にてハードウェアの研究開発に従事した後、独立。機械学習を活用したデータ分析やダッシュボードデザイン等に裾野を広げ、データ分析コンサルタントとして幅広く案件に携わる。それと同時に、最先端テクノロジーの効果的な活用による社会の変革を目指し、2017年に合同会社アイキュベータを共同創業。2021年にはテクノロジーとビジネスの橋渡しを行い、クライアントと一体となってビジネスを創出する株式会社 Iroribi を創業。人工知能、Internet of Things(IoT)、情報デザインの新しい方向性や可能性を研究しつつビジネス化に取り組んでいる。

　共著「Tableau　データ分析〜実践から活用まで〜」「Python 実践データ分析100本ノック」「Python 実践機械学習システム 100本ノック」「Python 実践データ加工/可視化 100本ノック」(秀和システム)。

## 中村　智 (なかむら　さとる)

　明治大学経営学部を卒業後、株式会社ワークスアプリケーションズにて、鉄道会社、大型ホテル、小売業者をはじめとする幅広い業界に対する業務効率化を推進。営業から導入・運用保守コンサルティングまでを幅広く手掛け、顧客メリットを追求した提案スタイルが好評を博す。

　日本企業のDXを推進すべく、合同会社アイキュベータを経て、株式会社 Iroribi に初期メンバーとして参画する。会社の立ち上げに携わりつつ、現在も中心メンバーとして様々な顧客のDXプロジェクトを牽引。AIやIoT等の最先端技術への見識を深め、社内情報に対するデータビジュアライゼーション、データアナリティクス、AI開発・導入を行いつつ、経営戦略にまで踏み込んだ提案を実施している。

## 高木　洋介 (たかぎ　ようすけ)

　大手証券会社にて、BIツールを用いた金融資産分析基盤の構築運用や、周辺機能の要件定義から設計構築に従事。独立後、各企業のデータ基盤構築、データ分析、機械学習モデル構築、さらにはシステム導入までを一貫して支援。顧客とのプロジェクトを通じて、様々なデータ(Webログ、購買、営業、人事)に携わり、データ特性に応じた適切なデータ活用方法を熟知する。顧客とのコミュニケーションを重視し、顧客に合った解決策提案から実装までを強みにして、エンジニアリングに留まらず多角的な視点でのコンサルティングも実施している。さらには、スタートアップのWebサービスの立ち上げにも参画し、バックエンドからフロントエンドまで全領域においてのシステム開発を行っている。

　共著「Tableauデータ分析〜実践から活用まで〜」(秀和システム)。

●**本書サポートページ**

秀和システムのウェブサイト
https://www.shuwasystem.co.jp/

**本書ウェブページ**
　本書のサンプルは、以下からダウンロード可能です。
Jupyter ノートブック形式（.ipynb）のソースコード、使用するデータファ
イルが格納されています。
https://www.shuwasystem.co.jp/book/9784798064406.html

**動作環境**
※執筆時の動作環境です。
Python：Python 3.7 (Google Colaboratory)
Web ブラウザ：Google Chrome

カバーデザイン　岡田 行生（岡田デザイン事務所）

# Python 実践AIモデル構築
# 100本ノック

| 発行日 | 2021年　9月 26日 | 第1版第1刷 |
| --- | --- | --- |
| | 2023年　3月 21日 | 第1版第3刷 |

著　者　下山 輝昌／中村 智／高木 洋介

発行者　斉藤　和邦
発行所　株式会社　秀和システム
　　　　〒135-0016
　　　　東京都江東区東陽2-4-2　新宮ビル2F
　　　　Tel 03-6264-3105（販売）　　Fax 03-6264-3094
印刷所　三松堂印刷株式会社
　　　　　　　　　　　　　　　　Printed in Japan

ISBN978-4-7980-6440-6 C3055